学ぶ人は、
変えてゆく人だ。

目の前にある問題はもちろん、
人生の問いや、
社会の課題を自ら見つけ、
挑み続けるために、人は学ぶ。
「学び」で、
少しずつ世界は変えてゆける。
いつでも、どこでも、誰でも、
学ぶことができる世の中へ。

旺文社

数学I・A

大学入学

共通テスト

実戦対策問題集

嶋田 香 著

旺文社

MEMO

はじめに

大学入学共通テストの数学では，学力としての知識・技能に加えて，思考力・判断力・表現力が求められるといわれています。

知識・技能というのは，具体的には本書で POINT としてまとめてあるものと考えてよいでしょう。共通テストの前の試験（センター試験）では，知識・技能を習得しているかどうかが重視され，それらについて習得しているかどうかを評価しようとする出題形式になっていたといえます。

思考力・判断力・表現力が知識・技能と何が違うのかを一言で表すなら，「知識・技能を活用する力が加わる」といえます。知識・技能を習得するだけにとどまらず，それらを活用して，日常生活を題材にした問題や未知の状況設定の問題などの見慣れない問題に対応することを求められるでしょう。また，問題を解決しようとする場面に参加して，別の考え方を示したり，誤りを指摘したりすることを求められることもあるでしょう。本書では，従来の知識・技能の習得に加えて，こうした活用する力を，実戦問題 を通して養えるように構成されています。

さらに，主体的に学習に取り組む態度が求められるといわれています。ただ単に問題を解ければよいのではなく，問題を解決する過程での気付きや振り返りによる学習の深化も大学受験生に期待されます。本書の問題の解答では，STEP ごとに何を解決したのか，活用した POINT はどれかなどの振り返りを効果的にできる構成になっています。また，実戦問題 においては，対話形式の場面設定の問題や探究的な内容を扱った問題についても取りあげています。本書は，共通テストの出題形式に慣れることだけでなく，自然に日頃の数学の学習に主体的に取り組めるようになっていくことにも役立つものと思います。

嶋田 香

本書の構成と特長

本書は，「大学入学共通テスト　数学Ⅰ・A」に向けて，考える力を鍛え，問題形式に慣れることができる問題集です。

本冊 問題

■ 問題の構成

65 個の問題パターンごとの 2 段階の難易度（A，B）の問題で基本を学習した後，章末の実戦問題に取り組んで，段階的に実力を養えるようにしました。

1 - A ～ 65 - A …… テスト問題を解くための準備として，基本を確認できる問題

1 - B ～ 65 - B …… 必ずおさえておきたい典型的な問題

実戦問題 ………… 共通テスト特有の問題形式に慣れるための問題

■ ② 解答目標時間

はじめて解くときは，もっと時間をかけても構いません。問題を解けるようになったら，より早く，正確に解けるように練習しましょう。

別冊 解答

重要事項を確認でき，理解を深められるような，詳しい解答を掲載しました。問題を解いた後は，答え合わせをするだけでなく，要点チェック! と 解答 をすべて読み，考え方までしっかりと理解しましょう。

■ 要点チェック!

問題パターンごとに，公式や重要事項などを簡潔にまとめてあります。

■ STEP，!

STEP で解答の流れを確認できます。また，! には，注意点や着眼点などを掲載しています。

※ 本書は『文系のための分野別センター数学Ⅰ・A』を改訂したものです。

※ 問題文の一部を改めて掲載している場合があります。

もくじ

紙面デザイン：内津 剛（及川真咲デザイン事務所）
図版：蔦澤 治
問題作成協力：小美野貴博
編集協力：小林健二　　企画：青木希実子

第1章 数と式，集合と論理

1 因数分解

1-A

2分 ▶▶ 解答 P.2

$a^3+a^2-2a-a^2b-ab+2b=(a-b)\left(a+\boxed{\text{ア}}\right)\left(a-\boxed{\text{イ}}\right)$

1-B

4分 ▶▶ 解答 P.3

(1) 整式 $P=x^2+2xy+y^2-x-y-56$ を因数分解すると

$$P=\left(x+y+\boxed{\text{ア}}\right)\left(x+y-\boxed{\text{イ}}\right)$$

(2) $A=n^4-2n^3+3n^2-2n+2$ とおく。

$n^4+3n^2+2=\left(n^2+\boxed{\text{ウ}}\right)\left(n^2+\boxed{\text{エ}}\right)$ であるから，

$A=\left(n^2+\boxed{\text{オ}}\right)\left(n^2-\boxed{\text{カ}}n+\boxed{\text{キ}}\right)$ となる。

2 対称式の変形

2-A

3分 ▶▶ 解答 P.4

$a=3-\sqrt{5}$，$b=3+\sqrt{5}$ のとき，

$$a^2b+ab^2=\boxed{\text{アイ}},\quad \frac{1}{a}+\frac{1}{b}=\frac{\boxed{\text{ウ}}}{\boxed{\text{エ}}},\quad \frac{b}{a}+\frac{a}{b}=\boxed{\text{オ}}$$

である。

2-B

4分 ▶▶ 解答 P.4

$A=\dfrac{1}{1+\sqrt{3}+\sqrt{6}}$，$B=\dfrac{1}{1-\sqrt{3}+\sqrt{6}}$ とする。

このとき $AB=\dfrac{1}{(1+\sqrt{6})^2-\boxed{\text{ア}}}=\dfrac{\sqrt{6}-\boxed{\text{イ}}}{\boxed{\text{ウ}}}$ であり，また

$\dfrac{1}{A}+\dfrac{1}{B}=\boxed{\text{エ}}+\boxed{\text{オ}}\sqrt{6}$ である。

以上により，$A+B=\dfrac{\boxed{\text{カ}}-\sqrt{6}}{\boxed{\text{キ}}}$ となる。

3 無理数の整数部分・小数部分

3-A

2分 ▶▶ 解答 P.5

$\sqrt{13}$ の小数部分を p とするとき，$\dfrac{1}{p}=\dfrac{\boxed{ア}+\sqrt{\boxed{イウ}}}{\boxed{エ}}$ である。

3-B

4分 ▶▶ 解答 P.6

$\dfrac{4}{2+\sqrt{2}}$ の整数部分は $\boxed{ア}$ であり，小数部分を a とすると

$a+\dfrac{1}{a}=\boxed{イ}$ となる。

4 1次不等式の解

4-A

3分 ▶▶ 解答 P.7

連立不等式 $\begin{cases} 5x+4 \geqq 7x-6 & \cdots\cdots① \\ 3x-\sqrt{3} > x+\sqrt{3} & \cdots\cdots② \end{cases}$ を考える。

連立不等式①，②を満たす整数 x の個数は $\boxed{ア}$ 個である。

4-B

4分 ▶▶ 解答 P.7

下の $\boxed{ア}$，$\boxed{エ}$ には次の⓪～③のうちからあてはまるものを1つずつ選べ。ただし，同じものを繰り返し選んでもよい。

⓪ $>$　　① $<$　　② $\geqq$　　③ $\leqq$

a を定数とし，不等式 $x-6a \geqq -1$ ……① を考える。

(1) $x=1$ が不等式①を満たすような a の値の範囲を表す不等式は

$a\ \boxed{ア}\ \dfrac{\boxed{イ}}{\boxed{ウ}}$ である。

(2) $x=2$ が不等式①を満たさないような a の値の範囲を表す不等式は

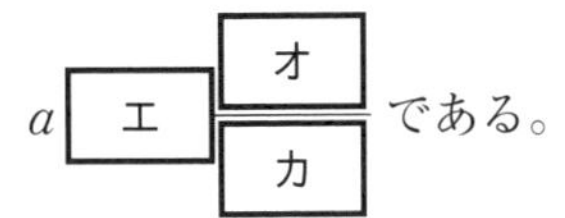

5 絶対値記号

5-A

2分 ▶▶ 解答 P.8

$f(x)=\sqrt{x^2-4x+4}$ とするとき，$f(x)=|x-$ ア $|$，

$f(\sqrt{3})=$ イ $-\sqrt{\text{ウ}}$ である。

5-B

5分 ▶▶ 解答 P.9

$x=a^2+9$ とし，$y=\sqrt{x-6a}-\sqrt{x+6a}$ とすれば，y は，

(i) $a<$ アイ のとき，$y=$ ウ

(ii) アイ $\leqq a<$ エ のとき，$y=$ オカ a

(iii) $a\geqq$ エ のとき，$y=$ キク

とかきかえられる。

6 共通部分・和集合

6-A

3分 ▶▶ 解答 P.10

$U=\{1,\ 2,\ 3,\ 4\}$ を全体集合とし，U の部分集合 $A=\{1,\ 2\}$，$B=\{2,\ 4\}$，$C=\{2,\ 3\}$ を考える。

このとき，$A\cap B=\{$ ア $\}$，$A\cup C=\{$ イ，ウ，エ $\}$，

$\overline{A}\cap B\cap\overline{C}=\{$ オ $\}$ である。

6-B

5分 ▶▶ 解答 P.10

(1) $U=\{x|x$ は10より小さい自然数$\}$ を全体集合とする。

U の部分集合 $A=\{1,\ 3,\ 5,\ 8,\ 9\}$，$B=\{2,\ 4,\ 5,\ 6,\ 8\}$ について，集合 $A\cap\overline{B}$ は次の⓪～④のうち ア となる。

⓪ $\{1,\ 3,\ 5,\ 8,\ 9\}$　① $\{1,\ 3,\ 9\}$　② $\{1,\ 3,\ 7,\ 9\}$

③ $\{5,\ 8\}$　④ $\varnothing$

(2) $A=\{x|-3\leqq x\leqq 3\}$，$B=\{x|1\leqq x\leqq 5\}$，$C=\{x|-7\leqq x\leqq 4\}$ とすると，

$A\cap B\cap C$ は次の⓪～④のうち イ となる。

⓪ $\{x|-3\leqq x\leqq 1\}$　① $\{x|-7\leqq x\leqq 5\}$　② $\{x|3\leqq x\leqq 4\}$

③ $\{x|1\leqq x\leqq 3\}$　④ $\varnothing$

7 ド・モルガンの法則

7-A 6分 ▶▶ 解答 P.11

次の ア ～ ウ にあてはまるものを，下の⓪～⑦のうちから1つずつ選べ。

自然数全体の集合を全体集合とし，

$A=\{n|n$ は10で割り切れる自然数$\}$

$B=\{n|n$ は4で割り切れる自然数$\}$

$C=\{n|n$ は10と4のいずれでも割り切れる自然数$\}$

$D=\{n|n$ は10でも4でも割り切れない自然数$\}$

$E=\{n|n$ は20で割り切れない自然数$\}$

とする。このとき，$C=$ ア ，$D=$ イ ，$E=$ ウ である。

⓪ $A\cup B$　① $A\cup\overline{B}$　② $\overline{A}\cup B$　③ $\overline{A\cup B}$

④ $A\cap B$　⑤ $A\cap\overline{B}$　⑥ $\overline{A}\cap B$　⑦ $\overline{A\cap B}$

7-B 10分 ▶▶ 解答 P.11

集合 U を $U=\{n|n$ は $5<\sqrt{n}<6$ を満たす自然数$\}$ で定め，また，U の部分集合 P，Q，R，S を次のように定める。

$P=\{n|n\in U$ かつ n は4の倍数$\}$

$Q=\{n|n\in U$ かつ n は5の倍数$\}$

$R=\{n|n\in U$ かつ n は6の倍数$\}$

$S=\{n|n\in U$ かつ n は7の倍数$\}$

全体集合を U とする。集合 P の補集合を $\overline{P}$ で表し，同様に Q，R，S の補集合をそれぞれ $\overline{Q}$，$\overline{R}$，$\overline{S}$ で表す。

集合 X が集合 Y の部分集合であるとき，$X\subset Y$ と表す。このとき，次の⓪～④のうち，部分集合の関係について成り立つものは ア ， イ である。

ア ， イ にあてはまるものを，次の⓪～④のうちから1つずつ選べ。ただし，解答の順序は問わない。

⓪ $P\cup R\subset\overline{Q}$　① $S\cap\overline{Q}\subset P$　② $\overline{Q}\cap\overline{S}\subset\overline{P}$

③ $\overline{P}\cup\overline{Q}\subset\overline{S}$　④ $\overline{R}\cap\overline{S}\subset\overline{Q}$

8 逆・裏・対偶

8-A

3分 ▶▶ 解答 P.12

(1) ［ア］にあてはまるものを，下の⓪～③のうちから1つ選べ。

条件「$x>1$ または $y \geqq 2$」の否定は［ア］である。

⓪ 「$x>1$ かつ $y \geqq 2$」　① 「$x<1$ かつ $y \leqq 2$」

② 「$x \leqq 1$ かつ $y<2$」　③ 「$x \leqq 1$ または $y<2$」

(2) ［イ］にあてはまるものを，下の⓪～②のうちから1つ選べ。

命題「$x \neq 0$ かつ $y \neq 0 \Longrightarrow xy \neq 0$」の対偶は［イ］である。

⓪ 「$xy \neq 0 \Longrightarrow x \neq 0$ かつ $y \neq 0$」

① 「$xy=0 \Longrightarrow x=0$ または $y=0$」

② 「$x=0$ または $y=0 \Longrightarrow xy=0$」

8-B

a，b を実数とする。a と b に関する条件 p，q を次のように定める。

p：a，b はともに有理数である

q：$a+b$，ab はともに有理数である

(1) 次の［ア］にあてはまるものを，下の⓪～③のうちから1つ選べ。

条件 p の否定 $\overline{p}$ は［ア］である。

⓪ 「a，b はともに有理数である」

① 「a，b はともに無理数である」

② 「a，b の少なくとも一方は有理数である」

③ 「a，b の少なくとも一方は無理数である」

(2) 次の⓪～⑦のうち，正しいものは［イ］である。

⓪ 「$p \Longrightarrow q$」は真，「$p \Longrightarrow q$」の逆は真，「$p \Longrightarrow q$」の対偶は真である。

① 「$p \Longrightarrow q$」は真，「$p \Longrightarrow q$」の逆は真，「$p \Longrightarrow q$」の対偶は偽である。

② 「$p \Longrightarrow q$」は真，「$p \Longrightarrow q$」の逆は偽，「$p \Longrightarrow q$」の対偶は真である。

③ 「$p \Longrightarrow q$」は真，「$p \Longrightarrow q$」の逆は偽，「$p \Longrightarrow q$」の対偶は偽である。
④ 「$p \Longrightarrow q$」は偽，「$p \Longrightarrow q$」の逆は真，「$p \Longrightarrow q$」の対偶は真である。
⑤ 「$p \Longrightarrow q$」は偽，「$p \Longrightarrow q$」の逆は真，「$p \Longrightarrow q$」の対偶は偽である。
⑥ 「$p \Longrightarrow q$」は偽，「$p \Longrightarrow q$」の逆は偽，「$p \Longrightarrow q$」の対偶は真である。
⑦ 「$p \Longrightarrow q$」は偽，「$p \Longrightarrow q$」の逆は偽，「$p \Longrightarrow q$」の対偶は偽である。

9 必要条件・十分条件

9-A

4分 ▶▶ 解答 P.14

nを自然数とする。次の［ア］，［イ］にあてはまるものを，下の⓪〜②のうちから1つずつ選べ。

nが6の倍数であることは，nが3の倍数であるための［ア］である。

nが6の倍数であることは，nが18の倍数であるための［イ］である。

⓪ 必要条件　① 十分条件　② 必要十分条件

9-B

5分 ▶▶ 解答 P.14

集合A，Bを

$A=\{n|n$ は10で割り切れる自然数$\}$

$B=\{n|n$ は4で割り切れる自然数$\}$

とする。次の［ア］，［イ］にあてはまるものを，下の⓪〜③のうちから1つずつ選べ。

(1) 自然数nがAに属することは，nが2で割り切れるための［ア］。

(2) 自然数nがBに属することは，nが20で割り切れるための［イ］。

⓪ 必要十分条件である
① 必要条件であるが，十分条件でない
② 十分条件であるが，必要条件でない
③ 必要条件でも十分条件でもない

実戦問題 第1問

10分 ▶▶ 解答 P.15

a を実数とする。

$$9a^2-6a+1=(\boxed{\text{ア}}\,a-\boxed{\text{イ}})^2$$

である。次に

$$A=\sqrt{9a^2-6a+1}+|a+2|$$

とおくと

$$A=\sqrt{(\boxed{\text{ア}}\,a-\boxed{\text{イ}})^2}+|a+2|$$

である。

次の3つの場合に分けて考える。

・$a>\dfrac{1}{3}$ のとき，$A=\boxed{\text{ウ}}\,a+\boxed{\text{エ}}$ である。

・$-2\leqq a\leqq\dfrac{1}{3}$ のとき，$A=\boxed{\text{オカ}}\,a+\boxed{\text{キ}}$ である。

・$a<-2$ のとき，$A=-\boxed{\text{ウ}}\,a-\boxed{\text{エ}}$ である。

(1) $a=\dfrac{1}{2\sqrt{2}}$ のとき，$A=\sqrt{\boxed{\text{ク}}}+\boxed{\text{ケ}}$ である。

(2) $a=\dfrac{\sqrt{47}-23}{8}$ のとき，$A=\dfrac{\boxed{\text{コサ}}-\sqrt{47}}{\boxed{\text{シ}}}$ である。

（センター試験・改）

実戦問題 第2問

有理数全体の集合をA，無理数全体の集合をBとし，空集合を$\varnothing$と表す。このとき，次の問いに答えよ。

(1) 「集合Aと集合Bの共通部分は空集合である」という命題を，記号を用いて表すと次のようになる。

$A \cap B = \varnothing$

「1のみを要素にもつ集合は集合Aの部分集合である」という命題を記号を用いて表すと，［ア］である。［ア］にあてはまるものを，次の⓪～③のうちから1つ選べ。

⓪ $1 \in A$　① $\{1\} \in A$　② $1 \subset A$　③ $\{1\} \subset A$

(2) 命題「$x \in B$, $y \in B$ ならば $x+y \in B$ である」が偽であることを示すための反例となるx，yの組を，次の⓪～⑤のうちから2つ選べ。必要ならば，$\sqrt{2}$，$\sqrt{3}$，$\sqrt{2}+\sqrt{3}$ が無理数であることを用いてもよい。ただし，解答の順序は問わない。［イ］，［ウ］

⓪ $x=\sqrt{2}$，$y=0$

① $x=3-\sqrt{3}$，$y=\sqrt{3}-1$

② $x=\sqrt{3}+1$，$y=\sqrt{2}-1$

③ $x=\sqrt{4}$，$y=-\sqrt{4}$

④ $x=\sqrt{8}$，$y=1-2\sqrt{2}$

⑤ $x=\sqrt{2}-2$，$y=\sqrt{2}+2$

（共通テスト　試行調査・改）

実戦問題 第3問

10分 ▶▶ 解答 P.17

aを正の実数とする。このとき，実数xに関する次の条件p，qを考える。

p： $1-a \leqq x \leqq 1+a$

q： $-\dfrac{5}{2} \leqq x \leqq \dfrac{5}{2}$

(1) 次の［ア］，［イ］にあてはまるものを，下の⓪～③のうちから1つずつ選べ。ただし，同じものを繰り返し選んでもよい。

$a=1$ のとき，pはqであるための［ア］。

また，$a=3$ のとき，pはqであるための［イ］。

⓪ 必要条件であるが，十分条件でない
① 十分条件であるが，必要条件でない
② 必要十分条件である
③ 必要条件でも十分条件でもない

(2) 命題「$p \Longrightarrow q$」が真となるようなaの最大値は$\dfrac{\text{ウ}}{\text{エ}}$である。

また，命題「$q \Longrightarrow p$」が真となるようなaの最小値は$\dfrac{\text{オ}}{\text{カ}}$である。

（センター試験・改）

実戦問題 第4問

12分 ▶▶ 解答 P.19

ある整式Pがあって，Pは次の式の右辺のように因数分解できるという。

$P=(x-y)$(イ)(ウ)

ただし， イ ， ウ は1次式が入る。

このとき，$P=$ ＊ である。

(1) ＊ にあてはまるものを，次の⓪～④のうちから1つ選べ。 ア

⓪ $x^2y-y^3-x^2z+xy^2$
① $x^2y-y^3-x^2z+xyz$
② $x^2y-y^3-x^2z+yz^2$
③ $x^2y-y^3-x^2z+y^2z$
④ $x^2y-y^3-x^2z+z^3$

(2) (1)のとき， イ ， ウ にあてはまるものを，次の⓪～④のうちから1つずつ選べ。ただし，解答の順序は問わない。

⓪ $x+y$
① $x+z$
② $x-z$
③ $y+z$
④ $y-z$

(3) (1)のとき，$P=0$ となるx，y，zの値の組を次の⓪～④のうちから2つ選べ。ただし，解答の順序は問わない。 エ ， オ

⓪ $x=\sqrt{2}-1$，$y=\sqrt{2}+1$，$z=\sqrt{2}-1$
① $x=\sqrt{2}-1$，$y=\sqrt{2}+1$，$z=\sqrt{2}+1$
② $x=\sqrt{2}+1$，$y=\sqrt{2}-1$，$z=\sqrt{2}+1$
③ $x=\sqrt{2}+1$，$y=\sqrt{2}-1$，$z=-\sqrt{2}+1$
④ $x=\sqrt{2}-1$，$y=-\sqrt{2}+1$，$z=-\sqrt{2}+1$

(4) (1)のとき，x，y，zは自然数で $x>y$ とする。

$P=23$ のとき，$x=$ カキ ，$y=$ クケ ，$z=$ コサ である。

第2章　2次関数

10　2次方程式の解

10-A

2分 ▶▶ 解答 P.21

2次方程式 $4x^2+\sqrt{10}x-5=0$ の解のうち正のものは $x=\dfrac{\sqrt{\boxed{アイ}}}{\boxed{ウ}}$ である。

10-B

3分 ▶▶ 解答 P.22

2次方程式 $x^2-2\sqrt{7}x-2=0$ の正の解を p とするとき，

$p=\boxed{ア}+\sqrt{\boxed{イ}}$ である。

p の整数部分を a とすると $a=\boxed{ウ}$ である。

11　絶対値記号を含む方程式

11-A

2分 ▶▶ 解答 P.23

方程式 $|x-3|=2x-1$ ……(＊) を満たす x の値は $x=\dfrac{\boxed{ア}}{\boxed{イ}}$ である。

11-B

4分 ▶▶ 解答 P.23

方程式 $(x+2)|x-6|=9$ を満たす x の値は，

$\boxed{ア}-\sqrt{\boxed{イ}}$

または $\boxed{ウ}+\sqrt{\boxed{エ}}$

または $\boxed{オ}$

である。

12 放物線の頂点の座標

12-A

1分 ▶▶ 解答 P.24

放物線 $y=4x^2-8x+6$ の頂点の座標は $\left(\boxed{\text{ア}},\ \boxed{\text{イ}}\right)$ である。

12-B

3分 ▶▶ 解答 P.25

放物線 $y=2x^2-3x+2$ ……① の頂点の座標は $\left(\dfrac{\boxed{\text{ア}}}{\boxed{\text{イ}}},\ \dfrac{\boxed{\text{ウ}}}{\boxed{\text{エ}}}\right)$ である。

放物線①を x 軸方向に 1，y 軸方向に -4 だけ平行移動した放物線の式は

$y=2x^2-\boxed{\text{オ}}\,x+\boxed{\text{カ}}$ である。

13 放物線の頂点の y 座標

13-A

2次関数 $y=-2x^2-4x+a$ のグラフが x 軸に接するとき，$a=\boxed{\text{アイ}}$ である。

13-B

2次関数 $y=-2x^2+ax+b$ のグラフを C とする。

C は頂点の座標が $\left(\dfrac{a}{\boxed{\text{ア}}},\ \dfrac{a^2}{\boxed{\text{イ}}}+b\right)$ の放物線である。

C が点 $(3,\ -8)$ を通るとき，$b=\boxed{\text{ウエ}}\,a+10$ が成り立つ。

さらに，C が x 軸に接するとき，$a=\boxed{\text{オ}}$ または $a=\boxed{\text{カキ}}$ である。

14 放物線の平行移動・対称移動

14-A

3分 ▶▶ 解答 P.28

2次関数 $y=x^2+2x-3$ のグラフを C とする。

C を y 軸に関して対称移動した放物線の式は

$y=x^2-\boxed{\text{ア}}\,x-\boxed{\text{イ}}$ であり，

C を x 軸に関して対称移動した放物線の式は

$y=-x^2-\boxed{\text{ウ}}\,x+\boxed{\text{エ}}$ である。

14-B　　④分 ▶▶ 解答 P.28

a，b を実数とし，2次関数 $y=x^2-4ax+4a^2-4a-3b+9$ のグラフを C とする。グラフ C を y 軸方向に -3 だけ平行移動し，さらに x 軸に関して対称移動すると，2次関数 $y=-x^2+8x+1$ のグラフになるとする。

このとき，$a=\boxed{\text{ア}}$，$b=\boxed{\text{イ}}$ である。

15　2次不等式とグラフ

15-A　　③分 ▶▶ 解答 P.29

2次不等式 $x^2-4x+3\geqq 0$ の解は $x\leqq\boxed{\text{ア}}$，$\boxed{\text{イ}}\leqq x$ である。

また，2次不等式 $6x^2+11x-10\leqq 0$ の解は $\dfrac{\boxed{\text{ウエ}}}{\boxed{\text{オ}}}\leqq x\leqq\dfrac{\boxed{\text{カ}}}{\boxed{\text{キ}}}$ である。

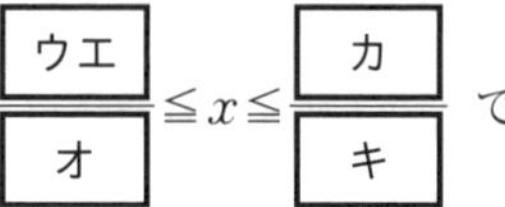

15-B　　⑤分 ▶▶ 解答 P.30

(1)　2次不等式 $(x-1)(x-5)<4$ の解を $\alpha<x<\beta$ と表すとき

$$\alpha=\boxed{\text{ア}}-\boxed{\text{イ}}\sqrt{\boxed{\text{ウ}}},\quad \beta=\boxed{\text{ア}}+\boxed{\text{イ}}\sqrt{\boxed{\text{ウ}}}$$

である。

(2)　2次不等式 $x^2+(a+2)x+a^2-24\leqq 0$ の解が，$-2\leqq x\leqq b$ になるという。

このとき，$a=\boxed{\text{エオ}}$，$b=\boxed{\text{カ}}$ である。

16　2次不等式のいいかえ

16-A　　②分 ▶▶ 解答 P.31

$\boxed{\text{ア}}$，$\boxed{\text{イ}}$ にあてはまるものを，下の⓪～⑤のうちから1つずつ選べ。

不等式 $x^2-4x+5>0$ の解は $\boxed{\text{ア}}$，不等式 $x^2-4x+5<0$ の解は $\boxed{\text{イ}}$ である。

⓪　$x<-5$ または $x>1$　　①　$x<-1$ または $x>5$

②　$-5<x<1$　　③　$-1<x<5$

④　すべての実数 x　　⑤　解なし

16-B 5分 ▶▶ 解答 P.31

m は定数とする。2次不等式 $x^2+mx+3m-5>0$ がすべての実数 x に対して成り立つための条件は，m が m^2- [アイ] $m+$ [ウエ] <0 を満たすことである。これが成り立つような m の値の範囲は [オ] $<m<$ [カキ] である。

17 2次関数の最大・最小

17-A 3分 ▶▶ 解答 P.33

$-8 \leqq x \leqq 10$ のとき，2次関数 $y=-x^2+3x+1$ の最大値は $\dfrac{\text{アイ}}{\text{ウ}}$，最小値は [エオカ] である。

17-B 5分 ▶▶ 解答 P.33

a を実数とし，x の2次関数 $y=(a^2+1)x^2+(2a-3)x-3$ のグラフを C とする。グラフ C が点 $(-1,\ 0)$ を通るとき，$a=$ [ア] であり，グラフ C と x 軸の交点は $(-1,\ 0)$ と $\left(\dfrac{\text{イ}}{\text{ウ}},\ 0\right)$ である。

また，$a=$ [ア] で x が $0 \leqq x \leqq 3$ の範囲にあるとき，この2次関数の最小値は $\dfrac{\text{エオカ}}{\text{キ}}$ であり，最大値は [クケ] である。

18 最大・最小の場合分け

18-A 3分 ▶▶ 解答 P.34

2次関数 $f(x)=x^2+2(a-1)x$ の $-1 \leqq x \leqq 1$ における最小値について考える。

$x=-a+1$ で最小値をとるのは，

[ア] $\leqq a \leqq$ [イ]

のときである。

18-B

5分 ▶▶ 解答 P.34

aを定数とし，2次関数 $y=-4x^2+4(a-1)x-a^2$ のグラフをCとする。

(1) Cの頂点の座標は $\left(\dfrac{a-1}{\boxed{\text{ア}}},\ \boxed{\text{イウ}}a+\boxed{\text{エ}}\right)$ である。

(2) $a>1$ とする。xが $-1\leqq x\leqq 1$ の範囲にあるとき，この2次関数の最大値は $1<a\leqq\boxed{\text{オ}}$ ならば $\boxed{\text{カキ}}a+\boxed{\text{ク}}$，$a>\boxed{\text{オ}}$ ならば $-a^2+\boxed{\text{ケ}}a-\boxed{\text{コ}}$ である。

19 放物線とx軸の2交点間の長さ

19-A

2分 ▶▶ 解答 P.36

2次関数 $y=x^2-5x+\dfrac{3}{4}$ のグラフとx軸との共有点をA，Bとしたとき，線分ABの長さは $\sqrt{\boxed{\text{アイ}}}$ である。

19-B

2分 ▶▶ 解答 P.36

2次関数 $y=x^2+bx+2b-6$ ……(*) のグラフとx軸との交点をR，Sとしたとき，線分RSの長さが$2\sqrt{6}$以下になるのは，$\boxed{\text{ア}}\leqq b\leqq\boxed{\text{イ}}$ のときである。

20 2次方程式の実数解の配置

20-A

4分 ▶▶ 解答 P.37

2次方程式 $x^2+px+q=0$ が $-1<x<1$ の範囲に異なる2つの実数解をもつとき

$$-\frac{p^2}{4}+q<\boxed{\text{ア}},\quad \boxed{\text{イウ}}<-\frac{p}{2}<\boxed{\text{エ}},$$

$$1+p+q>\boxed{\text{オ}},\quad 1-p+q>\boxed{\text{カ}}$$

である。

20-B

4分 ▶▶ 解答 P.38

2次方程式 $x^2-2ax+2a^2-a-6=0$ が異なる2つの正の実数解をもつようなaの値の範囲は，$\boxed{\text{ア}}<a<\boxed{\text{イ}}$ である。

実戦問題 第1問

8分 ▶▶ 解答 P.39

関数 $f(x)=a(x-p)^2+q$ について，$y=f(x)$ のグラフをコンピュータのグラフ表示ソフトを用いて表示させる。

このソフトでは，a，p，q の値を入力すると，その値に応じたグラフが表示される。さらに，それぞれの □ の下にある • を左に動かすと値が減少し，右に動かすと値が増加するようになっており，値の変化に応じて関数のグラフが画面上で変化する仕組みになっている。

最初に，a，p，q をある値に定めたところ，図1のように，x 軸の負の部分と2点で交わる下に凸の放物線が表示された。

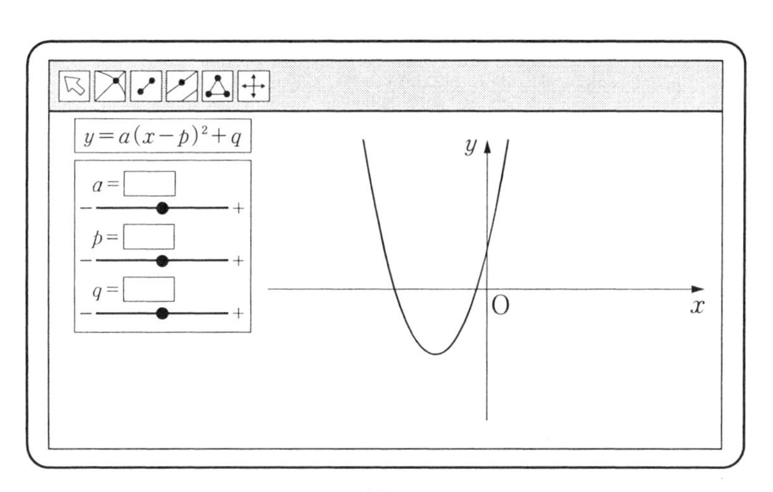

図1

(1) 図1の放物線を表示させる a，p，q の値に対して，方程式 $f(x)=0$ の解について正しく記述したものを，次の⓪～④のうちから1つ選べ。 ア

⓪ 方程式 $f(x)=0$ は異なる2つの正の解をもつ。

① 方程式 $f(x)=0$ は異なる2つの負の解をもつ。

② 方程式 $f(x)=0$ は正の解と負の解をもつ。

③ 方程式 $f(x)=0$ は重解をもつ。

④ 方程式 $f(x)=0$ は実数解をもたない。

(2) 次の操作A，操作P，操作Qのうち，いずれか1つの操作を行い，不等式 $f(x)>0$ の解を考える。

操作A：図1の状態から p，q の値は変えず，a の値だけを変化させる。
操作P：図1の状態から a，q の値は変えず，p の値だけを変化させる。
操作Q：図1の状態から a，p の値は変えず，q の値だけを変化させる。

このとき，操作A，操作P，操作Qのうち，「不等式 $f(x)>0$ の解がすべての実数となること」が起こり得る操作は［イ］。また「不等式 $f(x)>0$ の解がないこと」が起こり得る操作は［ウ］。

［イ］，［ウ］にあてはまるものを，次の⓪～⑦のうちから1つずつ選べ。ただし，同じものを選んでもよい。

⓪ ない
① 操作Aだけである
② 操作Pだけである
③ 操作Qだけである
④ 操作Aと操作Pだけである
⑤ 操作Aと操作Qだけである
⑥ 操作Pと操作Qだけである
⑦ 操作Aと操作Pと操作Qのすべてである

（共通テスト 試行調査）

実戦問題 第2問

8分 ▶▶ 解答 P.40

a を定数とし，x の2次関数 $y=x^2+4ax-a^2-3a-8$ のグラフを C とする。

(1) C の頂点の座標は $\left(\boxed{アイ}\,a,\ \boxed{ウエ}\,a^2-3a-8\right)$ である。

C を y 軸方向に9だけ平行移動したとき，x 軸と接するならば

$$a=\frac{\boxed{オカ}\pm\sqrt{\boxed{キク}}}{\boxed{ケコ}}$$

である。

(2) Cとy軸との交点のy座標をYとする。

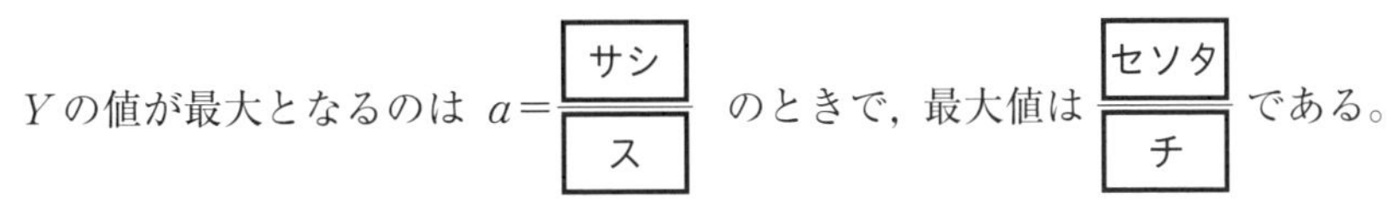

Yの値が最大となるのは $a=\dfrac{\boxed{\text{サシ}}}{\boxed{\text{ス}}}$ のときで，最大値は $\dfrac{\boxed{\text{セソタ}}}{\boxed{\text{チ}}}$ である。

(3) Cがx軸の $0<x<2$ の部分の1点を通るようなaの値の範囲は

$\boxed{\text{ツ}}<a<\boxed{\text{テ}}$ である。

実戦問題 第3問

15分 ▶▶ 解答 P.42

a, b, cは定数で $a\neq 0$ とし，$f(x)=ax^2+bx+c$ とする。

2次関数 $y=f(x)$ のグラフGが2点$(1,\ 1)$, $(5,\ 1)$を通るとき，Gの頂点は，$\left(\boxed{\text{ア}},\ \boxed{\text{イウ}}\,a+1\right)$となる。このとき，$0\leqq x\leqq 5$ における $f(x)$ の最大値をM，最小値をmとする。

(1) $m<0$ となるaの値の範囲は $a<-\dfrac{1}{\boxed{\text{エ}}}$ または $a>\dfrac{1}{\boxed{\text{オ}}}$ である。

(2) $M=|m|$ となるとき，$a=\boxed{\text{カキ}}$ である。

(3) $m<0$ のとき，$0\leqq x\leqq 5$ において，$f(x)=0$ となるxの値は次の(p)～(s)のうちどれか。次のそれぞれの場合について過不足なく含むものを下の⓪～⑨のうちから1つずつ選べ。ただし，同じものを選んでもよい。

$m<0$ かつ $a>0$ のとき，$\boxed{\text{ク}}$　　$m<0$ かつ $a<0$ のとき，$\boxed{\text{ケ}}$

(p) $3+\dfrac{\sqrt{a(1-4a)}}{a}$　　(q) $3-\dfrac{\sqrt{a(1-4a)}}{a}$

(r) $3+\dfrac{\sqrt{a(4a-1)}}{a}$　　(s) $3-\dfrac{\sqrt{a(4a-1)}}{a}$

⓪ (p)　① (q)　② (r)　③ (s)
④ (p)，(q)　⑤ (p)，(r)　⑥ (p)，(s)
⑦ (q)，(r)　⑧ (q)，(s)　⑨ (r)，(s)

第3章 図形と計量

21 余弦定理で長さを求める

21-A

2分 ▶▶ 解答 P.45

$\cos 45^\circ = \dfrac{\sqrt{\boxed{ア}}}{\boxed{イ}}$, $\cos 120^\circ = -\dfrac{\boxed{ウ}}{\boxed{エ}}$ である。

21-B

5分 ▶▶ 解答 P.46

(1) $\triangle$ABC において，AB=7，BC=$4\sqrt{2}$，$\angle$ABC=45° とする。

このとき，CA=$\boxed{ア}$ である。

(2) $\triangle$ABC の辺 BC，CA，AB の長さをそれぞれ a，b，c とし，$\angle$C の大きさを C とする。

$a=4$，$b=5$，$C=120^\circ$ のとき，$c=\sqrt{\boxed{イウ}}$ となる。

22 余弦定理で角を求める

22-A

$0^\circ \leqq \theta \leqq 180^\circ$ とする。

$\cos\theta = -\dfrac{1}{2}$ のとき，$\theta = \boxed{アイウ}^\circ$ である。

22-B

(1) $\triangle$ABC において，AB=4，BC=5，CA=$\sqrt{21}$ とする。

このとき，$\angle$ABC=$\boxed{アイ}^\circ$ である。

(2) $\triangle$OAB で OA=$3\sqrt{2}$，OB=$2\sqrt{6}$，AB=$\sqrt{78}$ のとき，$\angle$AOB=$\boxed{ウエオ}^\circ$ である。

23 三角比の相互関係

23-A

2分 ▶▶ 解答 P.48

△ABC で $\cos B=\dfrac{5}{8}$ であるとき，$\sin B=\dfrac{\sqrt{\boxed{\text{アイ}}}}{\boxed{\text{ウ}}}$ である。

23-B

5分 ▶▶ 解答 P.49

(1) △ABC において，∠B が鈍角であり，$\sin B=\dfrac{5\sqrt{7}}{16}$ であるとする。

このとき，$\cos B=\dfrac{\boxed{\text{アイ}}}{\boxed{\text{ウエ}}}$ である。

(2) $\tan\theta=\dfrac{1}{2}$ であるとき，$\cos\theta=\dfrac{\boxed{\text{オ}}\sqrt{\boxed{\text{カ}}}}{\boxed{\text{キ}}}$ である。

ただし，$0°<\theta<180°$ とする。

24 三角形の面積

24-A

△ABC で，AB=8，AC=5，∠A=60° のとき，△ABC の面積を S とすると，$S=\boxed{\text{アイ}}\sqrt{\boxed{\text{ウ}}}$ である。

24-B

△ABC において，AB=9，BC=13，CA=5 とする。

$\cos A=\dfrac{\boxed{\text{アイ}}}{\boxed{\text{ウエ}}}$ であり，$\sin A=\dfrac{\sqrt{\boxed{\text{オカ}}}}{\boxed{\text{ウエ}}}$ である。

したがって，△ABC の面積は $\dfrac{\boxed{\text{キ}}\sqrt{\boxed{\text{オカ}}}}{\boxed{\text{ク}}}$ である。

25 正弦定理

25-A

2分 ▶▶ 解答 P.52

△ABC で，∠B＝45°，CA＝5 のとき，△ABC の外接円の半径を R とすると，$R=\dfrac{\boxed{ア}\sqrt{\boxed{イ}}}{\boxed{ウ}}$ である。

25-B

5分 ▶▶ 解答 P.52

半径 $2\sqrt{2}$ の円に内接する鋭角三角形 ABC があり，∠A＝45° で BC：CA＝$\sqrt{2}$：$\sqrt{3}$ であるという。

(1) BC＝$\boxed{ア}$ である。

(2) ∠B＝$\boxed{イウ}$°，∠C＝$\boxed{エオ}$° である。

26 三角形の内接円の半径

26-A

3 辺の長さが 3，4，5 の直角三角形に内接する円の半径を r とすると，$r=\boxed{ア}$ である。

26-B

△ABC において，AB＝7，BC＝8，CA＝5 とする。

(1) $\sin\angle\mathrm{ABC}=\dfrac{\boxed{ア}\sqrt{\boxed{イ}}}{\boxed{ウエ}}$ である。

(2) △ABC の面積を S とすると，$S=\boxed{オカ}\sqrt{\boxed{キ}}$ である。

(3) △ABC の内接円の半径を r とすると，$r=\sqrt{\boxed{ク}}$ である。

27 空間図形で長さ・角を求める

27-A

3分 ▶▶ 解答 P.55

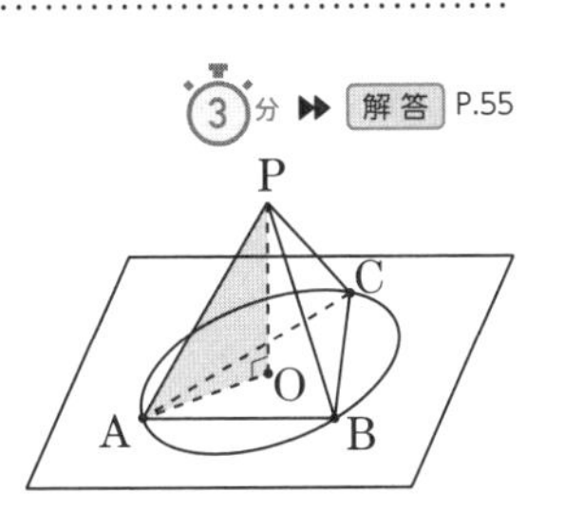

△ABC の外接円の中心をOとする。△ABC を底面とする三角錐 PABC において，PO は点Pから底面 ABC に下ろした垂線であるとする。

円Oの外接円の半径が $\sqrt{7}$，$\tan\angle PAO=3$ であるとき，PO= ア $\sqrt{\boxed{イ}}$ である。

27-B

6分 ▶▶ 解答 P.55

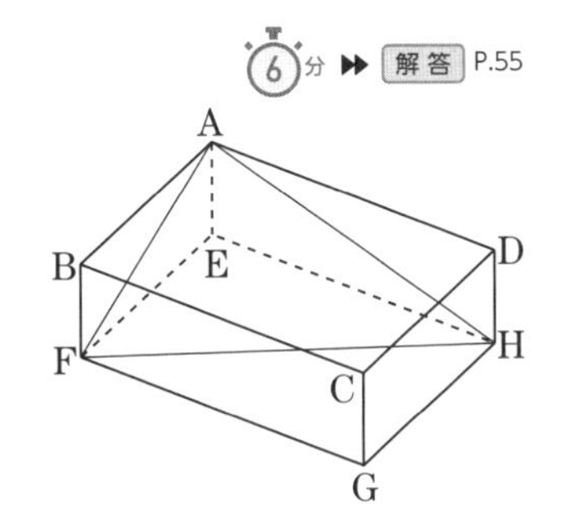

図のような直方体 ABCD-EFGH において，

$AE=\sqrt{10}$，$AF=8$，$AH=10$ とする。

このとき，FH= アイ であり，

$\cos\angle FAH=\dfrac{\boxed{ウ}}{\boxed{エ}}$ である。また，三角形 AFH の面積は オカ $\sqrt{\boxed{キ}}$ である。

28 円に内接する四角形で長さを求める

28-A

4分 ▶▶ 解答 P.56

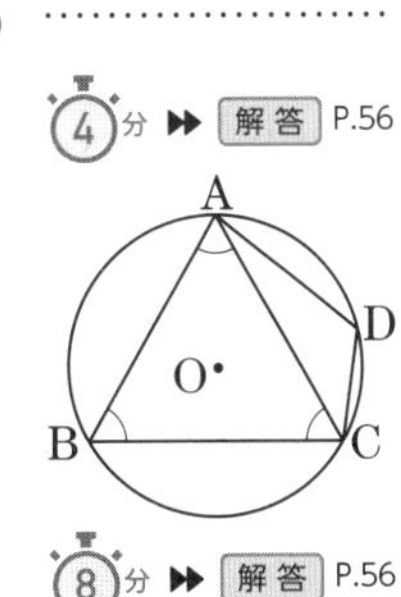

△ABC を1辺の長さが7の正三角形とし，点Oを中心とする円Oをその外接円とする。円Oの点Bを含まない弧 CA 上に，点Dを弦 CD の長さが3になるようにとる。

このとき，AD= ア である。

28-B

8分 ▶▶ 解答 P.56

円に内接する四角形 ABCD において，

$AB=\sqrt{14}$，$CD=5$，$\angle BAC=15°$，$\angle ABC=120°$

とする。ただし，∠CAD は鋭角とする。

このとき，AC= $\sqrt{\boxed{アイ}}$ であり，AD= ウ である。

29 円に内接する四角形で角を求める

29-A

3分 ▶▶ 解答 P.58

円に内接する四角形 ABCD で

$$CD=2,\ DA=1,\ \cos\angle ABC=\frac{5}{8}$$

のとき，$AC=\dfrac{\sqrt{\boxed{アイ}}}{\boxed{ウ}}$ である。

29-B

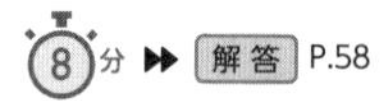

円に内接する四角形 ABCD があって，4 辺の長さが AB=1，BC=2，CD=3，DA=4 とする。

このとき，$AC=\dfrac{\sqrt{\boxed{アイウ}}}{\boxed{エ}}$，$\cos\angle ABC=\dfrac{\boxed{オカ}}{\boxed{キ}}$ である。

四角形 ABCD の面積は $\boxed{ク}\sqrt{\boxed{ケ}}$ である。

実戦問題 第1問

8分 ▶▶ 解答 P.59

久しぶりに小学校に行くと，階段の一段一段の高さが低く感じられることがある。これは，小学校と高等学校とでは階段の基準が異なるからである。学校の階段の基準は，下のように建築基準法によって定められている。

高等学校の階段では，蹴上げ(けあ)が 18 cm 以下，踏面(ふみづら)が 26 cm 以上となっており，この基準では，傾斜は最大で約 35° である。

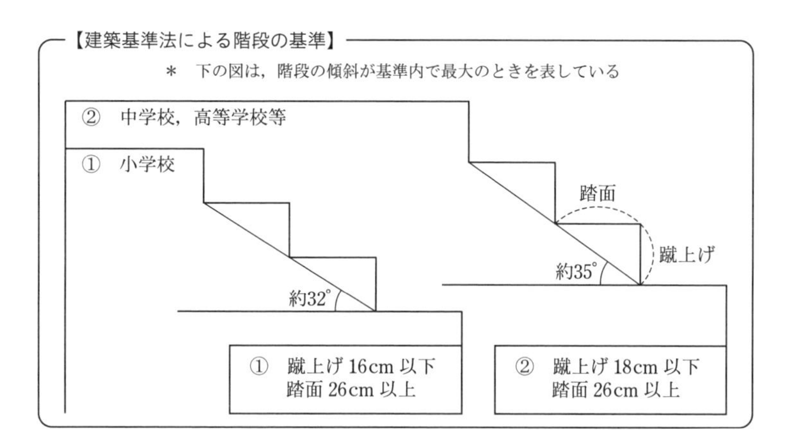

階段の傾斜をちょうど 33° とするとき，蹴上げを 18 cm 以下にするためには，踏面をどのような範囲に設定すればよいか。踏面を x cm として，x のとり得る値の範囲を求めるための不等式を，33° の三角比と x を用いて表すと ア である。 ア にあてはまるものを，次の⓪～③のうちから 1 つ選べ。ただし，踏面と蹴上げの長さはそれぞれ一定であるとし，また，踏面は水平であり，蹴上げは踏面に対して垂直であるとする。

⓪ $26\sin 33^\circ \leqq x \leqq 18$　　① $26\tan 33^\circ \leqq x \leqq 18$

② $26 \leqq x \leqq \dfrac{18}{\sin 33^\circ}$　　③ $26 \leqq x \leqq \dfrac{18}{\tan 33^\circ}$

（本問題の図は，「建築基準法の階段に係る基準について」（国土交通省）をもとに作成している。）

（共通テスト　試行調査・改）

実戦問題 第2問

10分 ▶▶ 解答 P.59

△ABCにおいて，AC=7，BC=9，AB<AC，$\cos B=\dfrac{2}{3}$ とする。

(1) 上のとき，$\sin B=\dfrac{\sqrt{\boxed{\text{ア}}}}{\boxed{\text{イ}}}$，AB=$\boxed{\text{ウ}}$ となる。

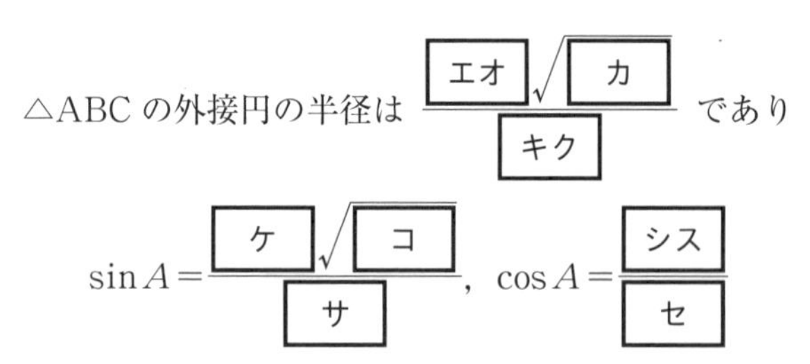

△ABCの外接円の半径は $\dfrac{\boxed{\text{エオ}}\sqrt{\boxed{\text{カ}}}}{\boxed{\text{キク}}}$ であり

$\sin A=\dfrac{\boxed{\text{ケ}}\sqrt{\boxed{\text{コ}}}}{\boxed{\text{サ}}}$，$\cos A=\dfrac{\boxed{\text{シス}}}{\boxed{\text{セ}}}$

である。

(2) 辺ABと辺ACのそれぞれの中点をD，Eとする。線分DEを折り目として△ADEを直角に折り曲げて，点Aを頂点とし四角形BCEDを底面とする四角錐A-BCEDを考える。

このとき，

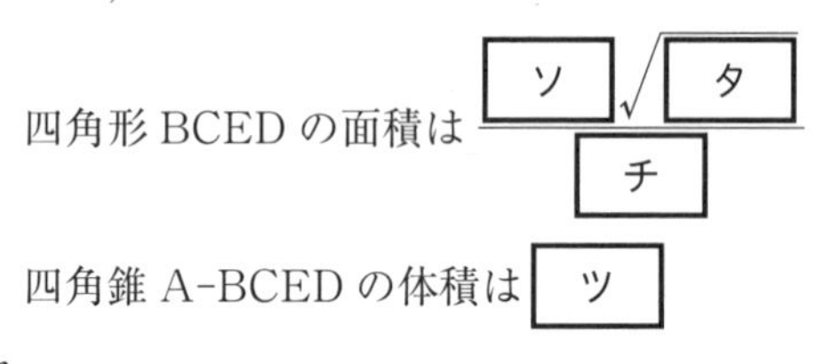

四角形BCEDの面積は $\dfrac{\boxed{\text{ソ}}\sqrt{\boxed{\text{タ}}}}{\boxed{\text{チ}}}$

四角錐A-BCEDの体積は $\boxed{\text{ツ}}$

である。

実戦問題 第3問

12分 ▶▶ 解答 P.62

太郎さんは，水平面上のまっすぐな道路を一定の速さ10 m/秒で走る自動車に乗っている。その自動車が地点Aを通過したとき，自動車の前方から右側30°の方向にある地点Pに高層ビルが鉛直に建っているのが見えた。それから

10 秒後に，自動車が地点Bに達したとき，地点Pは前方から右側 60° の方向に，さらに，その高層ビルの最上部Qが水平より 45° の方向に見えた。

(1) 太郎さんは，上のことから，2 点を定めてその距離と必要な角度を求めることで，高層ビルと道路の最短距離と高層ビルの高さを算出できるのではないかと考えた。

太郎さんのした計算のまとめ

道路の幅および高層ビルの幅，奥行きは無視でき，道路，高層ビルは，それぞれ直線で表されるものとし，自動車はその高さ，幅，長さが無視でき，点で表されるものとすると，太郎さんの乗った自動車が高層ビルに最も近い点Cを通過するのは，地点Bを通過してのち [ア] 秒後である。

高層ビルの高さ PQ は [イウエ] (m) である。

(2) 太郎さんは，高層ビルと道路の最短距離を求める方法として上の計算を一般化してみることにした。ただし，下の構想では，$0° < \alpha < \beta < 90°$ として考えるものとした。

太郎さんの構想から得られた結果

水平面上のまっすぐな道路を一定の速さで走る自動車に乗っている。その自動車が地点Aを通過したとき，自動車の前方から右側 α の方向にある地点Pに高層ビルが鉛直に建っているのが見えた。それから x (m) 離れた地点Bに自動車が達したとき，地点Pは前方から右側 β の方向に見えた。

このとき，高層ビルと道路の最短距離は，$\tan\alpha$，$\tan\beta$，x を用いて表すと [オ] (m) である。

[オ] にあてはまるものを，次の⓪～③のうちから 1 つ選べ。

⓪ $\dfrac{\tan\alpha\tan\beta}{\tan\alpha+\tan\beta}x$　① $\dfrac{\tan\alpha\tan\beta}{\tan\beta-\tan\alpha}x$

② $\dfrac{\tan\alpha+\tan\beta}{\tan\alpha\tan\beta}x$　③ $\dfrac{\tan\beta-\tan\alpha}{\tan\alpha\tan\beta}x$

(3) 太郎さんが，この結果を花子さんに話したところ，花子さんは[オ]の結果は[カ]と表せることを導いた。

[カ]にあてはまるものを，次の⓪～③のうちから1つ選べ。

⓪ $\dfrac{\sin\alpha\sin\beta}{\cos\alpha\sin\beta+\sin\alpha\cos\beta}x$　① $\dfrac{\sin\alpha\sin\beta}{\cos\alpha\sin\beta-\sin\alpha\cos\beta}x$

② $\dfrac{\cos\alpha\sin\beta+\sin\alpha\cos\beta}{\sin\alpha\sin\beta}x$　③ $\dfrac{\cos\alpha\sin\beta-\sin\alpha\cos\beta}{\sin\alpha\sin\beta}x$

(4) 花子さんは，さらに高層ビルの高さを求める一般的な方法を，ある地点で高層ビルの最上部Qが水平より θ の方向に見えたという情報を加えて考えることにした。ただし，$0°<\theta<90°$，$0°<\alpha<\beta<90°$ とする。

花子さんは，β を与える位置は $\theta=45°$ となるときとして考える方法を提案した。ただし，この設定では，[キ]の場合には，高層ビルの高さを求めることができないという制約があることを太郎さんが指摘した。

[キ]にあてはまる最も適当なものを，次の⓪～③のうちから1つ選べ。

⓪ $0°<\alpha<45°$
① $45°<\beta<90°$
② 高層ビルの高さ＞高層ビルと道路の最短距離
③ 高層ビルの高さ＜高層ビルと道路の最短距離

(5)

花子さんの構想から得られた結果

$\theta=45°$ となる β の値が存在するとき，高層ビルの高さ PQ は[ク](m)である。

[ク]にあてはまるものを，次の⓪～③のうちから1つ選べ。

⓪ $\dfrac{\sin\alpha}{\cos\alpha\sin\beta+\sin\alpha\cos\beta}x$　① $\dfrac{\sin\alpha}{\cos\alpha\sin\beta-\sin\alpha\cos\beta}x$

② $\dfrac{\cos\alpha\sin\beta+\sin\alpha\cos\beta}{\sin\alpha\sin^2\beta}x$　③ $\dfrac{\cos\alpha\sin\beta-\sin\alpha\cos\beta}{\sin\alpha\sin^2\beta}x$

第4章 データの分析

30 代表値

30-A

3分 ▶▶ 解答 P.65

次のデータの平均値は [ア].[イウ]，中央値は [エ].[オ]，最頻値は [カ] である。

0, 1, 1, 3, 4, 4, 4, 9

30-B

5分 ▶▶ 解答 P.66

P高校の20人の数学の得点とQ高校の25人の数学の得点を比較するために，それぞれの度数分布表を作ったところ，右のようになった。

2つの高校の得点の中央値については，[ア]。

[ア] にあてはまるものを，次の⓪～③のうちから1つ選べ。

⓪ P高校の方が大きい
① Q高校の方が大きい
② P高校とQ高校で等しい
③ 与えられた情報からはその大小を判定できない

階級	P高校	Q高校
以上 以下 35～39	0	5
40～44	0	5
45～49	3	0
50～54	4	0
55～59	6	0
60～64	3	10
65～69	1	2
70～74	0	2
75～79	3	1
計	20	25

31 データの範囲と四分位範囲

31-A

2分 ▶▶ 解答 P.67

次の表は，25人の男子生徒の50 m走の結果（単位は秒）をまとめたものである。四分位範囲の値は [ア].[イウ]（秒）である。

最小値	第1四分位数	中央値	第3四分位数	最大値
6.4	6.95	7.1	7.6	8.2

31-B

7分 ▶▶ 解答 P.67

20 人の生徒に対して，100 点満点で行った国語，数学，英語の 3 教科のテストの得点のデータについて，それぞれの平均値，最小値，第 1 四分位数，中央値，第 3 四分位数，最大値を調べたところ，右の表のようになった。ここで表の数値は四捨五入されていない正確な値である。

	国語	数学	英語
平均値	57.25	69.40	57.25
最小値	33	33	33
第 1 四分位数	44.0	58.5	46.5
中央値	54.0	68.0	54.5
第 3 四分位数	64.5	84.0	70.5
最大値	98	98	98

以下，小数の形で解答する場合，指定された桁(けた)数の 1 つ下の桁を四捨五入し，解答せよ。途中で割り切れた場合，指定された桁まで 0 とすること。

(1) 数学の得点の範囲は [アイ] (点) である。四分位範囲は [ウエ] . [オ] (点) であり，四分位偏差は [カキ] . [クケ] (点) である。

(2) 国語と英語の得点の四分位偏差については [コ] 。

[コ] にあてはまるものを，次の⓪～②のうちから 1 つ選べ。

⓪ 国語の方が大きい ① 英語の方が大きい ② 等しい値となる

32 箱ひげ図

32-A

高校 1 年の 1 組と 2 組の男子生徒のハンドボール投げの結果 (単位は m) を箱ひげ図にしたところ右図のようになった。四分位範囲の値については，[ア] 。

[ア] にあてはまるものを，次の⓪～③のうちから 1 つ選べ。

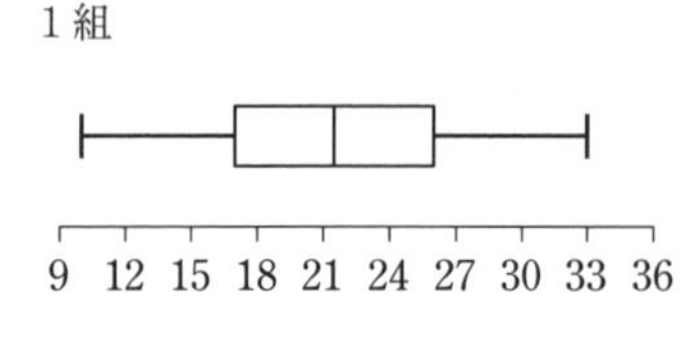

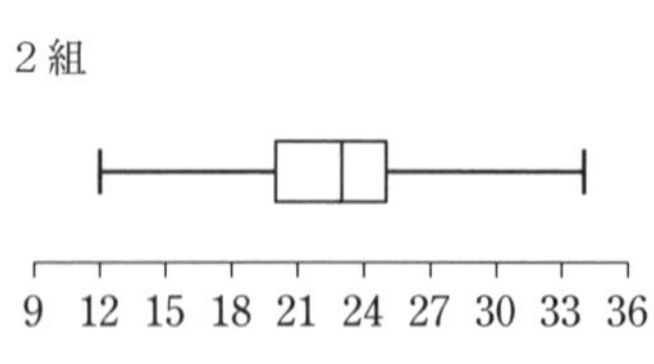

⓪ 1 組の方が大きい
① 2 組の方が大きい
② 1 組と 2 組で等しい
③ 与えられた情報からはその大小を判断できない

32-B

5分 ▶▶ 解答 P.68

20 人の生徒に対して，100 点満点で行った国語，数学，英語の 3 教科のテストの得点のデータは，右の表のようになった。ここで表の数値は四捨五入されていない正確な値である。

	国語	数学	英語
平均値	57.25	69.40	57.25
最小値	33	33	33
第 1 四分位数	44.0	58.5	46.5
中央値	54.0	68.0	54.5
第 3 四分位数	64.5	84.0	70.5
最大値	98	98	98

国語，数学，英語の得点の箱ひげ図は，それぞれ，［ア］，［イ］，［ウ］である。

［ア］，［イ］，［ウ］にあてはまるものを，次の⓪～⑤のうちから 1 つずつ選べ。

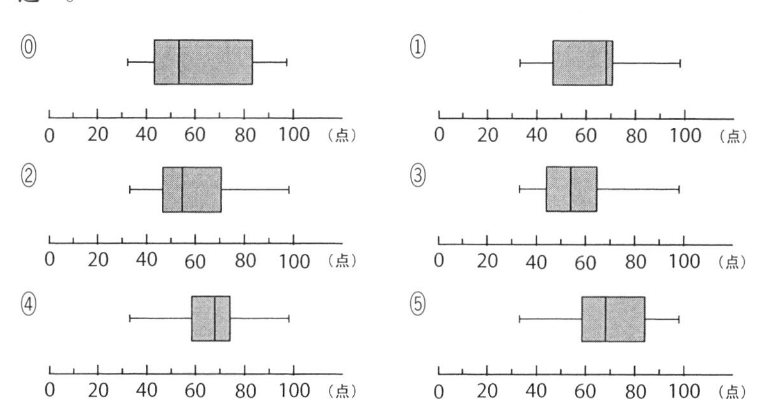

第4章 データの分析

33 分散と標準偏差

33-A

5分 ▶▶ 解答 P.69

右の表は，50 点満点のゲームに参加した 10 人の得点をまとめたものである。

以下，小数の形で解答する場合，指定された桁(けた)数の 1 つ下の桁を四捨五入し，解答せよ。途中で割り切れた場合，指定された桁まで 0 とすること。

ゲームに参加した 10 人のゲームの得点について，平均値 37.0 点からの偏差の最大値は［ア］.［イ］点である。また，分散の値は［ウエ］.［オカ］，標準偏差の値は［キ］.［ク］点である。

番号	得点
1	37
2	44
3	34
4	35
5	30
6	41
7	38
8	33
9	41
10	37
平均値	37.0

33-B

8分 ▶▶ 解答 P.69

右のデータは2科目の小テストに関する5人の生徒の得点を記録したものである。2科目の小テストの得点をそれぞれ変量 x, y とする。

生徒番号	1	2	3	4	5
x	3	4	5	4	4
y	7	9	10	8	6

(1) 変量 x の分散を小数で求めると, [ア].[イ] となる。

(2) 変量 y を使って新しい変量 u を

$$u=\frac{\sqrt{\boxed{\text{ウ}}}}{\boxed{\text{エ}}}y$$

で定めると, 変量 u の分散は x の分散と同じになる。

34 変量の変換

34-A

ある大会のスキージャンプでは, 飛距離 D(m) から次の式によって得点 X を算出する。

$$X=1.80\times(D-125.0)+60.0$$

20人の1回ずつの飛距離 D のデータから, この20人の得点 X のデータをつくるとき, X の分散は, D の分散の [ア] 倍になる。

[ア] にあてはまるものを, 次の⓪～④から1つ選べ。

⓪ 0.9　① 1　② 1.80　③ 3.24　④ 3.60

34-B ③分 ▶▶ 解答 P.71

N市のある年の365日の各日の最高気温のデータがある。

N市では温度の単位として摂氏(°C)のほかに華氏(°F)も使われている。華氏(°F)での温度は，摂氏(°C)での温度を$\frac{9}{5}$倍し，32を加えると得られる。例えば，摂氏10°Cは$\frac{9}{5}$倍し，32を加えることで50°Fとなる。

N市の最高気温のデータについて，摂氏での分散をX，華氏での分散をYとすると$\frac{Y}{X}$=［ア］になる。

［ア］にあてはまるものを，次の⓪～④から1つ選べ。

⓪ $\frac{25}{81}$　① $\frac{5}{9}$　② 1　③ $\frac{9}{5}$　④ $\frac{81}{25}$

35 散布図

35-A ②分 ▶▶ 解答 P.72

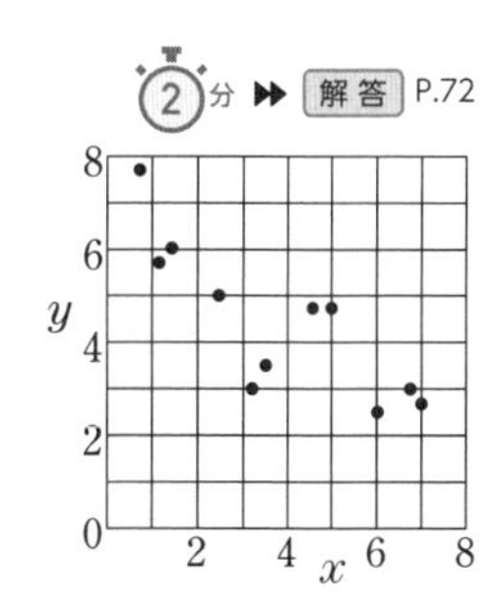

右の散布図は変量xと変量yについてのものである。ただし，点の重なりはないものとする。

データの個数は［アイ］個であり，変量x，変量yの値がともに4より大きいデータの個数は［ウ］個である。

35-B ⑧分 ▶▶ 解答 P.72

次のページの表は，2回行われた50点満点のゲームに参加した10人の得点をまとめたものである。1回戦のゲームの得点を変量p，2回戦のゲームの得点を変量qで表す。このとき，変量pと変量qの散布図として適切なものは［ア］であり，変量pと変量qの間には［イ］。

［ア］にあてはまるものを，次のページの⓪～③のうちから1つ選べ。

⓪

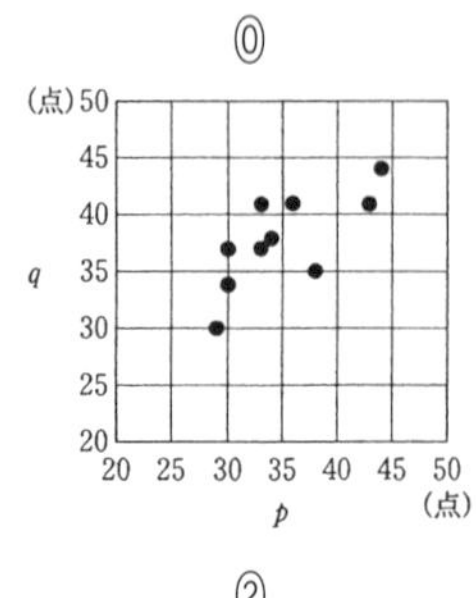

①

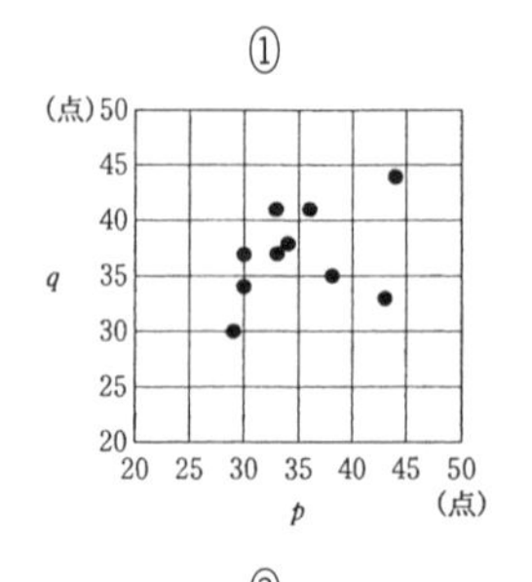

②

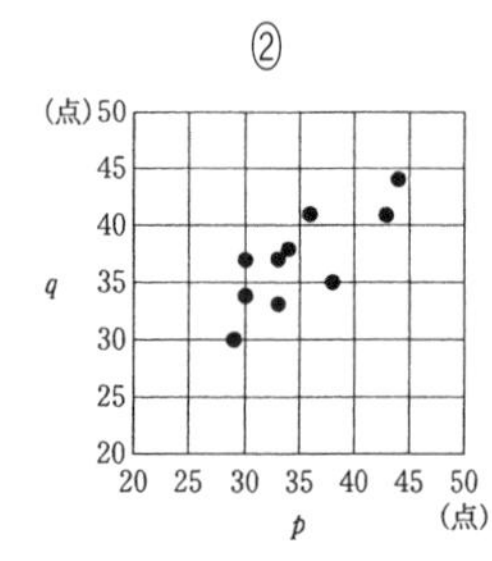

③

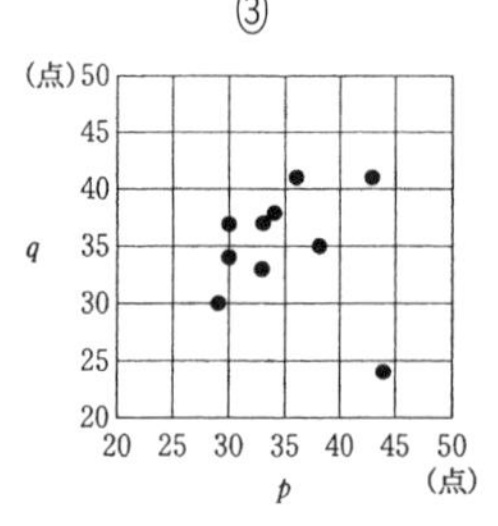

番号	1回戦(点)	2回戦(点)
1	33	37
2	44	44
3	30	34
4	38	35
5	29	30
6	43	41
7	34	38
8	33	33
9	36	41
10	30	37

［イ］に最も適当なものを，次の⓪～②のうちから1つ選べ。

⓪　正の相関関係がある　　　①　相関関係はほとんどない

②　負の相関関係がある

36 相関表

36-A

2分 ▶▶ 解答 P.73

右の表は，ある高等学校のAクラスの20人の生徒の国語と英語のテストの結果をまとめたものである。表の横軸は国語の得点を，縦軸は英語の得点を表している。ただし，得点は0以上10以下の整数値をとり，空欄は0人であることを表している。

例えば，国語の得点が7点で英語の得点が6点である生徒の人数は2である。

Aクラスの20人のうち，国語の得点が5点の生徒は［ア］人である。

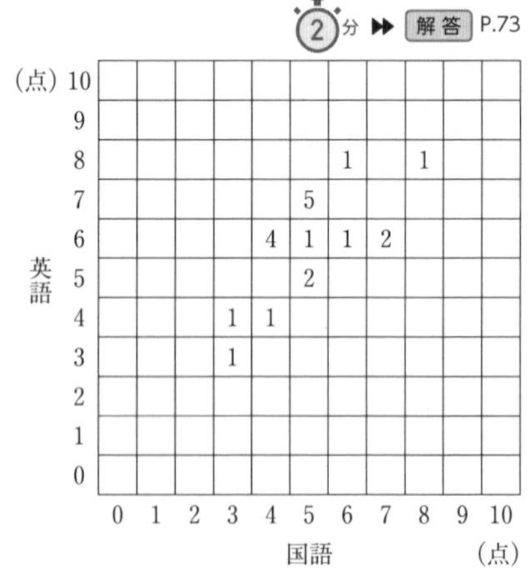

英語(点)＼国語(点)	0	1	2	3	4	5	6	7	8	9	10
10											
9											
8							1		1		
7						5					
6					4	1	1	2			
5						2					
4				1	1						
3				1							
2											
1											
0											

36-B

8分 ▶▶ 解答 P.73

変量 p と変量 q を観測したデータに対して，度数をまとめた相関表を作ったところ，右のようになった。例えば，相関表中の7の7という数字は，変量 p の値が60以上80未満で変量 q の値が20以上40未満の度数が7であることを表している。

q \ p	0〜20	20〜40	40〜60	60〜80	80〜100
80〜100	2	3	0	0	0
60〜80	0	7	3	5	1
40〜60	2	2	0	11	0
20〜40	0	1	1	7	1
0〜20	0	0	0	1	3

このとき，変量 p のヒストグラムは［ア］であり，変量 q のヒストグラムは［イ］である。

［ア］，［イ］にあてはまるものを，次の⓪〜⑤のうちから1つずつ選べ。

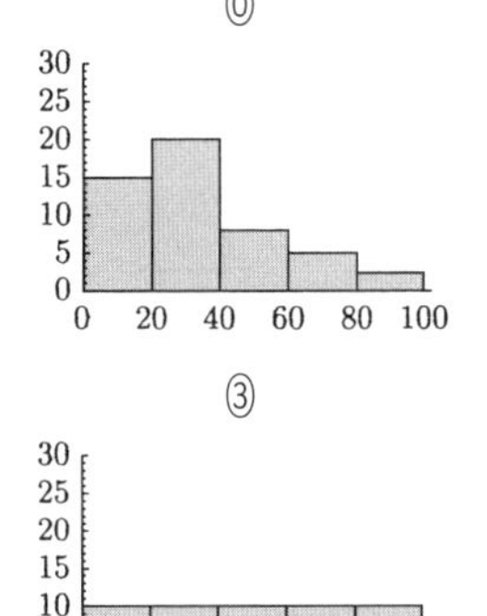

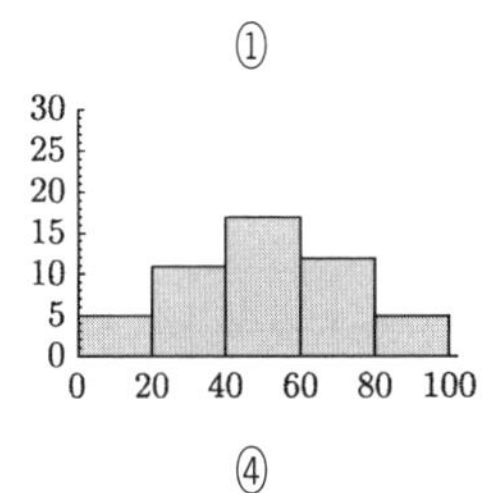

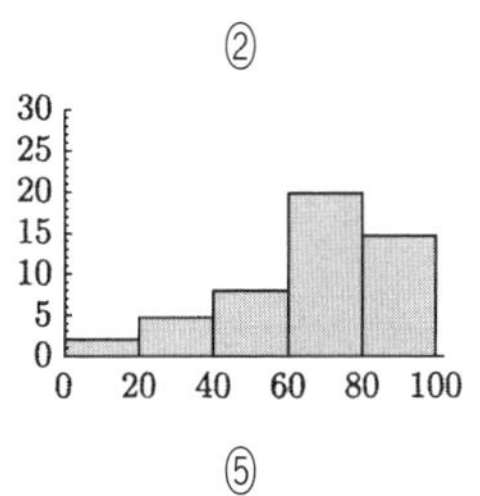

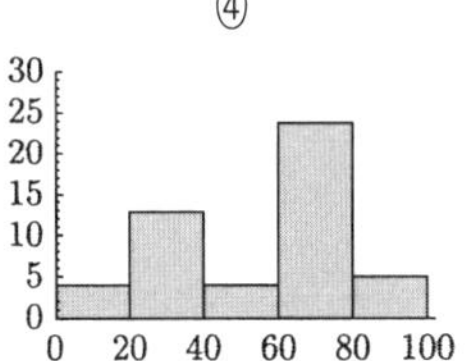

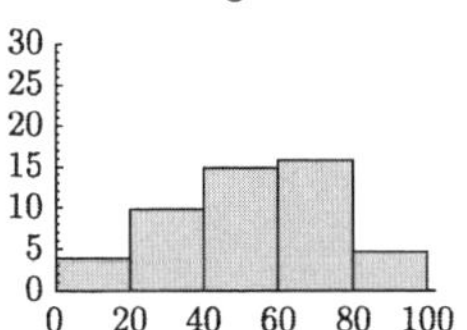

37 相関係数

37-A

7分 ▶▶ 解答 P.74

右の表は5人の生徒の数学と英語のテストの得点と平均値，分散についてまとめたものである。数学と英語の得点の相関係数は［ア］.［イウ］である。ただし，小数第三位を四捨五入して答えよ。

番号	数学	英語
1	36	48
2	51	46
3	57	71
4	32	65
5	34	50
平均値	42.0	56.0
分散	101.2	101.2

37-B

8分 ▶▶ 解答 P.75

右の表は，あるクラスの生徒9人に対して行われた英語と数学のテスト(各20点満点)の得点をまとめたものである。ただし，テストの得点は整数値である。また，表の数値はすべて正確な値であり，四捨五入されていないものとする。

9人の数学の得点の平均値が15.0点であることと，英語と数学の得点の相関係数の値が0.500であることから，生徒6の数学の得点Aと生徒7の数学の得点Bの関係式

A＋B＝ アイ

A−B＝ ウ

が得られる。

したがって，Aは エオ 点，Bは カキ 点である。

	英語	数学
生徒1	9	15
生徒2	20	20
生徒3	18	14
生徒4	18	17
生徒5	14	8
生徒6	18	A
生徒7	14	B
生徒8	15	14
生徒9	18	15
平均値	16.0	15.0
分散	10.00	10.00
相関係数	0.500	

実戦問題 第1問

9分 ▶▶ 解答 P.76

あるクラスの生徒20人の数学の試験の点数を x 点，英語の試験の点数を y 点とし，変量 x，y について整理した結果，次の表を得た。ただし，$\overline{x}$，$\overline{y}$ はそれぞれ x，y の平均である。

番号	x	y	$x-\overline{x}$	$(x-\overline{x})^2$	$y-\overline{y}$	$(y-\overline{y})^2$	$(x-\overline{x})(y-\overline{y})$
1	61	63	2	4	2	4	4
2	55	59	-4	16	-2	4	8
⋮	⋮	⋮	⋮	⋮	⋮	⋮	⋮
20	57	62	-2	4	1	1	-2
合計	A	1220	0	180	0	80	60

(1) 番号1，2，20のデータおよび合計から読み取れる事柄として正しいものを，次の⓪～③のうちから2つ選べ。ただし，解答の順序は問わない。

ア，イ

⓪ 変量 y の平均は60以上である。

① 変量 y の中央値は，変量 x の中央値より大きい。

② 変量 y の標準偏差は，変量 x の標準偏差より小さい。

③ 変量 x と y の共分散は0である。

(2) この表において $A=$ ウエオカ である。

(3) 変量 x と y の相関係数は0. キ である。

(明治薬科大・改)

実戦問題 第2問

図1は平成27年と平成29年の47都道府県ごとの人口10万人あたりの交通事故死者数の散布図である。また図2の5つの箱ひげ図には，平成27年および平成29年の47都道府県ごとの人口10万人あたりの交通事故死者数に対する箱ひげ図が含まれている。

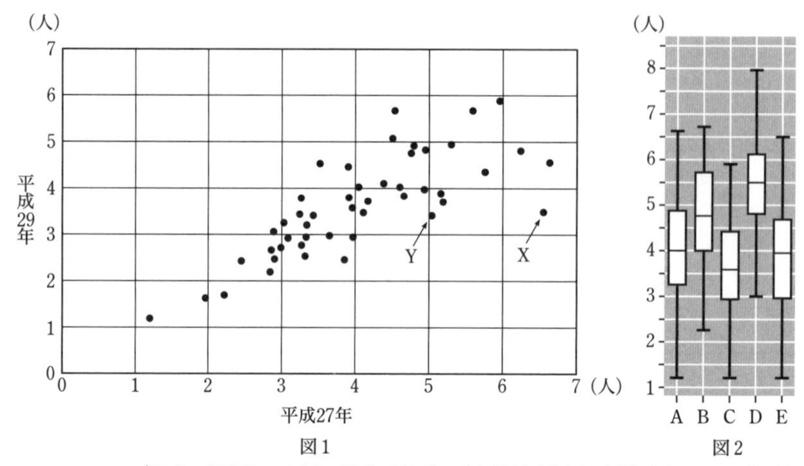

図1　図2

(出典：「道路の交通に関する統計」(交通局交通企画課) を加工して作成)

(1) 図1と図2から読み取れる，都道府県ごとの1年間の人口10万人あたりの交通事故死者数についての記述について，正しいものを次の⓪～⑤のうちから3つ選べ。ただし，解答の順序は問わない。 ア , イ , ウ

⓪ 人口10万人あたりの交通事故死者数の最大値は，平成27年の方が平成29年より大きい。

① 散布図の点Yの平成27年の値は，その年の人口10万人当たりの交通事故死者数の中央値である。

② 平成27年の箱ひげ図はAである。

③ 平成29年の箱ひげ図はEである。

④ 図1の点Xがある場合とない場合では，ない場合の方が相関係数の値が大きくなる。

⑤ 平成27年と平成29年の人口10万人あたりの交通事故死者数には負の相関がある。

(2) 図1の散布図から人口10万人あたりの交通事故死者数が平成27年より平成29年の方が多い都道府県を表す点を選別する方法として適切なものを，次の⓪～⑤のうちから1つ選べ。 エ

⓪ 散布図の点(0, 7)と(7, 0)を結ぶ直線を引き，この直線の上側にある点を選別する。

① 散布図の点(0, 7)と(7, 0)を結ぶ直線を引き，この直線の下側にある点を選別する。

② 散布図の点(0, 0)と(7, 7)を結ぶ直線を引き，この直線の上側にある点を選別する。

③ 散布図の点(0, 0)と(7, 7)を結ぶ直線を引き，この直線の下側にある点を選別する。

④ 散布図の点(4, 0)と(4, 7)を結ぶ直線を引き，この直線の右側にある点を選別する。

⑤ 散布図の点(4, 0)と(4, 7)を結ぶ直線を引き，この直線の左側にある点を選別する。

(東海大・改)

実戦問題 第3問

10分 ▶▶ 解答 P.79

「71, 73, 79, 83, 89, 97 の分散を求めよ。」という問題の解き方を，太郎さんと花子さんが話題にしている。

(1)

太郎：分散の定義通りに求めようとすると，平均値 $\overline{x}$ を求めて， ア と計算すればいいね。他の計算方法はあるのかな。

花子：データの値を2乗した値を用いて， イ と計算できるけど，これも $\overline{x}$ を求める必要があるね。

[ア], [イ] にあてはまるものを，各解答群のうちから１つずつ選べ。

[ア] の解答群

⓪ $\frac{1}{6}\{(71-\overline{x})+(73-\overline{x})+(79-\overline{x})+(83-\overline{x})+(89-\overline{x})+(97-\overline{x})\}$

① $\frac{1}{6}\{|71-\overline{x}|+|73-\overline{x}|+|79-\overline{x}|+|83-\overline{x}|+|89-\overline{x}|+|97-\overline{x}|\}$

② $\frac{1}{6}\{(71-\overline{x})^2+(73-\overline{x})^2+(79-\overline{x})^2+(83-\overline{x})^2+(89-\overline{x})^2+(97-\overline{x})^2\}$

③ $\sqrt{\frac{1}{6}\{|71-\overline{x}|+|73-\overline{x}|+|79-\overline{x}|+|83-\overline{x}|+|89-\overline{x}|+|97-\overline{x}|\}}$

④ $\sqrt{\frac{1}{6}\{(71-\overline{x})^2+(73-\overline{x})^2+(79-\overline{x})^2+(83-\overline{x})^2+(89-\overline{x})^2+(97-\overline{x})^2\}}$

[イ] の解答群

⓪ $\frac{1}{6}(71+73+79+83+89+97)^2-(\overline{x})^2$

① $\frac{1}{6}(71^2+73^2+79^2+83^2+89^2+97^2)-(\overline{x})^2$

② $\sqrt{\frac{1}{6}(71+73+79+83+89+97)^2-(\overline{x})^2}$

③ $\sqrt{\frac{1}{6}(71^2+73^2+79^2+83^2+89^2+97^2)-(\overline{x})^2}$

(2)

太郎：分散だけすぐに分かる公式があればいいのに。

花子：分散に関する性質というと，次のようなものがあったけど。

> x_1, x_2, x_3, …, x_n の平均値を $\overline{x}$，分散を s^2 とする。定数 a, b に対して ax_1+b, ax_2+b, …, ax_n+b の平均値は $a\overline{x}+b$，分散は [ウ]

[ウ] にあてはまるものを，次の⓪～④のうちから１つ選べ。

⓪ $|a|s^2$　① a^2s^2　② $|a|s^2+|b|$　③ $a^2s^2+|b|$　④ $a^2s^2+b^2$

(3)

太郎：この性質で，$a=1$ としてみたらどうだろう。b はどのような値でもいいのかな。

花子：計算が楽になると感じられるようにするには，はじめのデータの平均値に近い値を引いてみたら扱う数の絶対値を小さくできるかも。$a=1$，$b=-83$ として，分散を求めてみることにしようか。

太郎：変換後のデータは

$$-12,\ -10,\ -4,\ 0,\ 6,\ 14$$

になる。

変換後の平均値は［エオ］になるね。

［ア］の式と同様に求めようとすると，平均値を求めるところは，少し楽になったけど，その後は同じ計算をすることになる①みたいだ。

花子：でも，［イ］の式と同様に考えると計算量は減っている感じがするから，私はこの方法で求めてみることにする。

結局，はじめのデータの分散は［カキ］になるね。

(4) 下線部①について，同じ計算となった理由として適当なものを，次の⓪～②のうちから1つ選べ。［ク］

⓪ はじめのデータと変換後のデータの偏差の値に変化がおきなかったから。

① はじめのデータと変換後のデータの中央値の値に変化がおきなかったから。

② はじめのデータと変換後のデータの相関係数が0となったから。

実戦問題 第4問

12分 ▶▶ 解答 P.80

全国各地の気象台が観測した「モンシロチョウの初見日（初めて観測した日）」や「ツバメの初見日」などの日付を気象庁が発表している。気象庁発表の日付は普通の月日形式であるが，この問題では該当する年の1月1日を「1」とし，12月31日を「365」（うるう年の場合は「366」）とする「年間通し日」に変更している。例えば，2月3日は，1月31日の「31」に2月3日の3を加えた「34」となる。

(1) 図1と図2は，モンシロチョウとツバメの両方を観測している41地点における，2017年の初見日の箱ひげ図と散布図である。散布図の点には重なった点が2点ある。なお，散布図には原点を通り傾き1の直線（実線），切片が−15および15で傾きが1の2本の直線（破線）を付加している。

次の［ア］，［イ］にあてはまるものを，下の⓪～⑦のうちから1つずつ選べ。ただし，解答の順序は問わない。

図1，図2から読み取れることとして正しくないものは，［ア］，［イ］である。

⓪ モンシロチョウの初見日の最小値はツバメの初見日の最小値と同じである。

① モンシロチョウの初見日の最大値はツバメの初見日の最大値より大きい。

② モンシロチョウの初見日の中央値はツバメの初見日の中央値より大きい。

③ モンシロチョウの初見日の四分位範囲はツバメの初見日の四分位範囲の3倍より小さい。

④ モンシロチョウの初見日の四分位範囲は15日以下である。

⑤ ツバメの初見日の四分位範囲は15日以下である。

⑥ モンシロチョウとツバメの初見日が同じ所が少なくとも4地点ある。

⑦ 同一地点でのモンシロチョウの初見日とツバメの初見日の差は15日以下である。

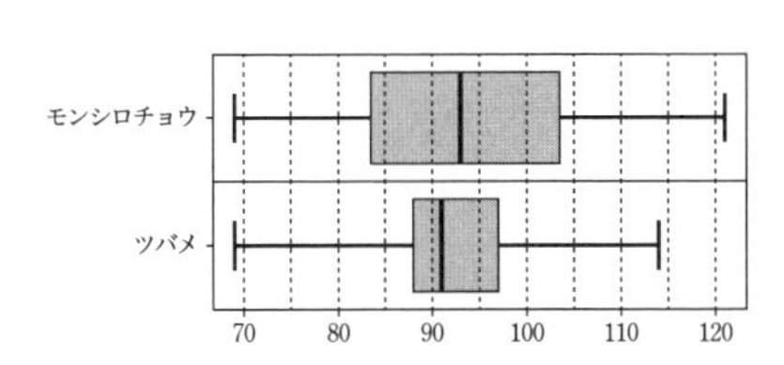

図1　モンシロチョウとツバメの初見日(2017年)の箱ひげ図

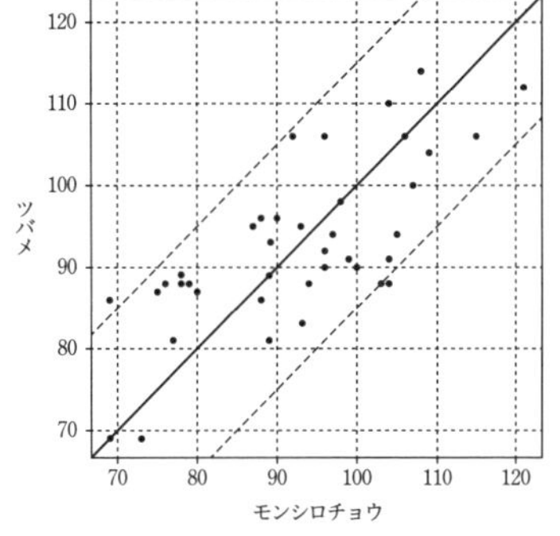

図2　モンシロチョウとツバメの初見日(2017年)の散布図

（出典：図1，図2は気象庁「生物季節観測データ」Webページにより作成）

(2)　一般に n 個の数値 x_1，x_2，…，x_n からなるデータ X の平均値を $\overline{x}$，分散を s^2，標準偏差を s とする。各 x_i に対して

$$x_i'=\frac{x_i-\overline{x}}{s}\quad (i=1,\ 2,\ \cdots,\ n)$$

と変換した x_1'，x_2'，…，x_n' をデータ X' とする。ただし，$n\geqq 2$，$s>0$ とする。

次の [ウ]，[エ]，[オ] にあてはまるものを，下の⓪～⑧のうちから1つずつ選べ。ただし，同じものを繰り返し選んでもよい。

・X の偏差 $x_1-\overline{x}$，$x_2-\overline{x}$，…，$x_n-\overline{x}$ の平均値は [ウ] である。

・X' の平均値は [エ] である。

・X' の標準偏差は [オ] である。

⓪　0　　①　1　　②　-1　　③　$\overline{x}$　　④　s

⑤　$\dfrac{1}{s}$　　⑥　s^2　　⑦　$\dfrac{1}{s^2}$　　⑧　$\dfrac{\overline{x}}{s}$

図2で示されたモンシロチョウの初見日のデータ M とツバメの初見日のデータ T について前のページの変換を行ったデータをそれぞれ M', T' とする。

次の カ にあてはまるものを，図3の⓪～③のうちから1つ選べ。

変換後のモンシロチョウの初見日のデータ M' と変換後のツバメの初見日のデータ T' の散布図は，M' と T' の標準偏差の値を考慮すると カ である．

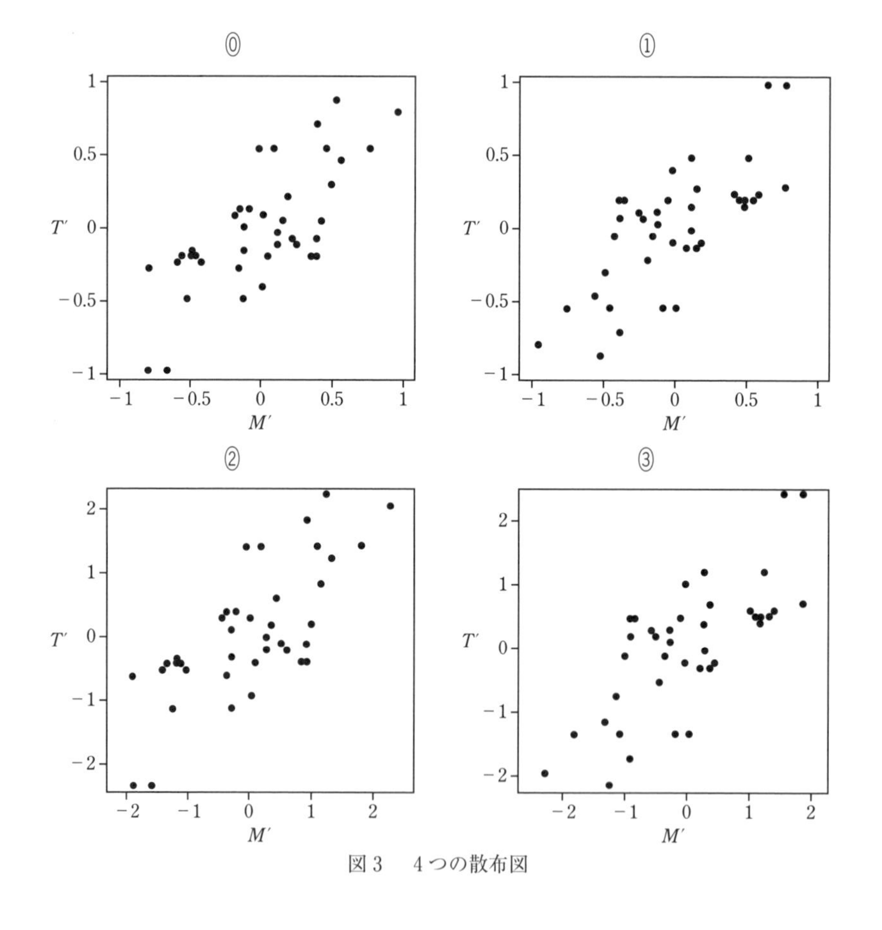

図3　4つの散布図

(3) 表1は，(2)で説明した2017年のモンシロチョウの初見日のデータMとツバメの初見日のデータTについて，平均値，標準偏差および共分散を計算したものである。ただし，MとTの共分散は，Mの偏差とTの偏差の積の平均値である。なお，表1の数値は四捨五入していない正確な値とする。

表1　平均値，標準偏差および共分散

Mの平均値	Tの平均値	Mの標準偏差	Tの標準偏差	MとTの共分散
92.5	92.6	12.4	9.78	87.9

次の キ にあてはまる数値として最も近いものを，下の⓪～⑨のうちから1つ選べ。

モンシロチョウとツバメの初見日のデータにおいて，MとTの相関係数は，キ である。

⓪ 0.085　① 0.714　② 0.719　③ 0.725　④ 0.734
⑤ 0.851　⑥ 7.14　⑦ 7.19　⑧ 7.25　⑨ 7.34

(センター試験・改)

第5章 図形の性質

38 角の二等分線の性質

38-A

4分 ▶▶ 解答 P.83

OA＝3，OB＝2，∠AOB＝60° である △OAB において，∠OAB の二等分線と辺 OB との交点を Q とするとき，

$$\mathrm{BQ} : \mathrm{QO} = \sqrt{\boxed{\text{ア}}} : \boxed{\text{イ}}$$

である。

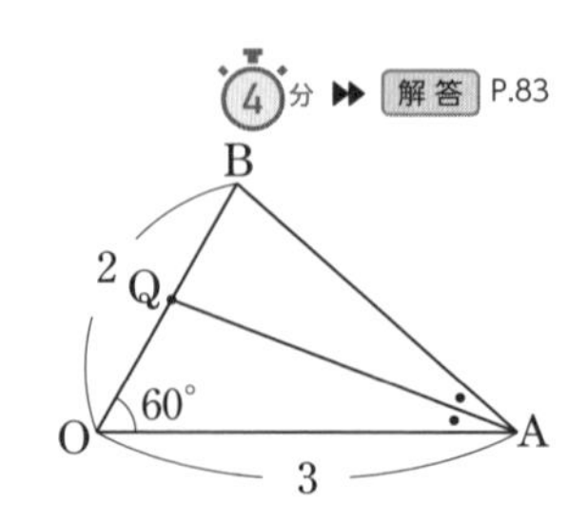

38-B

8分 ▶▶ 解答 P.84

三角形 ABC において，AB＝2，BC＝CA＝3 であるとする。∠A の二等分線が辺 BC と交わる点を D とする。点 D から辺 AB に下ろした垂線と AB との交点を P とする。

(1) 三角形 ABC の面積は $\boxed{\text{ア}}\sqrt{\boxed{\text{イ}}}$ である。

(2) 三角形 ABD の面積は $\dfrac{\boxed{\text{ウ}}\sqrt{\boxed{\text{エ}}}}{\boxed{\text{オ}}}$ であり，DP の長さは

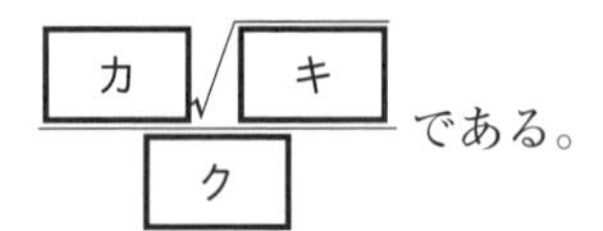
$\dfrac{\boxed{\text{カ}}\sqrt{\boxed{\text{キ}}}}{\boxed{\text{ク}}}$ である。

39 正四面体

39-A

5分 ▶▶ 解答 P.85

正四面体 OABC の頂点 O から △ABC に垂線 OH を下ろす。辺 BC の中点を M とし，HM＝x とするとき，OA＝$\boxed{\text{ア}}\sqrt{\boxed{\text{イ}}}\,x$ である。

39-B

6分 ▶▶ 解答 P.85

　1辺の長さが1の正四面体 ABCD を考える。頂点Aから△BCD へ垂線 AH を下ろし，BとHを結ぶ直線が CD と交わる点をEとする。このとき，

$$AE=BE=\frac{\sqrt{\boxed{ア}}}{\boxed{イ}},\quad BH=\frac{\sqrt{\boxed{ウ}}}{\boxed{エ}},\quad AH=\frac{\sqrt{\boxed{オ}}}{\boxed{カ}}$$ となる。

40 接線と弦のつくる角

40-A

3分 ▶▶ 解答 P.87

　右図において，△ABC は円Oに内接していて，直線 TS は点Bで円Oに接している。AB=AC，∠ABT=62° であるとき，∠BAC=$\boxed{アイ}$° である。

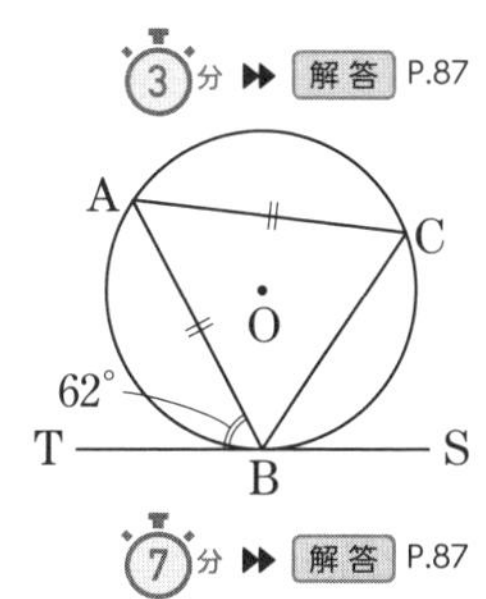

40-B

7分 ▶▶ 解答 P.87

　△ACD において，AC=5，AD=$3\sqrt{5}$，CD=$\sqrt{10}$，∠ADC=45° とする。また，△ACD の外接円の中心をOとする。

　下の $\boxed{ア}$，$\boxed{イ}$ には，次の⓪～④のうちからあてはまるものを1つずつ選べ。

⓪ AC　　① AD　　② AE　　③ CD　　④ ED

　点Aにおける外接円Oの接線と辺 DC の延長の交点をEとする。このとき，∠CAE=∠$\boxed{ア}$E であるから，△ACE と△D$\boxed{イ}$は相似である。

　これより $EA=\dfrac{\boxed{ウ}\sqrt{\boxed{エ}}}{\boxed{オ}}EC$ である。

41 方べきの定理

41-A

2分 ▶▶ 解答 P.88

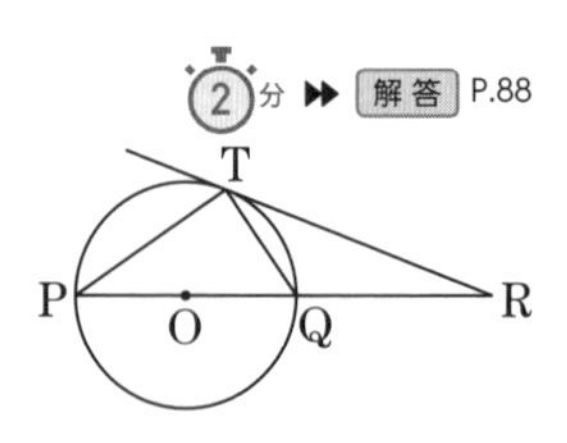

図のように円Oの直径PQのQを越えた延長上に PQ=QR となる点Rをとり，点Rから円Oに接線RTを引く。

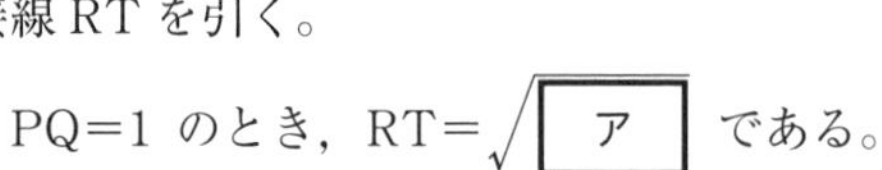

PQ=1 のとき，RT=$\sqrt{\boxed{\text{ア}}}$ である。

41-B

5分 ▶▶ 解答 P.88

四角形ABCDが辺ABを直径とする円に内接している。AB=10，BC=6であり，2つの線分AC，BDの交点をEとおく。AE：EC=3：1 のとき，

$\dfrac{BE}{DE}=\dfrac{\boxed{\text{アイ}}}{\boxed{\text{ウ}}}$ である。

42 メネラウスの定理

42-A

3分 ▶▶ 解答 P.90

△OABにおいて，OC：CA=1：2，OD：DB=5：3 となるように点C，Dをそれぞれ辺OA，OB上にとり，線分CBとDAの交点をPとする。

このとき，AP：PD=$\boxed{\text{アイ}}$：$\boxed{\text{ウ}}$ である。

42-B

8分 ▶▶ 解答 P.90

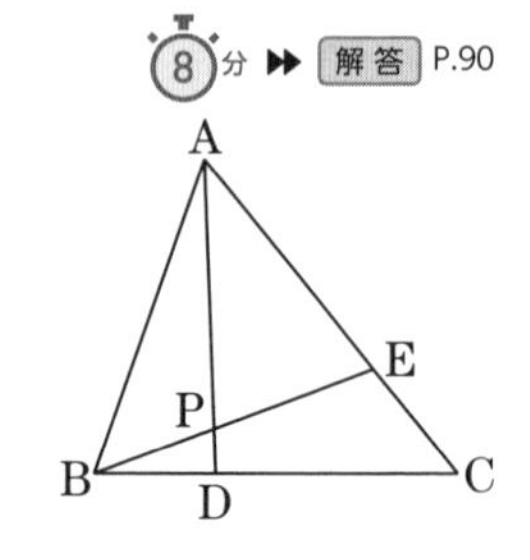

三角形ABCの辺BCおよびCAを1:2に内分する点をそれぞれD，Eとし，ADとBEの交点をPとする。三角形ABCの面積をS_1，三角形PABの面積をS_2とするとき，面積比 $\dfrac{S_2}{S_1}=\dfrac{\boxed{\text{ア}}}{\boxed{\text{イ}}}$ である。

43 直線と平面の位置関係

43-A

2分 ▶▶ 解答 P.92

空間内の直線 l, m, n に関する次の〔A〕について, ア 。

〔A〕 $l \perp m$, $l \perp n$ のとき, $m \parallel n$ である

ア にあてはまるものを, 次の⓪, ①のうちから1つ選べ。

⓪ 〔A〕は正しい　　① 〔A〕は誤り

43-B

紙片の上に図1のようなひし形 $ABCD_0$ があり, $AB=AC=2$ とする。また, 線分 AC の中点をOとする。この紙片を, 図2のように空間の中で, AC に沿って 60° だけ折り曲げ, 点 D_0 の新しい位置をDとする。

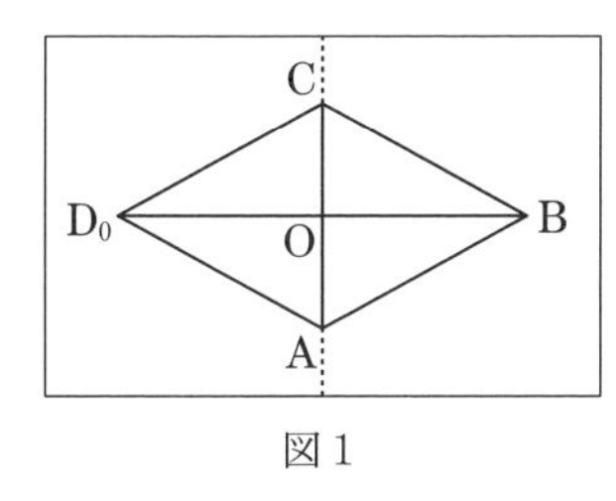

図1

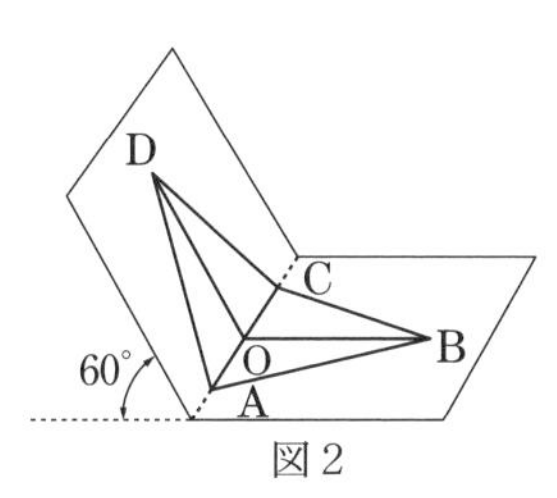

図2

(1) 直線 AB と直線 CD は ア 。

ア にあてはまるものを, 次の⓪～②のうちから1つ選べ。

⓪ 1点で交わる　　① 平行である　　② ねじれの位置にある

(2) 4点 O, A, B, D を頂点とする四面体の体積は $\dfrac{\sqrt{\boxed{イ}}}{\boxed{ウ}}$ である。

実戦問題 第1問

10分 ▶▶ 解答 P.93

△ABCにおいて，AB=2，AC=1，∠A=90° とする。

∠Aの二等分線と辺BCとの交点をDとすると，$BD=\dfrac{\boxed{ア}\sqrt{\boxed{イ}}}{\boxed{ウ}}$ である。点Aを通り点Dで辺BCに接する円と辺ABとの交点でAと異なるものをEとすると，$AB\cdot BE=\dfrac{\boxed{エオ}}{\boxed{カ}}$ であるから，$BE=\dfrac{\boxed{キク}}{\boxed{ケ}}$ である。

次の $\boxed{コ}$ には下の⓪〜②から，$\boxed{サ}$ には③，④からあてはまるものを1つずつ選べ。

$\dfrac{BE}{BD}\boxed{コ}\dfrac{AB}{BC}$ であるから，直線ACと直線DEの交点は辺ACの端点 $\boxed{サ}$ の側の延長上にある。

⓪ <　① ＝　② >　③ A　④ C

その交点をFとすると，$\dfrac{CF}{AF}=\dfrac{\boxed{シ}}{\boxed{ス}}$ であるから，$CF=\dfrac{\boxed{セ}}{\boxed{ソ}}$ である。

したがって，BFの長さが求まり，$\dfrac{CF}{AC}=\dfrac{BF}{AB}$ であることがわかる。

次の $\boxed{タ}$ には下の⓪〜③からあてはまるものを1つ選べ。

点Dは△ABFの $\boxed{タ}$。

⓪ 外心である　① 内心である　② 重心である
③ 外心，内心，重心のいずれでもない

（センター試験）

実戦問題 第2問

8分 ▶▶ 解答 P.95

ある日，数学の授業の後で太郎さんと花子さんは円の接線の長さの性質について，次のような会話をしている。ただし，図1において，△ABC の内接円の中心を O，この内接円と辺 BC，CA，AB の接点をそれぞれ P，Q，R とする。

太郎：今日の授業では，図1で AQ の長さを a，b，c を用いて表す問題を解いたよね。

花子：AQ$=x$ とおいて，接線の長さが等しいことに注目しながら方程式をつくる問題のことね。

結果は，AQ$=$ ア と求められた。

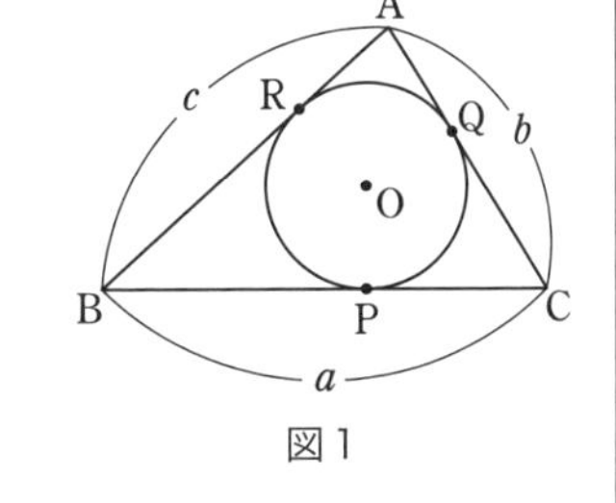

図1

太郎：この問題を見直していたら，円の接線の長さの性質で，あることに気付いたんだ。

図1で AQ$=x$，CQ$=y$ とすると，$y-x=$ イ になるんだ。

花子：図形の性質で長さの差に関係するものって，あまり見かけないような気がする。

(1) (i) ア にあてはまるものを，次の⓪～③のうちから1つ選べ。

⓪ $\dfrac{a-c}{2}$　① $\dfrac{a+c}{2}$　② $\dfrac{a+c-b}{2}$　③ $\dfrac{b+c-a}{2}$

(ii) イ にあてはまるものを，次の⓪～③のうちから1つ選べ。

⓪ $2(a-c)$　① $a-c$　② $\dfrac{a-c}{2}$　③ $\dfrac{a-c}{4}$

太郎さんと花子さんが上のことを先生に話すと，先生は次の問題を解いてみることをすすめてくれた。

[問題]

AB=18，BC=21，AC=15 の△ABCがある。図2のように2つの円 O_1，O_2 が△ABCの各辺および，2つの線分 AD，CE に点P～Vで接しているとき，線分 AU の長さを求めよ。ただし，線分 AD と CE の交点をXとする。

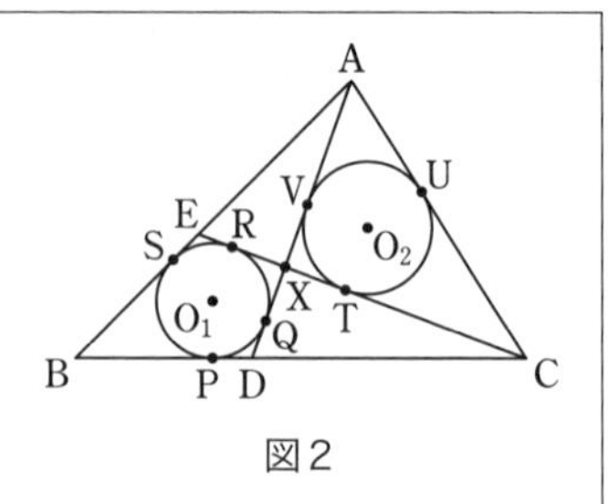

図2

太郎：△AXC に注目したいところだけど，まず先に，CB−AB に注目してみようか。

花子：BP=BS であるから，CB−AB=CP−AS がいえる。

CP= ウ ，AS= エ であるから，

CB−AB= ウ − エ とできる。

太郎：さらに， ウ − エ =CX−AX

与えられた AB，BC の長さから CX−AX= オ になるから，

CU−AU= カ

AU= キ と求めることができた。

花子：AB=c，BC=a，AU=x，CU=y とすると，$y-x$= ク が成り立っていたことになるね。

(2) (i) ウ ， エ にあてはまるものを，次の⓪～⑦のうちから1つずつ選べ。

⓪ AD　① AQ　② AT　③ CE
④ CR　⑤ CV　⑥ DV　⑦ ET

(ii) ク にあてはまるものを，次の⓪～③のうちから1つ選べ。

⓪ $2(a-c)$　① $a-c$　② $\dfrac{a-c}{2}$　③ $\dfrac{a-c}{4}$

実戦問題　第3問

10分 ▶▶ 解答 P.97

ある日，太郎さんと花子さんのクラスでは，数学の授業で先生から次の問題が宿題として出された。

> [問題]
> 四面体ABCDの辺AB，AC，BD，CD上にそれぞれ点P，Q，R，Sをとる。ただし，P，Q，R，Sのどの点も四面体ABCDの頂点とは異なるものとする。
> 4点P，Q，R，Sが同一平面上にあり，この平面が直線ADと平行でないとき，$\frac{AP}{PB}\cdot\frac{BR}{RD}=\frac{AQ}{QC}\cdot\frac{CS}{SD}$ が成り立つことを示せ。

太郎さんと花子さんはこの問題について，次のような会話をしている。ただし，4点P，Q，R，Sを含む平面をαとする。

太郎：左辺の $\frac{AP}{PB}\cdot\frac{BR}{RD}$ についてだけれど，図1のように△ABDと線分PRに注目すればよさそうだね。

花子：△ABDを含む平面だけを取り出して考えればよいという発想ね。図1でPRの延長と辺ADの延長が交わるとき，交点をTとすると，メネラウスの定理が使えそう。

太郎：でも，PRの延長と辺ADの延長はいつでも交わるとして扱ってもよいのかな。

花子：平面αが直線ADと平行でないとき，平面αに含まれるすべての直線は，直線ADと平行にならない(a)。また，直線PRと直線ADは，同じ平面上にある(b)。だから必ず交わるといえるのでは。

図1

太郎：図1だけでなく，点TがAの側の延長にある場合は，分けて考えるのかな。

花子：その場合は，考えなくてよさそうね。(c)

太郎：右辺の $\frac{AQ}{QC}\cdot\frac{CS}{SD}$ については，△ACDに注目すればよさそうだね。

(1)　下線(a)，(b)について，適切なものを，次の⓪～③のうちから1つ選べ。

ア

⓪　(a)，(b)ともに正しい。　①　(a)は正しいが，(b)は誤り。

②　(b)は正しいが，(a)は誤り。　③　(a)，(b)ともに誤り。

(2)　下線(c)について，その理由として適切なものを，次の⓪～②のうちから1つ選べ。 イ

⓪　平面 α と直線ADが交わるとき，交点は必ず辺ADのDの側の延長上にあるから。

①　△ABDと直線PRでメネラウスの定理を用いることができるとき，成立する等式は点Tの位置によらないから。

②　平面図形の性質を扱う場合において，2つの設定の場合に分けて扱う場合は，一方の場合で成り立てば，他方においても成立するから。

太郎さんと花子さんはこの問題の解答を作成するためのメモを次のように作成した。

4点P，Q，R，Sを含む平面を α とする。平面 α と直線ADが平行でないとき，これらの交点をTとする。

△ABDにおいて，直線PRと辺ADの延長は点Tで交わるから，メネラウスの定理より

$$\frac{AP}{PB}\cdot\frac{BR}{RD}\cdot\boxed{\text{ウ}}=1$$

が成り立ち　$\frac{AP}{PB}\cdot\frac{BR}{RD}=\boxed{\text{エ}}$　……①

同様に，△ACDにおいて，直線QSと辺ADの延長は点Tで交わるから，メネラウスの定理より

$$\frac{AQ}{QC}\cdot\frac{CS}{SD}\cdot\boxed{\text{オ}}=1$$

が成り立ち　$\frac{AQ}{QC}\cdot\frac{CS}{SD}=\boxed{\text{カ}}$　……②

ゆえに，①，②から $\frac{AP}{PB}\cdot\frac{BR}{RD}=\frac{AQ}{QC}\cdot\frac{CS}{SD}$ が成り立つ。

(3) ウ , エ , オ , カ にあてはまるものを，次の⓪～③から1つずつ選べ。ただし，同じものを選んでもよい。

⓪ $\dfrac{\mathrm{TA}}{\mathrm{AD}}$　① $\dfrac{\mathrm{AD}}{\mathrm{TA}}$　② $\dfrac{\mathrm{TA}}{\mathrm{DT}}$　③ $\dfrac{\mathrm{DT}}{\mathrm{TA}}$

（香川大・参考）

第6章 場合の数，確率

44 集合の要素の個数

44-A

6分 ▶▶ 解答 P.99

1から1000までの整数の集合をSとする。

Sの要素のうち，15の倍数または7の倍数である数の個数は[アイウ]個，15の倍数でも7の倍数でもない数の個数は[エオカ]個である。

44-B

6分 ▶▶ 解答 P.99

1から1000までの整数のうち，2，3，5のすべてで割り切れるものの個数は[アイ]である。また，2，3，5のどれかで割り切れるものの個数は[ウエオ]である。

45 数え上げ

45-A

5分 ▶▶ 解答 P.101

3桁の自然数nについて，各桁の数をかけ合わせて得られる整数を$P(n)$とする。例えば$P(123)=1\times2\times3=6$である。このとき，$P(n)=9$を満たすnの個数は[ア]個である。

45-B

8分 ▶▶ 解答 P.101

5枚のカードがあり，それぞれに1から5までの番号が1つずつかいてある。この5枚のカードを次のように並べ分ける方法を考える。

(a) まず，5枚のカードを横一列に並べる。

(b) 次に，このカードを左から第1群，第2群，第3群と3つの群に分け，どの群も1枚以上のカードを含むようにする。

ただし，5枚のカードの数字の並び順が同じでも，3つの群への分け方が異なるときは，並べ分ける方法としては異なるものとみなす。

(1) 5枚のカードが左から順に1，2，3，4，5と並ぶように並べ分ける方法は[ア]通りある。

(2) 第 1 群，第 2 群，第 3 群の左端がそれぞれ 1，3，5 のカードであるように並べ分ける方法は イウ 通りある。

46 順列の総数

46-A

3分 ▶▶ 解答 P.102

0，1，2，3，4，5，6，7 の 8 個の数字から異なる 4 個を使って 4 桁の整数をつくる。このとき，4 桁の整数は アイウエ 個つくることができる。

46-B

5分 ▶▶ 解答 P.102

6 個の数字 1，2，3，4，5，6 のうち異なる数字を使って 4 桁の数をつくる。このとき，

(1) 5300 以下の数は アイウ 個できる。

(2) 1 と 2 が隣り合う数は エオ 個できる。

47 組合せの総数

47-A

5分 ▶▶ 解答 P.103

図のような立方体 ABCD-EFGH がある。8 個の頂点 A，B，C，D，E，F，G，H から相異なる 3 点を選び，それらを頂点とする三角形をつくる。このとき，三角形は アイ 個できる。

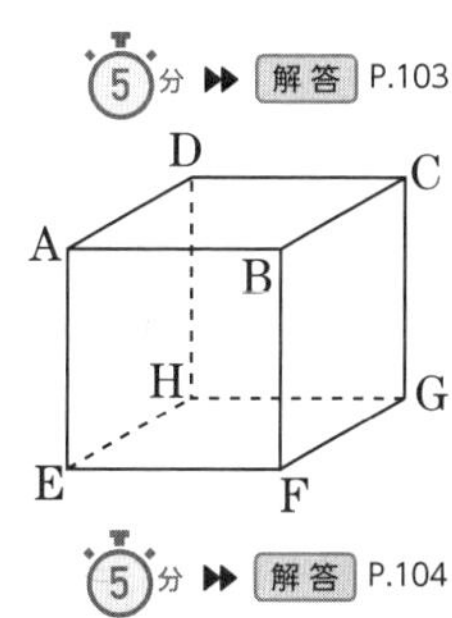

47-B

5分 ▶▶ 解答 P.104

赤，青，黄色のおはじきが，それぞれ 4 個ずつある。一方，円周上に 12 個の点 P_1，P_2，…，P_{12} がこの順に等間隔に並んでいる。

P_1，P_2，…，P_{12} 上に 1 個ずつおはじきを置く。

(1) 12 個の点 P_1，P_2，…，P_{12} の中から 4 点を選ぶ方法は アイウ 通りある。

(2) おはじきの置き方は全部で エオカキク 通りある。

48 同じものを含む順列の総数

48-A

3分 ▶▶ 解答 P.105

SCIENCE という単語の文字をすべて使ってできる順列は［アイウエ］通りある。

48-B

5分 ▶▶ 解答 P.105

K，A，N，D，A，I の 6 文字を横一列に並べて順列をつくる。

(1) つくられる順列は全部で［アイウ］通りである。

(2) AKINAD のように K，I，N，D がこの順に現れている順列は全部で［エオ］通りである。

49 円順列の総数

49-A

3分 ▶▶ 解答 P.106

A さんとその 1 人の子ども，B さんとその 1 人の子ども，C さんとその 2 人の子どもの合計 7 人が，A さんと A さんの子どもが隣り合わせになるように円形のテーブルに着席する。このときの着席の仕方は［アイウ］通りある。

49-B

4分 ▶▶ 解答 P.106

大人 4 人，子ども 4 人の計 8 人が円形のテーブルに着席するとする。

(1) 子ども 4 人が並んで座る座り方は［アイウ］通りある。

(2) 子どもが 1 人おきに座る座り方は［エオカ］通りある。

50 2個のサイコロに関する確率

50-A

4分 ▶▶ 解答 P.108

2 個のサイコロを同時に投げるとき，出た目の和が 9 以上となる確率は

$\dfrac{\boxed{ア}}{\boxed{イウ}}$ である。

50-B

1つのサイコロを2回続けて投げ，出た目の数を順に a，b とするとき，

$u=\dfrac{a}{b}$ とおく。

(1)　$u=1$ である確率は $\dfrac{\boxed{\text{ア}}}{\boxed{\text{イ}}}$ である。

(2)　u が整数になる確率は $\dfrac{\boxed{\text{ウ}}}{\boxed{\text{エオ}}}$ である。

51　3個のサイコロに関する確率

51-A

3個のサイコロを同時に投げるとき，6の目が2個以上出る確率は $\dfrac{\boxed{\text{ア}}}{\boxed{\text{イウ}}}$ である。

51-B

大，中，小のサイコロをふって，出た目をそれぞれ a，b，c とする。このとき，$a+b+c=9$ となる確率は $\dfrac{\boxed{\text{アイ}}}{\boxed{\text{ウエオ}}}$ である。

52　独立な試行の確率

52-A

赤玉2個，白玉4個の入った箱があり，この中から玉を1個取り出し，色を確認後にもとの箱に戻すという試行をくり返す。

1回目に赤玉，2回目に白玉，3回目に赤玉を取り出す確率は  である。

また，5回目に初めて赤玉を取り出す確率は 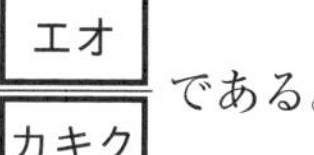 である。

52-B

8分 ▶▶ 解答 P.111

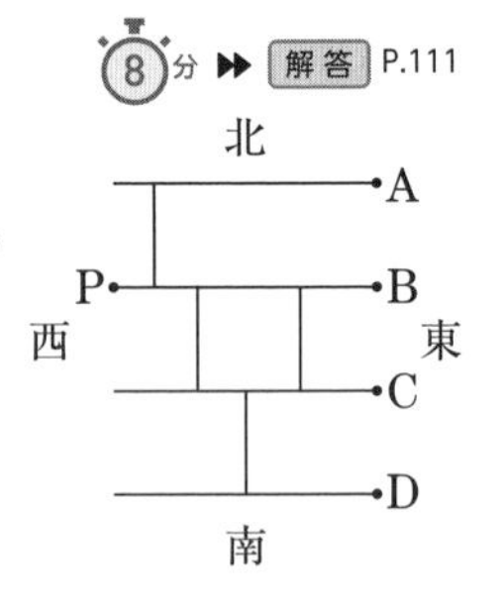

東西に延びる道路が南北の道で結ばれている図のような街路がある。ある人が地点Pから東に向かって出発し，約束(a)，(b)に従い，この街路を進み，地点A，B，C，Dのいずれかに到着する。

(a) 西から分かれ道に至ったときは，サイコロをふり，3または6の目が出た場合は東に進み，他の目が出た場合は南北の道へ進むものとする。

(b) 北または南から分かれ道に至ったときには，東へ進むものとする。

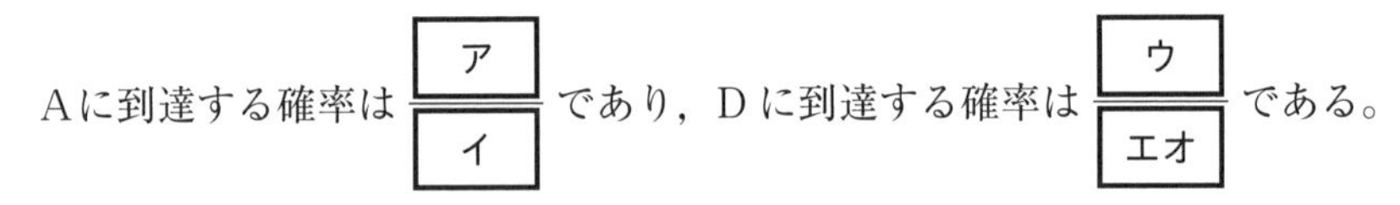

Aに到達する確率は $\dfrac{\boxed{ア}}{\boxed{イ}}$ であり，Dに到達する確率は $\dfrac{\boxed{ウ}}{\boxed{エオ}}$ である。

53 排反な事象の確率

53-A

赤玉5個と白玉3個の入った袋から2個の玉を同時に取り出すとき，同じ色の玉を取り出す確率は $\dfrac{\boxed{アイ}}{\boxed{ウエ}}$ である。

53-B

A，Bの2人がそれぞれ袋をもっている。Aの袋には黒玉が3個と白玉が2個，Bの袋には黒玉が2個と白玉が3個入っている。A，Bがそれぞれ自分の袋から1個ずつ玉を取り出す。同じ色の玉が取り出されればAの勝ち，そうでなければAの負けとする。Aが勝つ確率は $\dfrac{\boxed{アイ}}{\boxed{ウエ}}$ である。

54 反復試行の確率

54-A

1個のサイコロを5回投げたとき，1の目がちょうど2回出る確率は $\dfrac{\boxed{アイウ}}{\boxed{エオカキ}}$ である。

54-B

6分 ▶▶ 解答 P.113

A氏とB氏が将棋のタイトル戦を行う。タイトル戦は先に4回勝った方がタイトルを取って終わる。各対局（勝負）で，A氏が勝つ確率は $\frac{2}{5}$，B氏が勝つ確率は $\frac{3}{5}$ であるとする。

このタイトル戦でA氏が4勝2敗でタイトルを取る確率は $\frac{\boxed{アイウ}}{\boxed{エオカキ}}$ である。

55 余事象の確率

55-A

大，中，小3個のサイコロを同時に投げたとき，目の積が偶数になる確率は $\frac{\boxed{ア}}{\boxed{イ}}$ である。

55-B

赤玉3個，青玉2個，黄玉1個が入っている袋から玉を1個取り出し，色を確かめてから袋に戻す。このような試行を最大で3回までくり返す。ただし，赤玉を取り出したときは以後の試行を行わない。

(1) 試行が1回または2回で終わる確率は $\frac{\boxed{ア}}{\boxed{イ}}$ である。

(2) 黄玉が少なくとも1回取り出される確率は $\frac{\boxed{ウエ}}{\boxed{オカ}}$ である。

56 条件付き確率

56-A

5分 ▶▶ 解答 P.116

1から9までの番号のかかれた9枚のカードから1枚を取り出す試行を考える。取り出したカードの番号が奇数であるとき，そのカードが3の倍数である確率は 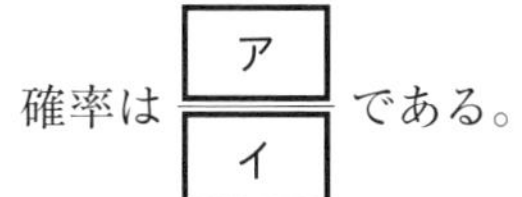 である。

56-B

1つのサイコロを続けて2回ふったときに出る目をその順に m，n とし，2つの事象 A，B を「A：$m<5$，B：$|m-n|<5$」とする。

(1) 事象 B の起こる確率は $\dfrac{\boxed{\text{アイ}}}{\boxed{\text{ウエ}}}$ である。

(2) 事象 A が起こったときに，事象 B の起こる確率は $\dfrac{\boxed{\text{オカ}}}{\boxed{\text{キク}}}$ である。

57 乗法定理

57-A

3本の当たりくじを含む7本のくじがある。a，b の2人がこの順で1本ずつくじを引く。ただし，引いたくじはもとに戻さないものとする。a，b がともに当たる確率は $\dfrac{\boxed{\text{ア}}}{\boxed{\text{イ}}}$，$a$ がはずれ，b が当たる確率は $\dfrac{\boxed{\text{ウ}}}{\boxed{\text{エ}}}$ である。

57-B

8分 ▶▶ 解答 P.117

スイッチを入れると赤色または青色で点滅する電灯がある。最初の発色が赤である確率は $\dfrac{1}{2}$，青である確率も $\dfrac{1}{2}$ とする。2回目以降は，赤色につづいて赤に発色する確率は $\dfrac{1}{3}$，青に発色する確率は $\dfrac{2}{3}$，また青色につづいて赤に発色する確率は $\dfrac{3}{5}$，青に発色する確率は $\dfrac{2}{5}$ であるとする。

(1) 2回目の発色が赤である確率は $\dfrac{\boxed{\text{ア}}}{\boxed{\text{イウ}}}$ である。

(2) 3回発色するとき，赤が1回，青が2回である確率は $\dfrac{\boxed{\text{エオ}}}{\boxed{\text{カキ}}}$ である。

(3) 5回発色するとき，2つの色が交互に発色する確率は $\dfrac{\boxed{\text{ク}}}{\boxed{\text{ケコ}}}$ である。

実戦問題　第1問

赤い玉が2個，青い玉が3個，白い玉が5個ある。これらの10個の玉を袋に入れてよくかきまぜ，その中から4個を取り出す。取り出された4個の中に同じ色の玉が2個あるごとに，これらを1組としてまとめる。まとめられた組に対して，赤は1組につき5点，青は1組につき3点，白は1組につき1点の得点が与えられる。

(1)　取り出された4個の玉がすべて白い玉であるとき得点は［ア］点である。

得点が［ア］点となる確率は$\dfrac{\boxed{イ}}{\boxed{ウエ}}$である。

(2)　得点が8点となる確率は$\dfrac{\boxed{オ}}{\boxed{カキ}}$である。

(3)　得点が1点となる確率は$\dfrac{\boxed{クケ}}{\boxed{コサ}}$である。

得点が1点となるという条件の下で，3色の玉が取り出される条件付き確

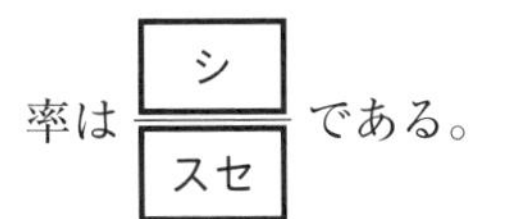

率は$\dfrac{\boxed{シ}}{\boxed{スセ}}$である。

実戦問題　第2問

10分 ▶▶ 解答 P.119

「アブラカダブラ（ABRACADABRA）」という語は，「ごたごたしてわけのわからない言葉」というような意味である。かつては魔法の言葉として人々に信じられてきた時代もあったという。

(1)　いま，アルファベットの書かれたおはじきが下図左のように置かれている。

隣り合ったおはじきの文字をつなげることで，「アブラカダブラ（ABRACADABRA）」は［アイウ］通りの方法で読むことができる。

(2)　もし，下図右のようにAのおはじき1個が取り除かれたとき，「アブラカダブラ（ABRACADABRA）」は［エオカ］通りの方法で読むことができる。

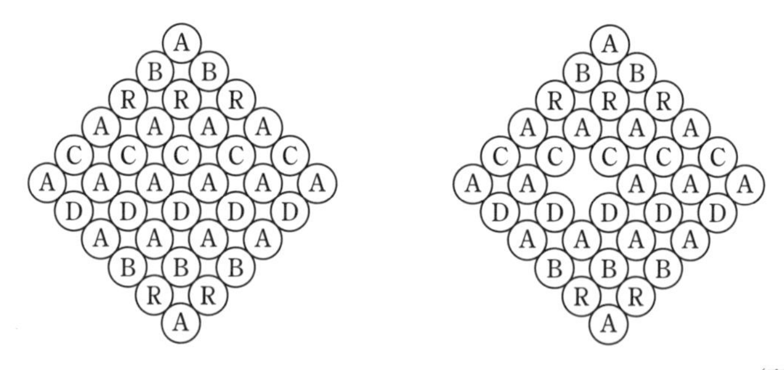

（慶應義塾大）

実戦問題　第3問

10分 ▶▶ 解答 P.120

3人でジャンケンを行う。負けた人から抜けていき最後に残った1人を勝者とする。ただし，あいこも1回のジャンケンとして数える。

また，各人がジャンケンでグー，チョキ，パーのうちどの手を出すかは同様に確からしいとする。

(1)　ジャンケンを1回行って，勝者が決まる確率は $\frac{\boxed{ア}}{\boxed{イ}}$ である。

(2)　ジャンケンを2回行って，初めて勝者が決まる確率は $\frac{\boxed{ウ}}{\boxed{エ}}$ である。

(3)　ジャンケンを3回行って，初めて勝者が決まる確率は $\frac{\boxed{オ}}{\boxed{カキ}}$ である。

（摂南大）

実戦問題 第4問

10分 ▶▶ 解答 P.122

動物の画像が入力されると，「ネコである」「ネコでない」のいずれかの判定を行う人工知能がある。この人工知能は

・入力された画像がネコの画像であるとき，

「ネコでない」と誤って判定する確率が $\frac{1}{100}$

・入力された画像がネコの画像でないとき，

「ネコである」と誤って判定する確率が $\frac{2}{100}$

である。

ここに 1000 枚の動物の画像がある。そのうちの 300 枚がネコの画像であり，残りはネコ以外の動物の画像である。これら 1000 枚の画像のうちの 1 枚をこの人工知能に入力する場合を考える。

(1) 入力画像がネコの画像であり，かつ，人工知能が「ネコである」と判定する確率は $\frac{\boxed{アイウ}}{1000}$ である。

(2) 入力画像を人工知能が「ネコである」と判定する確率は $\frac{\boxed{エオカ}}{1000}$ である。

(3) 入力画像を人工知能が「ネコである」と判定したとき，入力した画像が実際はネコの画像でない確率は $\frac{\boxed{キク}}{\boxed{ケコサ}}$ である。

(4) 入力画像を人工知能が「ネコでない」と判定したとき，入力した画像が実際はネコの画像である確率は $\frac{\boxed{シ}}{\boxed{スセソ}}$ である。

（龍谷大・改）

第7章　整数の性質

58　約数の個数

58-A

6分 ▶▶ 解答 P.124

(1)　$\dfrac{1200}{2^a}$ が整数となるような自然数 a は $\boxed{\text{ア}}$ 個ある。

(2)　1200 の正の約数は $\boxed{\text{イウ}}$ 個ある。

58-B

6分 ▶▶ 解答 P.124

4680 を素因数分解すると $2^{\boxed{\text{ア}}}\cdot 3^{\boxed{\text{イ}}}\cdot 5\cdot\boxed{\text{ウエ}}$ である。

4680 の正の約数は全部で $\boxed{\text{オカ}}$ 個あり，その中で 468 より大きいものは全部で $\boxed{\text{キ}}$ 個ある。

59　最大公約数・最小公倍数

59-A

5分 ▶▶ 解答 P.126

1872 と 600 の最大公約数は $\boxed{\text{アイ}}$，最小公倍数は $\boxed{\text{ウエオカキ}}$ である。

59-B

6分 ▶▶ 解答 P.126

和が 600，最小公倍数が 5772 である 2 つの自然数 a，b $(a>b)$ がある。

a，b の最大公約数を G とし，$a=a'G$，$b=b'G$ とすると，a' と b' の最大公約数は $\boxed{\text{ア}}$ である。また，$a'G+b'G=600$，$a'b'G=5772$ である。

ここで，600，5772 をそれぞれ素因数分解すると

$600=2^3\cdot 3\cdot 5^2$

$5772=2^{\boxed{\text{イ}}}\cdot\boxed{\text{ウ}}\cdot 13\cdot 37$

であるから $G=\boxed{\text{エオ}}$ である。

したがって，$a=\boxed{\text{カキク}}$，$b=\boxed{\text{ケコサ}}$ である。

60 余りによる整数の分類

60-A

4分 ▶▶ 解答 P.127

整数nを4で割ったときの余りが3であるとき，n^2+5を8で割ったときの余りは［ア］である。

60-B

6分 ▶▶ 解答 P.128

a，bは整数とする。

aを7で割ったときの余りは3で，bを7で割ったときの余りは4である。

(1) $a+2b$を7で割ったときの余りは［ア］であり，abを7で割ったときの余りは［イ］である。

(2) $ab(a+2b)$を7で割ったときの余りは［ウ］である。

61 ユークリッドの互除法

61-A

5分 ▶▶ 解答 P.129

444と156の最大公約数は［アイ］である。

61-B

8分 ▶▶ 解答 P.129

$37m+13n=1$ ……① を満たす整数m，nの組の1つをユークリッドの互除法を用いて求めよう。

37と13の最大公約数は1であり

$37=13\times$［ア］$+$［イウ］ ……②

$13=$［イウ］$\times$［エ］$+$［オ］ ……③

［イウ］$=$［オ］$\times$［カ］$+1$ ……④

となる。

④より $1=$［イウ］$-$［オ］$\times$［カ］

③より ［オ］$=13-$［イウ］$\times$［エ］

②より ［イウ］$=37-13\times$［ア］ となり

$$1=37\times\boxed{\text{キ}}+13\times\left(\boxed{\text{クケコ}}\right)$$

よって，$m=\boxed{\text{キ}}$，$n=\boxed{\text{クケコ}}$ が①を満たす整数 m，n の組の 1 つとして求められた。

62 1次不定方程式

62-A 5分 ▶▶ 解答 P.130

$4x-3y=20$ ……① を満たす整数 x，y の組について，$0\leqq x+y\leqq 100$ を満たすものは $\boxed{\text{アイ}}$ 組ある。

62-B 6分 ▶▶ 解答 P.131

p，q は自然数とする。$\dfrac{p+1}{q+3}=0.4$ ……① を満たす p，q を考える。

(1) p と q がともに 10 以下のとき，①を満たす p，q を求めると，

$p=\boxed{\text{ア}}$，$q=\boxed{\text{イ}}$ および $p=\boxed{\text{ウ}}$，$q=\boxed{\text{エ}}$

である。ただし，$\boxed{\text{ア}}<\boxed{\text{ウ}}$ とする。

(2) ①を満たす p，q に対し，$p+q<30$ の範囲における $p+q$ の最大の値は $\boxed{\text{オカ}}$ である。

63 2次不定方程式

63-A 

$xy+3x+2y+5=0$ を満たす整数 x，y の組は $\boxed{\text{ア}}$ 組ある。

63-B 6分 ▶▶ 解答 P.132

a，b を 4 以上の整数とする。

$ab-8a-8b+15=0$ ……($*$) を満たす a，b の組を調べてみよう。

($*$) を変形すると

$$\left(a-\boxed{\text{ア}}\right)\left(b-\boxed{\text{イ}}\right)=\boxed{\text{ウエ}}$$

となる。したがって，$a=b$ ならば $a=\boxed{\text{オカ}}$ のとき ($*$) となる。

また，$a>b$ ならば $a=\boxed{\text{キク}}$，$b=\boxed{\text{ケ}}$ のとき ($*$) となる。

64　3進法で表された数

64-A

3分 ▶▶ 解答 P.133

3進法で1212と表される自然数は10進法では[アイ]である。

64-B

7分 ▶▶ 解答 P.134

a, b, c, d, e はそれぞれ0, 1, 2のいずれかであり
$a+b+c+d+e=3$ を満たす。

$N=81a+27b+9c+3d+e$ のとき，N の最大値は[アイウ]であり，最小値は[エ]である。

N が27で割り切れるような N の値は，全部で[オ]個ある。

65　循環小数

65-A

3分 ▶▶ 解答 P.135

循環小数 $0.\dot{1}2\dot{6}$ を分数で表すと $\dfrac{\boxed{アイ}}{\boxed{ウエオ}}$ である。

65-B

3分 ▶▶ 解答 P.135

分数 $\dfrac{5}{13}$ を小数で表したとき，小数第20位の数字は[ア]である。

実戦問題 第1問

10分 ▶▶ 解答 P.136

5で割ると4余り，4で割ると2余る自然数をnとする。

(1) nのうち最小の数は アイ であり，小さい方から2番目の数は ウエ ，小さい方からm番目の数は オカ $m-$ キ である。
ただし，mは自然数とする。

(2) n^2が36で割り切れるnのうち，最小のものは クケ である。

(3) 自然数lにより $n=2l$ と表す。
$n \leqq 200$ とするとき，lが素数となるnは コ 個ある。

(4) 次の サ にあてはまるものを，下の⓪～②のうちから1つ選べ。
分数$\dfrac{1}{n}$を小数で表すと， サ 。

⓪ すべてのnについて有限小数である
① すべてのnについて循環小数である
② 有限小数となるときと循環小数となるときがある

実戦問題 第2問

10分 ▶▶ 解答 P.137

n を 2 以上の整数としたとき，n 進法で表された 4 桁の数 $abcd_{(n)}$ のうち，$a=d\neq 0$ かつ $b=c$ であるものを，n 進法の 4 桁回文とよぶものとする。

(1) 2 進法の 4 桁回文は 2 個あり，これらを 10 進法で表すと，[ア]，[イウ] である。

(2) 3 進法の 4 桁回文は [エ] 個あり，これらの和を 10 進法で表すと [オカキ] である。

(3) 4 進法の 4 桁回文は [クケ] 個ある。

これらを 10 進法で表すとき，

10 の倍数は [コ] 個，

20 の倍数は [サ] 個，

30 の倍数は [シ] 個

ある。ただし，ないときは 0 個と答えよ。

(滋賀大・改)

実戦問題 第3問

12分 ▶▶ 解答 P.140

ある日，太郎さんと花子さんのクラスでは，数学の授業で先生から次の問題が宿題として出された。

> [問題]　正の整数の組 $(x,\ y,\ z)$ が
> $$2x^2+2y^2+z^2+2xy-2xz-2yz=9 \quad \cdots\cdots(*)$$
> を満たすとき，$x+y+z$ の最大値を求めよ。

太郎さんと花子さんは，この問題について，次のような会話をしている。

> 太郎：$(*)$ は，整数の定数 p，q を用いて
> 　　　$(x+py-z)(2x+qy-z)=9$ と変形できる(a)のではないかな。
> 花子：そうね，左辺が因数分解できれば，右辺の約数に注目して整数の組を絞り込めそう。ところで，左辺の係数に2が目立つけど，このことから，z は奇数に限られる(b)ことがわかる。計算ミスの発見に使えそうね。
> 太郎：式の特徴といえば，正の整数の組 $(i,\ j,\ k)$ が $(*)$ の関係を満たすとき，正の整数の組 $(j,\ i,\ k)$ も $(*)$ の関係を満たす(c)こともいえそうだね。場合分けが必要なときに利用できるかな。
> 花子：式の特徴なんだけど，因数分解ではなくて，$(*)$ は
> 　　　x^2+y^2+ [イ] $=9$ と変形できるみたい。
> 　　　私はこのことに注目して考えてみることにする。

(1)　下線(a)～(c)のうち正しいのはどれか。それらを過不足なく含むものを次の⓪～⑥のうちから1つ選べ。[ア]

⓪　(a)　　①　(b)　　②　(c)　　③　(a)，(b)
④　(a)，(c)　　⑤　(b)，(c)　　⑥　(a)，(b)，(c)

(2)　[イ] にあてはまるものを，次の⓪～②のうちから1つ選べ。

⓪　$(x-y-z)^2$　　①　$(x+y-z)^2$　　②　$(x-y+z)^2$

(3) 花子さんがこの問題の解答を作成するために用意したメモの一部を，下に示す。

(＊)は x^2+y^2+ [イ] $=9$ と変形できる。

x，y が正の整数のとき，$x^2 \geqq 1$，$y^2 \geqq 1$，[イ] $\geqq 0$ である。

x^2，y^2 は平方数であり，右辺の9よりも小さい値であることから，これらの取り得る値は1，4のいずれかである。

また，[イ] の取り得る値は0，1，4である。

以下のように場合分けできる。

(i) $x^2=1$，$y^2=$ [ウ]，[イ] $=$ [エ] のとき

(ii) $x^2=$ [ウ]，$y^2=1$，[イ] $=$ [エ] のとき

(iii) $x^2=$ [オ]，$y^2=$ [カ]，[イ] $=$ [キ] のとき

(i)，(ii)，(iii)より

(＊)を満たす正の整数の組 (x, y, z) は [ク] 組あり，$x+y+z$ の最大値は [ケ] である。

(関西医科大・参考)

実戦問題 第4問

12分 ▶▶ 解答 P.142

ある日，太郎さんと花子さんのクラスでは，数学の授業で先生から次の問題が宿題として出された。

[問題] $26x+11y=323$ ……(＊)
を満たす自然数 (x, y) の組をすべて求めよ。

太郎さんと花子さんは，この問題について，次のような会話をしている。

太郎：$26x+11y=1$ ……① を満たす整数 (x, y) の組を1つ求める問題だったら授業で扱った問題と同じように解けるね。

26と11の最大公約数は1で，ユークリッドの互除法を利用する。

$26=11\times$ ア $+4$　　移項すると $4=26-11\times$ ア

$11=4\times$ イ $+3$　　移項すると $3=11-4\times$ イ

$4=3\times1+1$　　移項すると $1=4-3\times1$

これらを利用すればいいね。

花子：私も同じことを考えていた。

$1=4-(11-4\times$ イ $)\times1=4\times$ ウ $+11\times(-1)$

のように計算を進めていくと

$26\times$ エ $+11\times($ オ $)=1$ ……②

となって，①を満たす整数 (x, y) の組の1つは

(エ , オ) になった。

太郎：この結果を利用して，(＊)を満たす整数の組を1つ見つけるには，②の両辺を323倍したらどうだろう。

$26\times$ カ $+11\times($ キ $)=323$

となって，(＊)を満たす整数 (x, y) の組の1つは

(カ , キ) になる。

このことを利用して(＊)を満たす自然数 (x, y) の組をすべて求めてみることにする。

花子：それじゃ，私は別の方法を考えてみることにする。

(1) ア , イ , ウ にあてはまる数を答えよ。また， エ , オ , カ , キ にあてはまるものを，次の⓪～⑦のうちから1つずつ選べ。ただし，同じものを繰り返し選んでもよい。

⓪ -2261　① -969　② -7　③ -3
④ 3　⑤ 7　⑥ 969　⑦ 2261

花子さんがこの問題を太郎さんとは別の構想で解く過程で作成したメモの一部を下に示す。

> $323=26\times12+11$
> であり 323 と 26，323 と 11 は互いに素である。
> $26x+11y=323$ のとき $26x+11y=26\times12+11\times1$ となり
> $26(x-12)=-11(y-1)$
> 26 と 11 は互いに素であるから，$x-12$ は 11 の倍数である。
> m を整数として $x-12=11m$ と表すと $x=11m+12$
> このとき，$y=$ [ク]
> x，y が自然数のとき
> $11m+12>0$ かつ [ク] >0 より [ケ] $<m<$ [コ]

> 求める自然数 $(x,\ y)$ の組は，2 組あって
> ([サ]，[シス])，([セソ]，[タ])

(2) [ク] にあてはまるものを，次の⓪～③のうちから 1 つ選べ。

⓪ $-26m-1$　① $-26m+1$　② $26m-1$　③ $26m+1$

(3) [ケ]，[コ] にあてはまるものを，次の⓪～③のうちから 1 つずつ選べ。
また，[サ]，[シス]，[セソ]，[タ] にあてはまる数を答えよ。

⓪ $-\dfrac{12}{11}$　① $-\dfrac{1}{26}$　② $\dfrac{1}{26}$　③ $\dfrac{12}{11}$

(学習院大・参考)

大学入学

共通テスト

実戦対策問題集

数学Ⅰ・A

別冊
解答

旺文社

数学Ⅰ・A

大学入学

共通テスト

実戦対策問題集

別冊
解答

旺文社

1 因数分解

要点チェック！

与えられた整式を1次以上の整式の積の形に変形することを**因数分解**するといいます。因数分解するときは式の特徴を見抜いて，次のようなパターンに応じた式の変形をします。

POINT 1

(i) **共通因数でくくる**

例：$ax+ay=a(x+y)$ ◀ 共通因数 a でくくる

(ii) **おきかえをする**

例：$(x+y)^2+3(x+y)=A^2+3A$ ◀ $x+y=A$ とおく

$=A(A+3)$

$=(x+y)(x+y+3)$

(iii) **グループ分けをする**

最低次数の文字について整理，次数によって整理などをする

(iv) **因数分解の公式を利用する**

$\boldsymbol{a^2+2ab+b^2=(a+b)^2}$, $\boldsymbol{a^2-2ab+b^2=(a-b)^2}$

$\boldsymbol{a^2-b^2=(a+b)(a-b)}$, $\boldsymbol{x^2+(a+b)x+ab=(x+a)(x+b)}$

因数分解では公式を利用することが基本ですが，すぐに公式にあてはめられないときは(i)〜(iii)のどのパターンになっているかを順番に確認しましょう。

1-A 解答 ▶ **STEP 1** **どのパターンになっているかを確認する**

・a^3, a^2, $-2a$, $-a^2b$, $-ab$, $2b$ のすべての項に共通の因数はない。

・与えられた整式で，すぐにおきかえられそうな部分はない。

・2つのグループに分けるとすると，b の有無が考えられる。

STEP 2 **b の有無で2つのグループに分けて因数分解する**

$a^3+a^2-2a-a^2b-ab+2b$ ◀ 次数で分けると $(a^3-a^2b)+(a^2-ab)-(2a-2b)$ $=a^2(a-b)+a(a-b)-2(a-b)$

$=(a^3+a^2-2a)-b(a^2+a-2)$

$=a(a^2+a-2)-b(a^2+a-2)$ ◀ $aA-bA=(a-b)A$

$=(a-b)(a^2+a-2)$

$=(a-b)(a+$ ア 2 $)(a-$ イ 1 $)$

1-B 解答 ▶ STEP 1 特徴 $(x+y)$ を見抜いて因数分解する

(1) $P=x^2+2xy+y^2-x-y-56$

$=(x+y)^2-(x+y)-56$ ◀ $x+y=Q$ とおく ◀ POINT 1 を使う！

$=Q^2-Q-56$

$=(Q+7)(Q-8)$

$=\left(x+y+\boxed{ア\ 7}\right)\left(x+y-\boxed{イ\ 8}\right)$

STEP 2 n^4+3n^2+2 を因数分解する

(2) $n^4+3n^2+2=\left(n^2+\boxed{ウ\ 1}\right)\left(n^2+\boxed{エ\ 2}\right)$ ◀ $n^2=a$ とおくと $n^4+3n^2+2=a^2+3a+2$

STEP 3 A を 2 つのグループに分けて因数分解する

$A=n^4+3n^2+2-(2n^3+2n)$ ◀ A を n^4+3n^2+2 を用いて表す

$=(n^2+1)(n^2+2)-2n(n^2+1)$ ◀ $n^2+1=B$ とおく

$=B(n^2+2)-2nB$ ◀ POINT 1 を使う！

$=B(n^2+2-2n)$

$=\left(n^2+\boxed{オ\ 1}\right)\left(n^2-\boxed{カ\ 2}\,n+\boxed{キ\ 2}\right)$

2 対称式の変形

要点チェック！

x と y を含む式のうち，x と y を交換しても同じになる式を**対称式**といいます。x と y の対称式は必ず $x+y$，xy で表すことができます。

例えば，

$$x^2y+xy^2=xy(x+y),\quad \frac{1}{x}+\frac{1}{y}=\frac{x+y}{xy}$$

のように変形できます。また，$(x+y)^2=x^2+2xy+y^2$ を利用すると

$$x^2+y^2=(x+y)^2-2xy$$

と変形できます。

POINT 2

$$\frac{1}{x}+\frac{1}{y}=\frac{x+y}{xy},\qquad x^2+y^2=(x+y)^2-2xy$$

無理数の計算が面倒そうなときは，対称式の変形を利用しましょう。

2-A 解答 ▶ STEP 1 $a+b$ と ab を求める

$a+b=(3-\sqrt{5})+(3+\sqrt{5})=6$

$ab=(3-\sqrt{5})(3+\sqrt{5})=9-5=4$

STEP 2 求めるものを $a+b$ と ab で表す

$a^2b+ab^2=ab(a+b)=4\cdot 6=$ [アイ 24]

$$\frac{1}{a}+\frac{1}{b}=\frac{b+a}{ab}=\frac{6}{4}=\frac{\boxed{ウ\ 3}}{\boxed{エ\ 2}}$$

$$\frac{b}{a}+\frac{a}{b}=\frac{b^2+a^2}{ab}=\frac{(a+b)^2-2ab}{ab}=\frac{6^2-2\cdot 4}{4}=\frac{28}{4}=\boxed{オ\ 7}$$

2-B 解答 ▶ STEP 1 AB, $\frac{1}{A}+\frac{1}{B}$ を求める

$$AB=\frac{1}{1+\sqrt{6}+\sqrt{3}}\cdot\frac{1}{1+\sqrt{6}-\sqrt{3}}$$

◀ $\frac{1}{(a+b)(a-b)}=\frac{1}{a^2-b^2}$

$$=\frac{1}{(1+\sqrt{6})^2-(\sqrt{3})^2}$$

$$=\frac{1}{(1+\sqrt{6})^2-\boxed{ア\ 3}}$$

$$=\frac{1}{4+2\sqrt{6}}=\frac{4-2\sqrt{6}}{(4+2\sqrt{6})(4-2\sqrt{6})}$$

◀ 分母の有理化

$$=\frac{4-2\sqrt{6}}{-8}=\frac{\sqrt{6}-\boxed{イ\ 2}}{\boxed{ウ\ 4}}$$

また，$\frac{1}{A}+\frac{1}{B}=(1+\sqrt{3}+\sqrt{6})+(1-\sqrt{3}+\sqrt{6})=\boxed{エ\ 2}+\boxed{オ\ 2}\sqrt{6}$

STEP 2 $A+B$ を $\frac{1}{A}+\frac{1}{B}$ と AB で表す

$\frac{1}{A}+\frac{1}{B}=\frac{A+B}{AB}$ より $A+B=\left(\frac{1}{A}+\frac{1}{B}\right)\cdot AB$

◀ POINT 2 を使う！

$$A+B=(2+2\sqrt{6})\cdot\frac{\sqrt{6}-2}{4}=\frac{8-2\sqrt{6}}{4}=\frac{\boxed{カ\ 4}-\sqrt{6}}{\boxed{キ\ 2}}$$

3 無理数の整数部分・小数部分

要点チェック!

無理数は整数部分と小数部分に分けることができます。

例えば，$\sqrt{3}=1.732\cdots$ の整数部分は1で，$\sqrt{3}$ の小数部分は $\sqrt{3}-1=0.732\cdots$ です。

無理数 $\sqrt{M}$ の整数部分を求めるには，

$$n^2<M<(n+1)^2$$

となる自然数 n を見つけます。

$$n<\sqrt{M}<n+1$$

より，$\sqrt{M}$ の整数部分は n です。

また，$\sqrt{M}$ の小数部分を求めるには，

$$\sqrt{M}=(\text{整数部分})+(\text{小数部分})$$

より，$\sqrt{M}$ から整数部分をひきます。

POINT 3

無理数 $\sqrt{M}$ について

(i) n を自然数とするとき $n^2<M<(n+1)^2$ ならば

$$(\sqrt{M}\text{ の整数部分})=n$$

(ii) **($\sqrt{M}$ の小数部分)$=\sqrt{M}-$($\sqrt{M}$ の整数部分)**

無理数の小数部分を，小数を用いずに表すときに利用します。

3-A 解答 ▶ **STEP 1 整数部分を求める**

$9<13<16$ より $3<\sqrt{13}<4$ であるから，$\sqrt{13}$ の整数部分は3

STEP 2 小数部分を求める

$\sqrt{13}$ の小数部分 p は　$p=\sqrt{13}-3$

$$\frac{1}{p}=\frac{1}{\sqrt{13}-3}=\frac{1}{\sqrt{13}-3}\cdot\frac{\sqrt{13}+3}{\sqrt{13}+3}=\frac{\boxed{ア\ 3}+\sqrt{\boxed{イウ\ 13}}}{\boxed{エ\ 4}}$$

分母の有理化

3-B 解答 ▶ STEP 1　**整数部分を求める**

$$\frac{4}{2+\sqrt{2}}=\frac{4}{2+\sqrt{2}}\cdot\frac{2-\sqrt{2}}{2-\sqrt{2}}=\frac{4(2-\sqrt{2})}{4-2}=4-2\sqrt{2}$$ ◀ 分母の有理化

$4<8<9$ より $2<2\sqrt{2}<3$

◀ $1<2<4$ より $1<\sqrt{2}<2$
$2<2\sqrt{2}<4$ とすると，$2\sqrt{2}$ の整数部分が定まらない

$-3<-2\sqrt{2}<-2$ より

$4-3<4-2\sqrt{2}<4-2$

$1<4-2\sqrt{2}<2$

よって，$4-2\sqrt{2}$ の整数部分は [ア 1]　◀ POINT 3 を使う！

STEP 2　**小数部分を求める**

小数部分 a は

$a=(4-2\sqrt{2})-1=3-2\sqrt{2}$　◀ POINT 3 を使う！

$$\frac{1}{a}=\frac{1}{3-2\sqrt{2}}=\frac{1}{3-2\sqrt{2}}\cdot\frac{3+2\sqrt{2}}{3+2\sqrt{2}}=3+2\sqrt{2}$$ ◀ 分母の有理化

よって，$a+\frac{1}{a}=(3-2\sqrt{2})+(3+2\sqrt{2})=$ [イ 6]

4　1次不等式の解

要点チェック！

x についての1次不等式 $ax>b$ の解は

$a>0$ のとき　$x>\frac{b}{a}$

$a<0$ のとき　$x<\frac{b}{a}$

となります。

不等式の両辺に負の数をかけたり，両辺を負の数で割ったりする場合には，不等号の向きが変化することに注意が必要です。

不等式の解は，次のように数直線を用いて図示することができます。

POINT 4

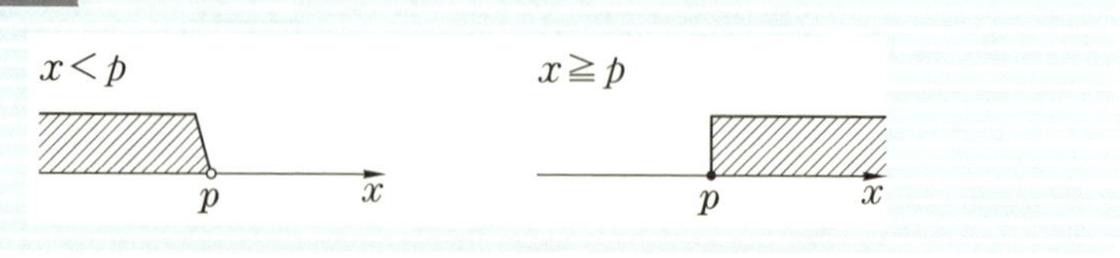

不等式の解について考察するときに，数直線を用いて視覚化しましょう。

4-A 解答 ▶ STEP 1 不等式を解く

①より　$5x-7x \geqq -6-4$　◀ 移項して $ax \geqq b$ の形にする

$-2x \geqq -10$

$x \leqq 5$　……③　◀ 両辺を -2 で割るので不等号の向きが変わる

②より　$3x-x > \sqrt{3}+\sqrt{3}$

$2x > 2\sqrt{3}$

$x > \sqrt{3}$　……④

STEP 2 数直線を用いて考察する

数直線を利用して③，④の共通範囲を求めると，

$\sqrt{3} < x \leqq 5$

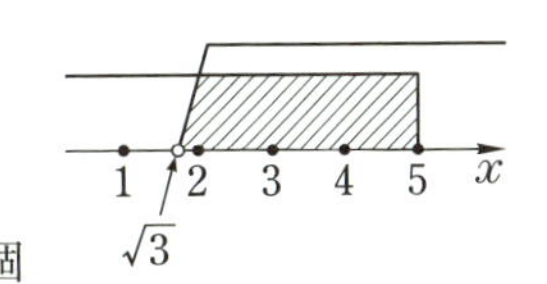

これを満たす整数 x の個数は 2，3，4，5 の ア 4 個

4-B 解答 ▶ STEP 1 不等式を解く

①を x について解くと，

$x \geqq 6a-1$　……①′

STEP 2 数直線を用いて考察する

(1)　$x=1$ が ①′ を満たすとき

$1 \geqq 6a-1$　◀ a についての不等式

$2 \geqq 6a$

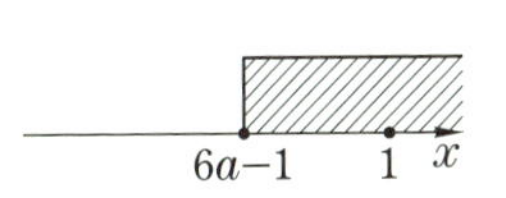

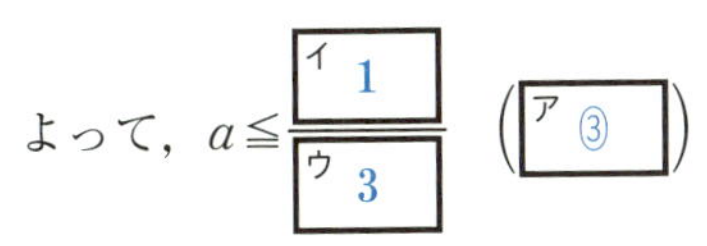

よって，$a \leqq \dfrac{イ\ 1}{ウ\ 3}$　（ア ③）

別解 ▶ $x=1$ が①の解のとき，

$1-6a \geqq -1$　　$-6a \geqq -2$　　$a \leqq \dfrac{1}{3}$

(2)　$x=2$ が ①′ を満たさないとき

$2 < 6a-1$

$3 < 6a$

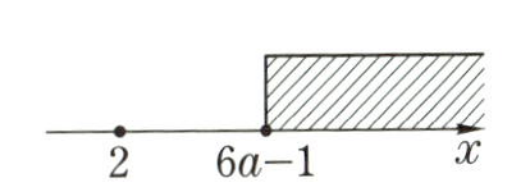

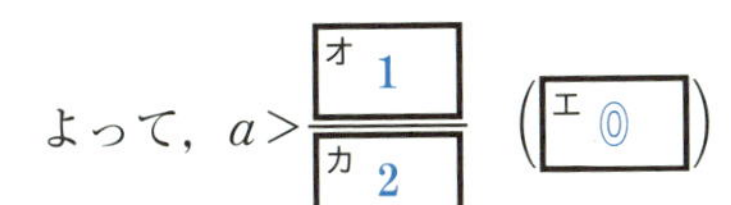

よって，$a > \dfrac{オ\ 1}{カ\ 2}$　（エ ⓪）

5 絶対値記号

要点チェック!

実数 A の絶対値 $|A|$ は

$A \geqq 0$ のとき $|A|=A$

$A<0$ のとき $|A|=-A$

を表します。

また，$\sqrt{A^2}=|A|$ となります。

例えば，$\sqrt{(-3)^2}=|-3|$ であり，$-3<0$ であることから，

$\sqrt{(-3)^2}=|-3|=-(-3)=3$

のように計算します。

また，$\sqrt{x^2-2x+1}=\sqrt{(x-1)^2}=|x-1|$ であり，

$x-1 \geqq 0$ すなわち $x \geqq 1$ のとき，$|x-1|=x-1$

$x-1<0$ すなわち $x<1$ のとき，$|x-1|=-(x-1)$

となります。

POINT5

実数 A について，

$$\sqrt{A^2}=|A|=\begin{cases} A & (A \geqq 0 \text{ のとき}) \\ -A & (A<0 \text{ のとき}) \end{cases}$$

絶対値記号を含むときは，定義にしたがって計算します。

5-A 解答 ▶ **STEP 1** $\sqrt{x^2-4x+4}$ **を絶対値記号で表す**

$f(x)=\sqrt{(x-2)^2}=|x-$ ア 2 $|$

STEP 2 絶対値記号を定義にしたがって扱う

$f(\sqrt{3})=|\sqrt{3}-2|$

$\sqrt{3}<2$ より，$\sqrt{3}-2<0$

よって，

$f(\sqrt{3})=-(\sqrt{3}-2)=$ イ 2 $-\sqrt{\text{ウ } 3}$

5-B 解答 ▶ STEP 1 $\sqrt{A^2}=|A|$ を用いる

$$y=\sqrt{a^2+9-6a}-\sqrt{a^2+9+6a}$$
$$=\sqrt{(a-3)^2}-\sqrt{(a+3)^2}$$
$$=|a-3|-|a+3|$$

STEP 2 絶対値記号を場合分けして扱う ◀ POINT 5 を使う！

$$|a-3|=\begin{cases} a-3 & (a-3\geqq 0 \text{ すなわち } a\geqq 3 \text{ のとき}) \\ -(a-3) & (a-3<0 \text{ すなわち } a<3 \text{ のとき}) \end{cases}$$

$$|a+3|=\begin{cases} a+3 & (a+3\geqq 0 \text{ すなわち } a\geqq -3 \text{ のとき}) \\ -(a+3) & (a+3<0 \text{ すなわち } a<-3 \text{ のとき}) \end{cases}$$

となるので

(i) $a<$ [アイ -3] のとき

$$y=-(a-3)-\{-(a+3)\}=\boxed{\text{ウ } 6}$$

(ii) $-3\leqq a<$ [エ 3] のとき

$$y=-(a-3)-(a+3)=\boxed{\text{オカ } -2}\,a$$

(iii) $a\geqq 3$ のとき

$$y=(a-3)-(a+3)=\boxed{\text{キク } -6}$$

6 共通部分・和集合

要点チェック!

数学では，範囲がはっきりしたものの集まりを**集合**といい，集合を構成している1つ1つのものを，その集合の**要素**といいます。

a が集合 A の要素であるとき，$a\in A$ と表します。

また，2つの集合 X，Y について，X のすべての要素が Y の要素でもあるとき，X を Y の**部分集合**といい，$X\subset Y$ と表します。

全体集合 U の部分集合 A に対して，A に属さない要素全体の集合を $\overline{A}$（補集合）で表します。また，2つの集合 A，B について，**共通部分**を $A\cap B$，**和集合**を $A\cup B$ で表します。

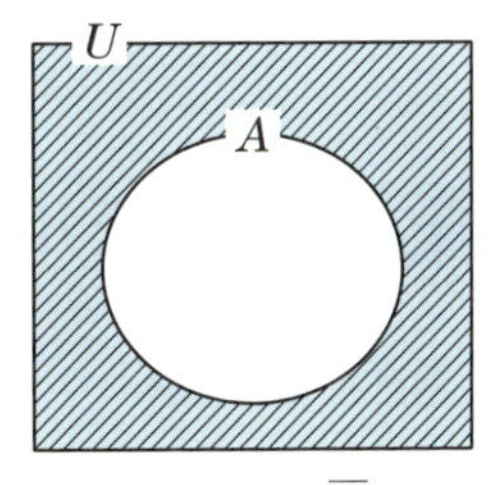

斜線部が $\overline{A}$

POINT 6

集合 A，B について，

共通部分 $A\cap B$

$A\cap B=\{x|x\in A$ かつ $x\in B\}$

和集合 $A\cup B$

$A\cup B=\{x|x\in A$ または $x\in B\}$

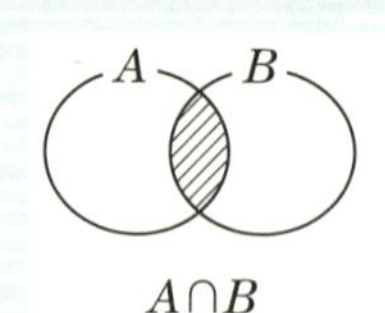

$A\cap B$

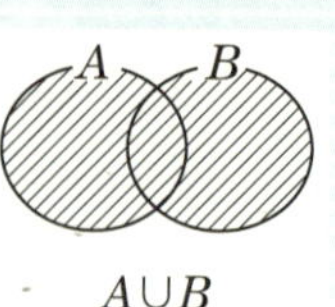

$A\cup B$

与えられた2つの集合から別の集合をつくるときに利用するので，記号の表すものを正確に覚えておきましょう。

6-A 解答 ▶ STEP 1 $A\cap B$，$A\cup C$ を求める

$A\cap B=\{$ ア 2 $\}$，$A\cup C=\{$ イ 1 ，ウ 2 ，エ 3 $\}$

STEP 2 $\overline{A}$，$\overline{C}$ を求める

$\overline{A}=\{3,\ 4\}$，$\overline{C}=\{1,\ 4\}$ より，$\overline{A}\cap B\cap\overline{C}=\{$ オ 4 $\}$

6-B 解答 ▶ STEP 1 $\overline{B}$ を求める

(1) $U=\{1,\ 2,\ 3,\ 4,\ 5,\ 6,\ 7,\ 8,\ 9\}$，$B=\{2,\ 4,\ 5,\ 6,\ 8\}$ のとき，

$\overline{B}=\{1,\ 3,\ 7,\ 9\}$

STEP 2 $A\cap\overline{B}$ を求める

$A=\{1,\ 3,\ 5,\ 8,\ 9\}$，$\overline{B}=\{1,\ 3,\ 7,\ 9\}$ のとき，

共通部分 $A\cap\overline{B}=\{1,\ 3,\ 9\}$ となり ア ①　◀ POINT 6 を使う！

STEP 3 A，B，C の共通部分を求める

(2) A，B，C を数直線で表すと右のようになるので

$A\cap B\cap C=\{x|1\leqq x\leqq 3\}$　◀ POINT 6 を使う！

となり イ ③

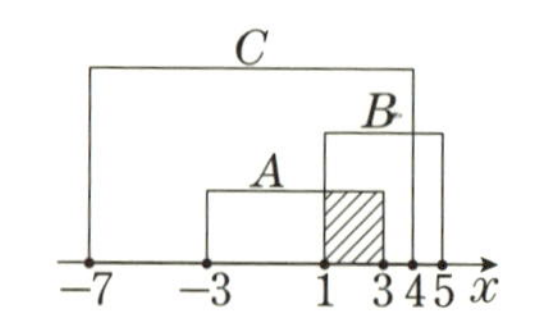

7 ド・モルガンの法則

要点チェック！

集合 A，B があるとき，つねに次の**ド・モルガンの法則**が成り立ちます。

POINT 7

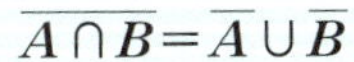

$\overline{A \cup B} = \overline{A} \cap \overline{B}$,　$\overline{A \cap B} = \overline{A} \cup \overline{B}$

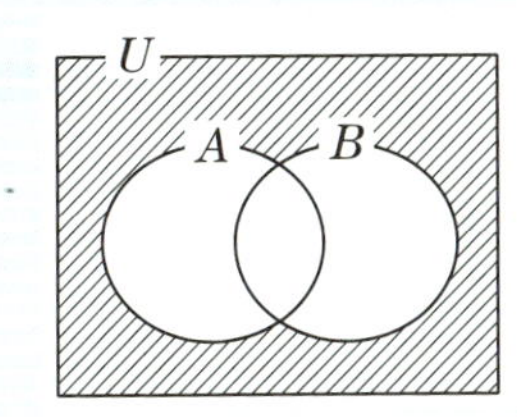

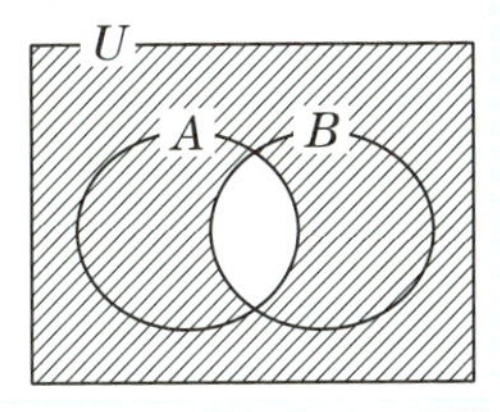

与えられた複雑な集合を，扱いやすい形に変形したいときに利用します。

7-A 解答 ▶ STEP 1 ド・モルガンの法則を利用する

$C = A \cap B$ である。（ア ④）

$\overline{A} = \{n \mid n$ は 10 で割り切れない自然数$\}$

$\overline{B} = \{n \mid n$ は 4 で割り切れない自然数$\}$

であるから $D = \overline{A} \cap \overline{B} = \overline{A \cup B}$ （イ ③）

また，$C = \{n \mid n$ は 20 で割り切れる自然数$\}$

であるから $E = \overline{C} = \overline{A \cap B}$ （ウ ⑦）

7-B 解答 ▶ STEP 1 要素をかき並べる

$5 < \sqrt{n} < 6$ より $25 < n < 36$ となり，

$U = \{26, 27, 28, 29, 30, 31, 32, 33, 34, 35\}$

$P = \{28, 32\}$，　$\overline{P} = \{26, 27, 29, 30, 31, 33, 34, 35\}$

$Q = \{30, 35\}$，　$\overline{Q} = \{26, 27, 28, 29, 31, 32, 33, 34\}$

$R = \{30\}$，　$\overline{R} = \{26, 27, 28, 29, 31, 32, 33, 34, 35\}$

$S = \{28, 35\}$，　$\overline{S} = \{26, 27, 29, 30, 31, 32, 33, 34\}$

である。

よって，$P \cup R = \{28, 30, 32\}$，　$S \cap \overline{Q} = \{28\}$

$\overline{Q} \cap \overline{S} = \{26, 27, 29, 31, 32, 33, 34\}$

$\overline{P} \cup \overline{Q} = \{26, 27, 28, 29, 30, 31, 32, 33, 34, 35\}$ $(=U)$

$\overline{R} \cap \overline{S} = \{26, 27, 29, 31, 32, 33, 34\}$

となるので，あてはまるものは ア，イ ①，④

別解 ▶ STEP 1 ド・モルガンの法則を利用して扱いやすい形にいいかえる

②で $\overline{Q}\cap\overline{S}\subset\overline{P} \iff \overline{\overline{Q}\cap\overline{S}}\supset\overline{\overline{P}} \iff Q\cup S\supset P$

③で $\overline{P}\cup\overline{Q}\subset\overline{S} \iff \overline{\overline{P}\cup\overline{Q}}\supset\overline{\overline{S}} \iff P\cap Q\supset S$

④で $\overline{R}\cap\overline{S}\subset\overline{Q} \iff \overline{\overline{R}\cap\overline{S}}\supset\overline{\overline{Q}} \iff R\cup S\supset Q$

$\overline{\overline{P}}=P$

◀ POINT 7 を使う！

とかきかえると，$\overline{P}$，$\overline{R}$，$\overline{S}$ の要素をかき並べなくても，解答できる。

8 逆・裏・対偶

要点チェック！

正しいか正しくないかが明確に決まる文や式を**命題**といい，命題は，2つの条件 p，q を用いて「p ならば q」($p\Longrightarrow q$) の形に表される場合があります。

全体集合 U の要素のうち，p，q を満たすものの集合をそれぞれ P，Q とし，p の否定 (p でない) を $\overline{p}$ で表すとき，次のことがいえます。

- 命題「$p\Longrightarrow q$」が真とは，$P\subset Q$ が成り立つことと同じである。
- 命題「$p\Longrightarrow q$」に対して，
  逆「$q\Longrightarrow p$」，**裏**「$\overline{p}\Longrightarrow\overline{q}$」，**対偶**「$\overline{q}\Longrightarrow\overline{p}$」
- 「$p\Longrightarrow q$」と「$\overline{q}\Longrightarrow\overline{p}$」の真偽は一致する。
- 「$p\Longrightarrow q$」の真偽を調べるとき，**反例**が1つでもあれば偽である。
  (命題「$p\Longrightarrow q$」において，p を満たすが q を満たさないものをこの命題の反例といいます。)
- 条件「p または q」の否定は「$\overline{p}$ かつ $\overline{q}$」
  　　「p かつ q」　の否定は「$\overline{p}$ または $\overline{q}$」

POINT 8

(i) 命題「$p\Longrightarrow q$」に対して，
逆「$q\Longrightarrow p$」，**裏**「$\overline{p}\Longrightarrow\overline{q}$」，**対偶**「$\overline{q}\Longrightarrow\overline{p}$」

(ii) 「$p\Longrightarrow q$」の真偽と，その対偶「$\overline{q}\Longrightarrow\overline{p}$」の真偽は一致する

(ii)は命題の真偽を調べるときに利用します。

8-A 解答 ▶ STEP 1 条件の否定をつくる

(1) 条件「$x>1$ または $y\geqq 2$」の否定は

「$x\leqq 1$ かつ $y<2$」 (ア ②)

「p または q」の否定は「$\overline{p}$ かつ $\overline{q}$」

STEP 2 命題の対偶をつくる

(2) 命題「$x \neq 0$ かつ $y \neq 0 \Longrightarrow xy \neq 0$」の対偶は

「$xy=0 \Longrightarrow x=0$ または $y=0$」（イ ①）

「(p かつ q) $\Longrightarrow r$」の対偶は「$\overline{r} \Longrightarrow$ ($\overline{p}$ または $\overline{q}$)」

8-B 解答 ▶ STEP 1 条件の否定をつくる

(1) 条件 p の否定 $\overline{p}$ は，

「a，b の少なくとも一方は有理数でない」

であり，有理数でない実数は無理数であるので，

「a，b の少なくとも一方は無理数である」（ア ③）

となる。

p は「a は有理数かつ b は有理数」，$\overline{p}$ は「a は有理数でない，または，b は有理数でない」

STEP 2 逆・対偶の真偽を調べる

(2)「$p \Longrightarrow q$」は真である。また，その対偶も真偽が一致するので真である。

◀ POINT 8 を使う！

「$p \Longrightarrow q$」の逆「$q \Longrightarrow p$」

は，反例として，$a=\sqrt{2}$，$b=-\sqrt{2}$ があり偽である。よって，正しいものは イ ②

$a=\sqrt{2}$，$b=-\sqrt{2}$ のとき $a+b=0$，$ab=-2$ となり有理数だが，a，b は無理数

9 必要条件・十分条件

要点チェック！

2つの条件 p，q について，命題「$p \Longrightarrow q$」が真であるとき，

「q は p であるための**必要条件**である」

「p は q であるための**十分条件**である」

といいます。

この判定には，p，q について，これらを満たすものの集合（それぞれ P，Q とする）の広い・狭い（含む・含まれる）の関係を比較することが有効です。広い条件に必要条件，狭い条件に十分条件という用語が用いられています。

$p \Longrightarrow q$ が真，$q \Longrightarrow p$ は偽

Q

P

「$p \Longrightarrow q$」と「$q \Longrightarrow p$」がともに真のとき，

p と q は**同値**であるといい，p は q（q は p）であるための**必要十分条件**といいます。見かけが違っても，p と q が同じ条件であることを表しています。

POINT 9

(i) 命題「$p \Longrightarrow q$」が真であるとき，
q は p であるための**必要条件**，　p は q であるための**十分条件**

(ii) 「$p \Longleftrightarrow q$」が成り立つとき，p は q であるための**必要十分条件**

命題の真偽を調べて，2つの条件の関係を考察するときに利用します。

9-A 解答 ▶ STEP 1　2つの条件の広さ・狭さを比較する

「6の倍数 $\overset{\circ}{\underset{\times}{\rightleftarrows}}$ 3の倍数」 ◀ →○→ は真，←×← は偽を表す

であり，6の倍数であることの方が狭い。

3の倍数
6の倍数

n が6の倍数であることは，n が3の倍数であるための十分条件である。（ア ①）

また，「6の倍数 $\overset{\times}{\underset{\circ}{\rightleftarrows}}$ 18の倍数」より，n が6の倍数であることは，n が18の倍数であるための必要条件である。

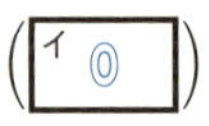

◀ 同じ条件でも，比較する相手によって，「必要」，「十分」が変わる

9-B 解答 ▶ STEP 1　「$p \Longrightarrow q$」と「$q \Longrightarrow p$」の真偽を調べる

(1) $n \in A$ のとき，$n=10k$ （k：自然数）とすると，
$n=2 \cdot 5k$ となり n は2で割り切れる。

よって，「自然数 n が A に属する $\Longrightarrow$ n が2で割り切れる」は真である。

2で割り切れる自然数
A

また，$n=2$ は2で割り切れるが10で割り切れない。 ◀ 反例

よって，「n が2で割り切れる $\Longrightarrow$ 自然数 n が A に属する」は偽である。

「自然数 n が A に属する $\overset{\circ}{\underset{\times}{\rightleftarrows}}$ n が2で割り切れる」

となり（ア ②）　◀ POINT 9 を使う！

(2) $n=4$ は4で割り切れるが20で割り切れない。 ◀ 反例

$n=20m$ （m：自然数）とすると，$n=4 \cdot 5m$ となり，
n は4で割り切れる。

「自然数 n が B に属する $\overset{\times}{\underset{\circ}{\rightleftarrows}}$ n が20で割り切れる」

となり（イ ①）　◀ POINT 9 を使う！

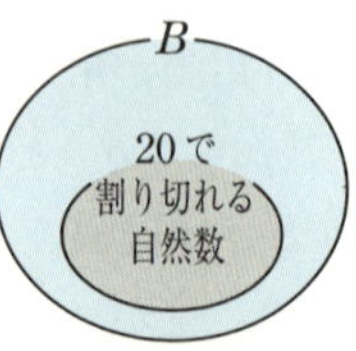

実戦問題 第1問

この問題のねらい

・無理数と整数の大小を評価できる。(⇒ POINT 3)
・絶対値記号を場合分けして扱うことができる。(⇒ POINT 5)

解答 ▶ STEP 1 因数分解をする

$9a^2-6a+1=(3a)^2-2\times3a+1^2$　◀ POINT 1 を使う！

$=(\boxed{ア\ 3}a-\boxed{イ\ 1})^2$

STEP 2 絶対値記号を場合分けして扱う

$A=\sqrt{9a^2-6a+1}+|a+2|$

$=\sqrt{(3a-1)^2}+|a+2|$　◀ $\sqrt{A^2}=|A|$

$=|3a-1|+|a+2|$

(i)　$a>\dfrac{1}{3}$ のとき，$3a-1>0$，$a+2>0$ より　◀ POINT 5 を使う！

$A=3a-1+a+2=\boxed{ウ\ 4}a+\boxed{エ\ 1}$

(ii)　$-2\leqq a\leqq\dfrac{1}{3}$ のとき，$3a-1\leqq0$，$a+2\geqq0$ より

$A=-(3a-1)+a+2=\boxed{オカ\ -2}a+\boxed{キ\ 3}$

(iii)　$a<-2$ のとき，$3a-1<0$，$a+2<0$ より

$A=-(3a-1)-(a+2)=-4a-1$

STEP 3 与えられた a の値が上の3つの場合のどれかを判断する

(1)　$2\sqrt{2}=\sqrt{8}$，$3=\sqrt{9}$ より $2\sqrt{2}<3$ であり $\dfrac{1}{2\sqrt{2}}>\dfrac{1}{3}$

よって，$a=\dfrac{1}{2\sqrt{2}}$ は (i) $a>\dfrac{1}{3}$ の場合となるので

$A=4\times\dfrac{1}{2\sqrt{2}}+1=4\times\dfrac{\sqrt{2}}{4}+1=\sqrt{\boxed{ク\ 2}}+\boxed{ケ\ 1}$

STEP 4 与えられた a の値と -2 の大小関係を判断する

(2)　$36<47<49$ より $6<\sqrt{47}<7$　◀ POINT 3 を使う！

$6-23<\sqrt{47}-23<7-23$ より $-17<\sqrt{47}-23<-16$

$$-\frac{17}{8}<\frac{\sqrt{47}-23}{8}<-\frac{16}{8} \text{ より } -2.125<\frac{\sqrt{47}-23}{8}<-2$$

よって，$a=\dfrac{\sqrt{47}-23}{8}$ は (iii) $a<-2$ の場合となるので

$$A=-4\times\frac{\sqrt{47}-23}{8}-1=\frac{\boxed{^{コサ}\ 21}-\sqrt{47}}{\boxed{^{シ}\ 2}}$$

！ STEP ❹の a と -2 の大小比較は

$$a-(-2)=\frac{\sqrt{47}-23}{8}+2=\frac{\sqrt{47}-7}{8}=\frac{\sqrt{47}-\sqrt{49}}{8}<0$$

から $a<-2$ としてもよい。 ◀ $A-B<0$ のとき $A<B$

実戦問題 第2問

この問題のねらい

- 集合に関する命題を記号を用いて表現できる。
- 偽である命題について，与えられた条件は反例であるかどうかを判定できる。

解答 ▸ STEP ❶ 部分集合の命題を記号で表す

(1) 1のみを要素にもつ集合は $\{1\}$ と表される。

集合 X が集合 Y の部分集合であることを $X\subset Y$ と表すので「1のみを要素にもつ集合は集合 A の部分集合である」という命題を記号を用いて表すと

$$\{1\}\subset A \quad \left(\boxed{^{ア}\ ③}\right)$$

STEP ❷ 反例かどうかを判別する

(2) 〈⓪について〉

$y=0$ のとき，$y\notin B$ であり，反例とならない。

〈①について〉

$x\in B$，$y\in B$ である。

$$x+y=(3-\sqrt{3})+(\sqrt{3}-1)=2$$

より $x+y\notin B$ であるので，反例となる。

〈②について〉

$x\in B$，$y\in B$ である。

$$x+y=(\sqrt{3}+1)+(\sqrt{2}-1)=\sqrt{2}+\sqrt{3}$$

より $x+y\in B$ であるので，反例とならない。

〈③について〉

$x=2$, $y=-2$ であり，$x \notin B$, $y \notin B$ で，反例とならない。

〈④について〉

$x=2\sqrt{2}$ であり，$x \in B$, $y \in B$ である。

$$x+y=2\sqrt{2}+(1-2\sqrt{2})=1$$

より $x+y \notin B$ であるので，反例となる。

〈⑤について〉

$x \in B$, $y \in B$ である。

$$x+y=(\sqrt{2}-2)+(\sqrt{2}+2)=2\sqrt{2}$$

より $x+y \in B$ であるので，反例とならない。

以上より イ，ウ ①，④

実戦問題 第3問

この問題のねらい

・不等式で表された条件を数直線を用いて視覚化できる。（⇒ POINT 4）

・必要条件，十分条件を判別できる。（⇒ POINT 9）

解答 ▶ STEP 1 2つの条件を数直線を用いて比較する

条件 p, q を満たす x の集合を数直線における集合 P, Q で表す。

◀ POINT 4 を使う！

(1) $a=1$ のとき，$p: 0 \leqq x \leqq 2$ であり，$P \subset Q$ が成り立つ。

命題「$p \Longrightarrow q$」は成り立つが，「$q \Longrightarrow p$」は成り立たないので，p は q であるための十分条件であるが，必要条件でない。（ア ①）

[$a=1$ のとき]

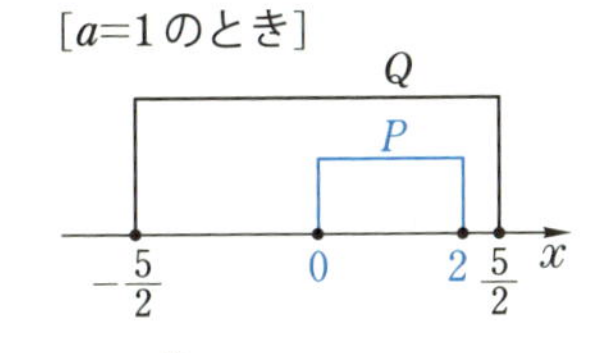

◀ POINT 9 を使う！

$a=3$ のとき，$p: -2 \leqq x \leqq 4$ であり，$P \subset Q$, $Q \subset P$ のいずれも成り立たない。

命題「$p \Longrightarrow q$」,「$q \Longrightarrow p$」のいずれも成り立たないので，p は q であるための必要条件でも十分条件でもない。（イ ③）

[$a=3$ のとき]

Q
P
$-\frac{5}{2}$ -2 $\frac{5}{2}$ 4 x

STEP 2 $P \subset Q$ となるのはどのようなときかに注目する

(2) 命題「$p \Longrightarrow q$」が真となるのは，$P \subset Q$ が成り立つときである。

$$-\frac{5}{2} \leqq 1-a \quad \cdots\cdots①$$

かつ $1+a \leqq \frac{5}{2}$ ……② 　かつ $a>0$

のときであり，①より $a \leqq \frac{7}{2}$，②より $a \leqq \frac{3}{2}$ となるので命題「$p \Longrightarrow q$」が真となる a の値の範囲は，$0<a \leqq \frac{3}{2}$

よって，求める a の最大値は

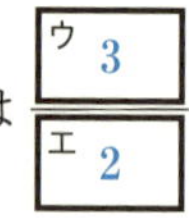

$\frac{{}^{ウ}3}{{}^{エ}2}$

STEP 3 $Q \subset P$ となるのはどのようなときかに注目する

命題「$q \Longrightarrow p$」が真となるのは，$Q \subset P$ が成り立つときである。

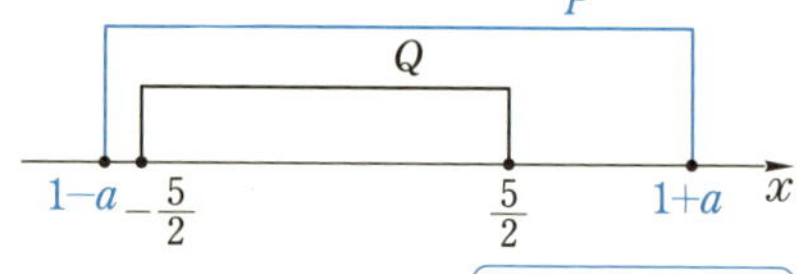

$$1-a \leqq -\frac{5}{2} \quad \cdots\cdots③$$

かつ $\frac{5}{2} \leqq 1+a$ ……④ 　かつ $a>0$

のときであり，③より $a \geqq \frac{7}{2}$，④より $a \geqq \frac{3}{2}$

となるので命題「$q \Longrightarrow p$」が真となる a の値の範囲は，

$$a \geqq \frac{7}{2}$$

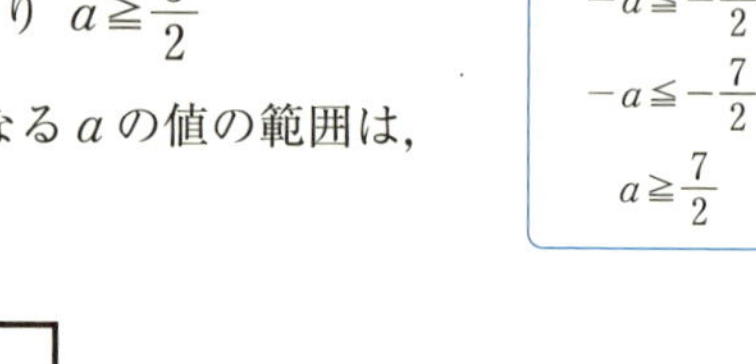

よって，求める a の最小値は $\frac{{}^{オ}7}{{}^{カ}2}$

! 条件 p，q について，

$$p : |x-1| \leqq a \qquad q : |x| \leqq \frac{5}{2}$$

として与えることもできる。

a を正の実数とするとき，$|A| \leqq a$ から $-a \leqq A \leqq a$ が成り立つので，条件 p について

$$|x-1| \leqq a \iff -a \leqq x-1 \leqq a \iff 1-a \leqq x \leqq 1+a$$

実戦問題 第4問

この問題のねらい

・式の特徴を見抜いて因数分解できる。(⇒ POINT 1)
・数と式の知識を総合的に応用できる。

解答 ▶ STEP 1 式の特徴を見抜いて因数分解をする

(1) $x^2y-y^3-x^2z$ の各項に共通な因数はないので，4つの項を2つずつに分けて考える。

〈⓪について〉

z を含む項が1つであり，因数分解できない。

〈①について〉

◀ POINT 1 を使う！

$x^2y-y^3-x^2z+xyz$
$=y(x^2-y^2)-xz(x-y)=y(x+y)(x-y)-xz(x-y)$
$=(x-y)\{y(x+y)-xz\}$
$=(x-y)(xy+y^2-xz)$

〈②について〉

$x^2y-y^3-x^2z+yz^2$
$=x^2y-x^2z-y^3+yz^2$ ◀ x^2 を含む項に注目
$=x^2(y-z)-y(y^2-z^2)=x^2(y-z)-y(y+z)(y-z)$
$=(y-z)\{x^2-y(y+z)\}$
$=(y-z)(x^2-y^2-yz)$

〈③について〉

$x^2y-y^3-x^2z+y^2z$
$=y(x^2-y^2)-z(x^2-y^2)=(x^2-y^2)(y-z)$
$=(x-y)(x+y)(y-z)$

〈④について〉

$x^2y-y^3-x^2z+z^3$
$=x^2y-x^2z-y^3+z^3=x^2(y-z)-(y^3-z^3)$
$=x^2(y-z)-(y-z)(y^2+yz+z^2)$
$=(y-z)(x^2-y^2-yz-z^2)$

よって，ア ③

STEP ❷ Pの式を決定する

(2) $P=x^2y-y^3-x^2z+y^2z$

$=(x-y)(x+y)(y-z)$

となる。

よって，［イ,ウ ⓪，④］

STEP ❸ 因数分解された式を利用して $P=0$ の判定をする

(3) $P=(x-y)(x+y)(y-z)=0$

となるのは $x-y=0$，$x+y=0$，$y-z=0$ のうちの少なくとも1つが成り立つときである。

⓪ $x-y\neq 0$，$x+y\neq 0$，$y-z\neq 0$

① $x-y\neq 0$，$x+y\neq 0$，$\boldsymbol{y-z=0}$

② $x-y\neq 0$，$x+y\neq 0$，$y-z\neq 0$

③ $x-y\neq 0$，$x+y\neq 0$，$y-z\neq 0$

④ $x-y\neq 0$，$\boldsymbol{x+y=0}$，$\boldsymbol{y-z=0}$

であるので，$P=0$ となるのは［エ,オ ①，④］

STEP ❹ 因数分解された式を利用して整数の解を求める

(4) x，y，zが自然数のとき，$x-y$，$x+y$，$y-z$は整数である。

$x+y>0$ であり，$x>y$ の条件から $x-y>0$ であるので，$P=23$ のときは，

$P=(x-y)(x+y)(y-z)>0$ から $y-z>0$

である。

よって，$x-y$，$x+y$，$y-z$は自然数であり，23の約数である。

23が素数であることから，これらのうち1つが23，残りは1となる。

$x+y>x-y$ であることから

$x+y=23$ ……①，$x-y=1$ ……②，$y-z=1$ ……③

に限られる。これらを解くと

①＋② より　$2x=24$　$x=12$

①－② より　$2y=22$　$y=11$

③より　$z=y-1=10$

したがって，　$x=$［カキ 12］，$y=$［クケ 11］，$z=$［コサ 10］

10 2次方程式の解

要点チェック!

2次方程式を因数分解を用いて解くことができない場合は，次の**解の公式**を利用します。

POINT 10

2次方程式 $ax^2+bx+c=0$ の解は

$$x=\frac{-b\pm\sqrt{b^2-4ac}}{2a}$$

2次方程式を $ax^2+bx+c=0$ の形にしてから係数 a，b，c を読みとって，公式に代入します。b が偶数（$b=2b'$）の場合，$x=\dfrac{-b'\pm\sqrt{b'^2-ac}}{a}$ となります。

解の公式は，2次方程式の係数に無理数が含まれる場合など，解を簡単に求めにくいときに利用できます。

なお，$ax^2+bx+c=0$（$a\neq0$）において $D=b^2-4ac$ を**判別式**といい，

$$\begin{cases} D>0 \text{ のとき　異なる2つの実数解をもつ} \\ D=0 \text{ のとき　1つの実数解（重解）をもつ} \\ D<0 \text{ のとき　実数解をもたない} \end{cases}$$

となります。

10-A 解答 ▸ STEP 1 係数を読みとって解の公式に代入する

$4x^2+\sqrt{10}x-5=0$ の解は，解の公式より

$$x=\frac{-\sqrt{10}\pm\sqrt{(\sqrt{10})^2-4\cdot4\cdot(-5)}}{2\cdot4}$$

$$=\frac{-\sqrt{10}\pm3\sqrt{10}}{8}$$

解の公式で $\begin{cases} a=4 \\ b=\sqrt{10} \\ c=-5 \end{cases}$

$x>0$ より

$$x=\frac{-\sqrt{10}+3\sqrt{10}}{8}=\frac{2\sqrt{10}}{8}=\frac{\sqrt{\boxed{\text{アイ }10}}}{\boxed{\text{ウ }4}}$$

10-B 解答 ▶ STEP 1 解の公式を利用する

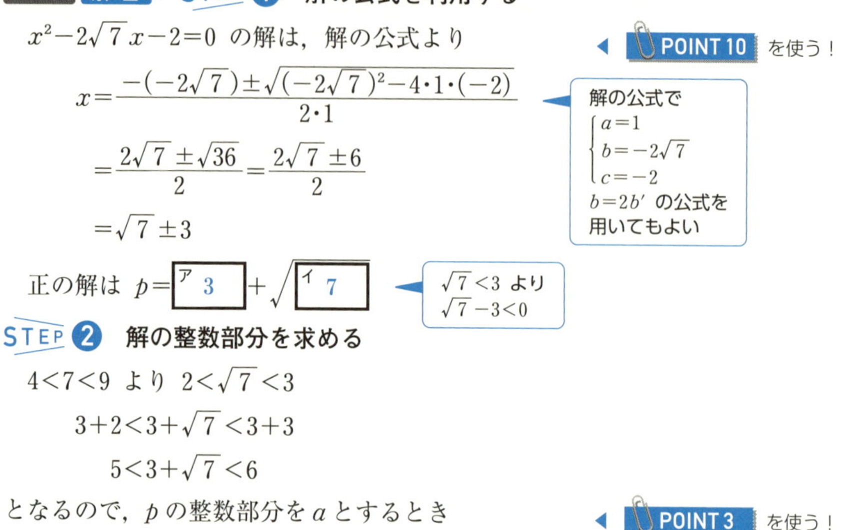

$x^2-2\sqrt{7}x-2=0$ の解は，解の公式より ◀ POINT 10 を使う！

$$x=\frac{-(-2\sqrt{7})\pm\sqrt{(-2\sqrt{7})^2-4\cdot1\cdot(-2)}}{2\cdot1}$$

$$=\frac{2\sqrt{7}\pm\sqrt{36}}{2}=\frac{2\sqrt{7}\pm6}{2}$$

$$=\sqrt{7}\pm3$$

解の公式で $\begin{cases}a=1\\b=-2\sqrt{7}\\c=-2\end{cases}$ $b=2b'$ の公式を用いてもよい

正の解は $p=$ ア 3 $+\sqrt{\text{イ }7}$

$\sqrt{7}<3$ より $\sqrt{7}-3<0$

STEP 2 解の整数部分を求める

$4<7<9$ より $2<\sqrt{7}<3$

$$3+2<3+\sqrt{7}<3+3$$

$$5<3+\sqrt{7}<6$$

となるので，p の整数部分を a とするとき ◀ POINT 3 を使う！

$a=$ ウ 5

11 絶対値記号を含む方程式

要点チェック！

絶対値記号を含む方程式の問題では，場合分けをして絶対値記号をはずした方程式をつくって解きます。例えば，$|f(x)|$ を含む方程式は

$f(x)\geqq0$ を満たす x の範囲と，$f(x)<0$ を満たす x の範囲

とに分けて扱うことになります。

POINT 11

$|A|$ を含む方程式は

(i) $\boldsymbol{A\geqq0}$ を満たす x の範囲で，
$|\boldsymbol{A}|=\boldsymbol{A}$ とした方程式を解く

(ii) $\boldsymbol{A<0}$ を満たす x の範囲で，
$|\boldsymbol{A}|=-\boldsymbol{A}$ とした方程式を解く

絶対値記号をはずした方程式をつくり，場合分けに適する解を求めましょう。

11-A 解答 ▸ STEP 1 場合分けをする

$$|x-3|=\begin{cases} x-3 & (x-3\geqq 0 \text{ すなわち } x\geqq 3 \text{ のとき}) \\ -(x-3) & (x-3<0 \text{ すなわち } x<3 \text{ のとき}) \end{cases}$$

STEP 2 $x-3\geqq 0$ のときの解を求める

(i) $x\geqq 3$ のとき，$|x-3|=x-3$

(*)は $x-3=2x-1$　これを解いて $x=-2$

これは $x\geqq 3$ を満たさないので不適。

STEP 3 $x-3<0$ のときの解を求める

(ii) $x<3$ のとき，$|x-3|=-(x-3)$

(*)は $-(x-3)=2x-1$　これを解いて $x=\frac{4}{3}$

これは $x<3$ に適する。

よって，(i)，(ii)より $x=\frac{\boxed{ア\ 4}}{\boxed{イ\ 3}}$

11-B 解答 ▸ STEP 1 場合分けをする

$$|x-6|=\begin{cases} x-6 & (x-6\geqq 0 \text{ すなわち } x\geqq 6 \text{ のとき}) \\ -(x-6) & (x-6<0 \text{ すなわち } x<6 \text{ のとき}) \end{cases}$$

STEP 2 $x-6\geqq 0$ のときの解を求める

(i) $x\geqq 6$ のとき，方程式は $(x+2)(x-6)=9$　◀ POINT 11 を使う！

$x^2-4x-21=0$　$(x+3)(x-7)=0$

$x=-3,\ 7$

$x\geqq 6$ を満たすのは $x=7$　◀ $x=-3$ は不適

STEP 3 $x-6<0$ のときの解を求める

(ii) $x<6$ のとき，方程式は $(x+2)\cdot\{-(x-6)\}=9$　◀ POINT 11 を使う！

$-x^2+4x+12=9$　$x^2-4x-3=0$

解の公式より $x=2\pm\sqrt{7}$ となる。◀ 解が場合分けの範囲に適するかどうかに注意

ここで，$2<\sqrt{7}<3$ より

$4<2+\sqrt{7}<5$

となり，$2-\sqrt{7}$，$2+\sqrt{7}$ はともに $x<6$ を満たす。

(i)，(ii)より求める x の値は

$\boxed{ア\ 2}-\sqrt{\boxed{イ\ 7}}$ または $\boxed{ウ\ 2}+\sqrt{\boxed{エ\ 7}}$ または $\boxed{オ\ 7}$

第2章 2次関数

12 放物線の頂点の座標

要点チェック!

因数分解の公式 $x^2-2px+p^2=(x-p)^2$ を参考にして $x^2-2px=(x-p)^2-p^2$ と変形することを**平方完成**といい，2次関数のグラフ(放物線)の頂点の座標を求めるときに使います。

例えば，$y=x^2-6x$ を $y=(x-3)^2-9$ と変形すると，$y=x^2-6x$ のグラフの頂点の座標が $(3,\ -9)$ であるとわかります。

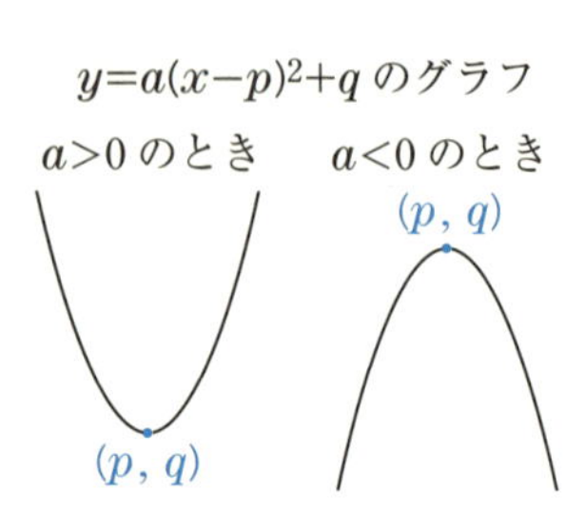

POINT 12

(i) 2次関数 $y=a(x-p)^2+q$ のグラフの**頂点の座標は $(p,\ q)$**

(ii) 2次関数の式が $y=ax^2+bx+c$ で与えられているときは，
$x^2-2px=(x-p)^2-p^2$ を用いて変形する

2次関数のグラフの問題では，「頂点」をグラフ全体の代表としてとらえて，頂点に注目して考えていくことがよくあります。

12-A のように，x^2 の係数が1以外のときは，はじめに式の中に x^2-2px の部分をつくるようにします。逆に，頂点 $(p,\ q)$ の座標がわかっているときは，$y=a(x-p)^2+q$ の形で式をつくり展開すると，$y=ax^2+bx+c$ の形になります。

12-A 解答 ▶ STEP 1 **平方完成をする**

$$\begin{aligned} y&=4(x^2-2x)+6 \\ &=4\{(x-1)^2-1\}+6 \\ &=4(x-1)^2-4+6 \\ &=4(x-1)^2+2 \end{aligned}$$

x^2 の係数4でくくり
$4x^2-8x$ の部分を
$4(x^2-2x)$ とする

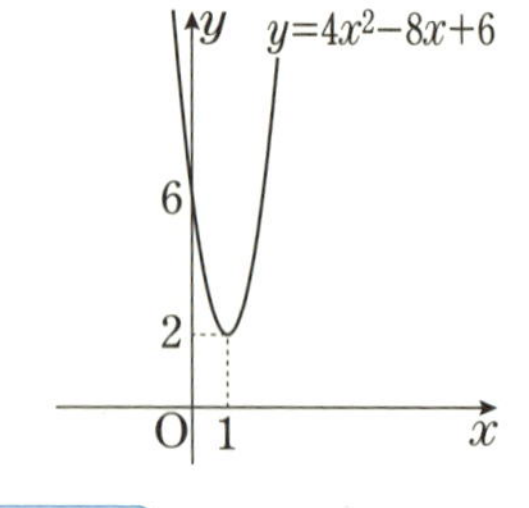

STEP 2 **頂点の座標を読みとる**

頂点の座標は（ア 1 ，イ 2 ）

$x=1$ を代入すると
$y=2$

である。グラフは右上図のようになる。

12-B 解答 ▶ STEP 1 頂点の座標を求める

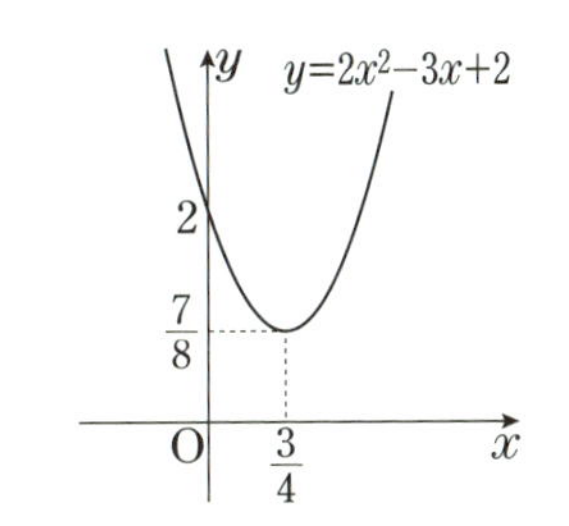

$$y=2x^2-3x+2$$
$$=2\left(x^2-\frac{3}{2}x\right)+2$$
◀ POINT 12 を使う！
$$=2\left\{\left(x-\frac{3}{4}\right)^2-\frac{9}{16}\right\}+2$$
$$=2\left(x-\frac{3}{4}\right)^2+\frac{7}{8}$$

より，頂点の座標は $\left(\frac{\boxed{ア\ 3}}{\boxed{イ\ 4}},\ \frac{\boxed{ウ\ 7}}{\boxed{エ\ 8}}\right)$

STEP 2 頂点の座標から放物線の式をつくる

平行移動によって，頂点は $\left(\frac{3}{4}+1,\ \frac{7}{8}-4\right)$ より ◀ POINT 14 を使う！

$\left(\frac{7}{4},\ -\frac{25}{8}\right)$ に移るので，求める放物線の方程式は

$$y=2\left(x-\frac{7}{4}\right)^2-\frac{25}{8}$$

x^2 の係数 a，頂点の座標 $(p,\ q)$ の放物線の方程式は
$y=a(x-p)^2+q$

よって，$y=2x^2-\boxed{オ\ 7}x+\boxed{カ\ 3}$

13 放物線の頂点の y 座標

要点チェック！

2 次関数のグラフ（放物線）と x 軸との共有点の個数の関係をグラフの頂点の y 座標の符号でとらえることができます。とくに，グラフが x 軸と接するとき（共有点が 1 つのとき），頂点の y 座標は 0 となります。

(x^2 の係数)>0 のとき

x 軸との共有点 2 個

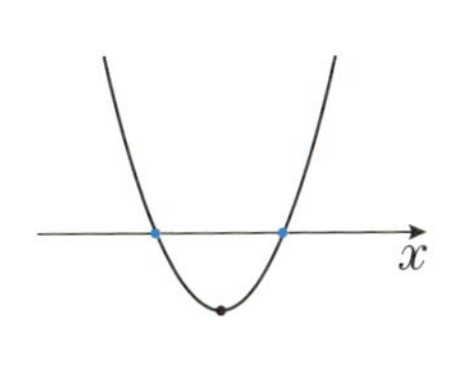

(頂点の y 座標)<0 のとき

x 軸と接する

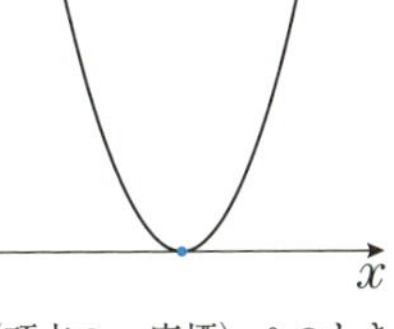

(頂点の y 座標)=0 のとき

x 軸との共有点なし

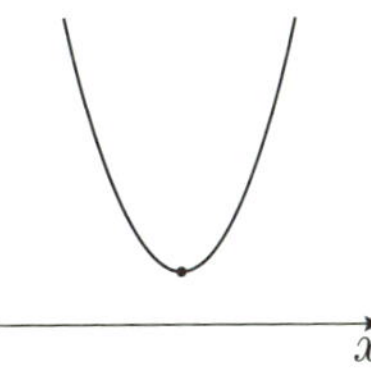

(頂点の y 座標)>0 のとき

POINT 13

2次関数のグラフが x 軸に接するとき，(頂点の y 座標)$=0$

2次関数のグラフと x 軸の位置関係について式をつくるときは，頂点の y 座標を利用しましょう。

13-A 解答 ▶ STEP 1 頂点の座標を求める

2次関数 $y=-2x^2-4x+a$ のグラフを C とする。

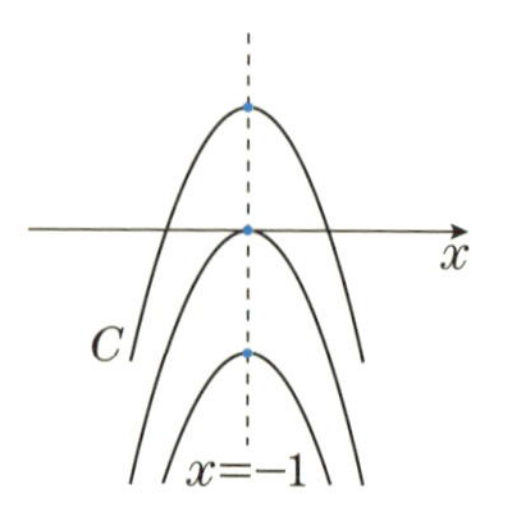

$$y=-2(x^2+2x)+a$$
$$=-2\{(x+1)^2-1\}+a$$
$$=-2(x+1)^2+2+a$$

◀ x^2 の係数は -2 で負の数

より C は頂点の座標が $(-1,\ a+2)$ で，上に凸の放物線である。

STEP 2 頂点の y 座標を利用して式をつくる

C が x 軸に接するとき，(頂点の y 座標)$=0$ より

$$a+2=0$$

よって，$a=$ [アイ -2]

13-B 解答 ▶ STEP 1 頂点の座標を求める

$$y=-2x^2+ax+b \quad \cdots\cdots①$$

◀ x^2 の係数が負より C は上に凸の放物線

$$=-2\left(x^2-\frac{a}{2}x\right)+b$$
$$=-2\left\{\left(x-\frac{a}{4}\right)^2-\frac{a^2}{16}\right\}+b$$

◀ x^2-2px $=(x-p)^2-p^2$ で $p=\frac{a}{4}$ のとき

$$=-2\left(x-\frac{a}{4}\right)^2+\frac{a^2}{8}+b$$

C の頂点の座標は $\left(\dfrac{a}{\boxed{ア\ 4}},\ \dfrac{a^2}{\boxed{イ\ 8}}+b\right)$ である。

C が点 $(3,\ -8)$ を通るとき

$$-8=-2\cdot3^2+a\cdot3+b$$

◀ ①で，$x=3$，$y=-8$ を代入

$b=$ [ウエ -3] $a+10 \quad \cdots\cdots②$

STEP 2 頂点の y 座標を利用して式をつくる

C が x 軸に接するとき，（頂点の y 座標）$=0$ より

◀ POINT 13 を使う！

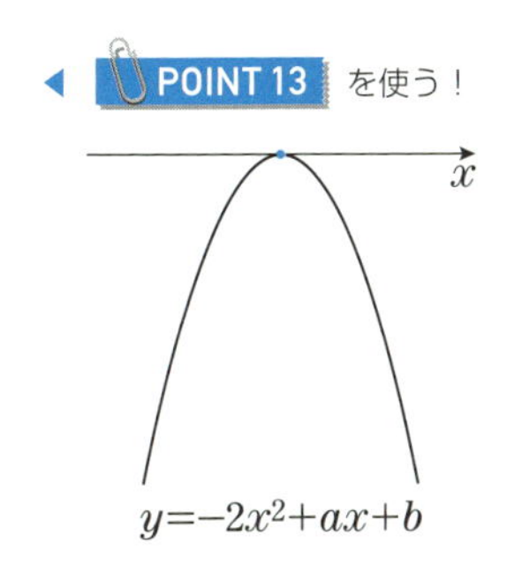

$$\frac{a^2}{8}+b=0$$

これに②を代入して

$$\frac{a^2}{8}-3a+10=0$$

$$a^2-24a+80=0$$

$$(a-4)(a-20)=0$$

よって，$a=$ オ 4 または $a=$ カキ 20

14 放物線の平行移動・対称移動

要点チェック！

x^2 の係数が a，頂点の座標が $(p,\ q)$ である放物線の方程式は $y=a(x-p)^2+q$ となります。よって，放物線の方程式を求めることは，a，p，q の値（x^2 の係数とグラフの頂点の座標）を定めることと考えられます。

放物線の平行移動，対称移動では，グラフの形状は変わらないので，頂点の移動先に注目します。頂点の移動先の座標を求めることができれば，p，q の値はわかるので，グラフ全体の移動として扱わなくてもすみます。

POINT 14

放物線（2次関数のグラフ）を平行移動，対称移動するときは，頂点の移動先に注目する

ただし，x 軸に関する対称移動では，上に凸か下に凸かの形状が変わるので，x^2 の係数の符号の変化に注意が必要となります。

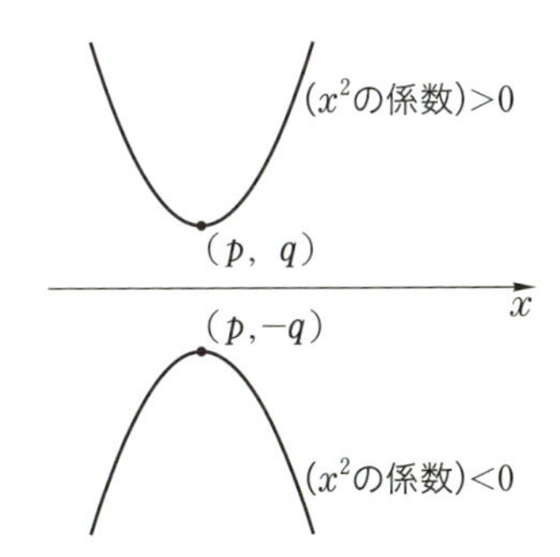

14-A 解答 ▶ STEP 1 頂点の y 軸に関して対称な点に注目する

Cの式は $y=(x+1)^2-4$ となり，頂点は $(-1,\ -4)$

Cを y 軸に関して対称移動した放物線は頂点が $(1,\ -4)$ に移るので，その方程式は

$$y=(x-1)^2-4 \text{ より } y=x^2-\boxed{ア\ 2}x-\boxed{イ\ 3}$$

STEP 2 頂点の x 軸に関して対称な点に注目する

Cを x 軸に関して対称移動した放物線は頂点が $(-1,\ 4)$ に移り，x^2 の係数が -1 となるので，その方程式は

下に凸から上に凸に変わる

$$y=-(x+1)^2+4 \text{ より } y=-x^2-\boxed{ウ\ 2}x+\boxed{エ\ 3}$$

14-B 解答 ▶ STEP 1 頂点を追跡する

$$y=x^2-4ax+4a^2-4a-3b+9$$
$$=(x-2a)^2-4a-3b+9$$

よりCは頂点の座標が $(2a,\ -4a-3b+9)$ の放物線である。

◀ POINT 14 を使う！

Cを y 軸方向に -3 だけ平行移動すると

頂点は $(2a,\ -4a-3b+6)$

に移動する。

$(-4a-3b+9)-3$
$=-4a-3b+6$

さらに，x 軸に関して対称移動すると，

頂点は $(2a,\ -(-4a-3b+6))$

に移動する。

点 $(p,\ q)$ を x 軸に関して対称移動した点は $(p,\ -q)$

STEP 2 2つの頂点が一致するような a，b を求める

$$y=-x^2+8x+1$$
$$=-(x-4)^2+17$$

より，移動後の頂点の座標は $(4,\ 17)$ であるから

$$\begin{cases} 2a=4 & (x\text{座標}) \\ -(-4a-3b+6)=17 & (y\text{座標}) \end{cases}$$

これらを解くと $a=\boxed{ア\ 2}$，$b=\boxed{イ\ 5}$

別解 ▶ 移動後の頂点の座標 $(4,\ 17)$ を x 軸に関して対称移動すると $(4,\ -17)$ である。これを y 軸方向に3だけ平行移動すると $(4,\ -14)$ である。

Cの頂点の座標は $(2a,\ -4a-3b+9)$ であるから，

$2a=4$，$-4a-3b+9=-14$ より $a=2$，$b=5$

15 2次不等式とグラフ

要点チェック!

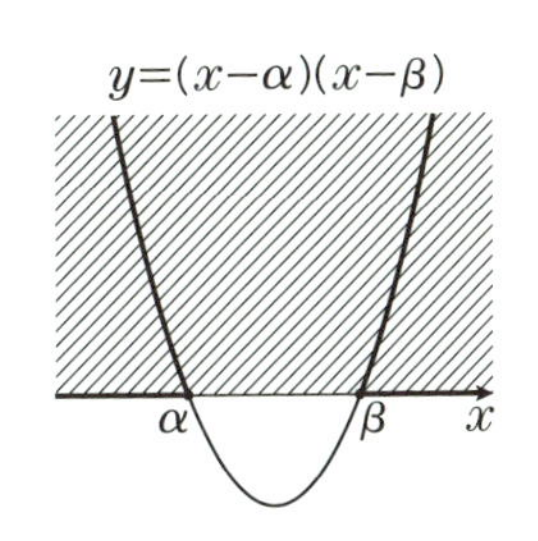

2次不等式 $(x-\alpha)(x-\beta)\geqq 0$ を解くことは $y=(x-\alpha)(x-\beta)$ のグラフの $y\geqq 0$ の部分の x のとる値の範囲を求めることであり視覚化できます。

$\alpha<\beta$ のとき，$y\geqq 0$ の部分の x の範囲を右図から読みとると

$x\leqq\alpha$，$\beta\leqq x$

となります。

この α，β は2次方程式 $(x-\alpha)(x-\beta)=0$ の解であり，2次不等式を解く過程で，2次方程式を解くことになります。

POINT 15

$\alpha<\beta$ とする。

(i) 2次不等式 $(x-\alpha)(x-\beta)\geqq 0$ の解は，$\boldsymbol{x\leqq\alpha}$，$\boldsymbol{\beta\leqq x}$

(ii) 2次不等式 $(x-\alpha)(x-\beta)<0$ の解は，$\boldsymbol{\alpha<x<\beta}$

2次不等式は，グラフと結びつけることで視覚化して解きましょう。

15-A 解答 ▶ STEP 1 $y=x^2-4x+3$ のグラフの $y\geqq 0$ の部分を読みとる

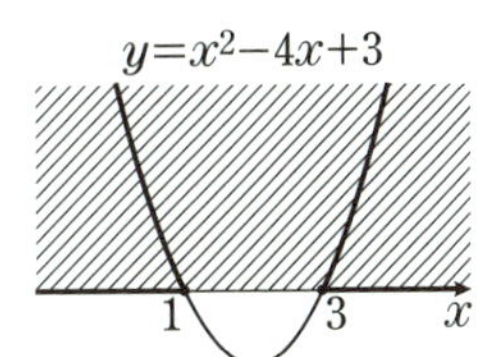

$x^2-4x+3\geqq 0$

$(x-1)(x-3)\geqq 0$

よって，$x\leqq$ [ア 1]，[イ 3] $\leqq x$

STEP 2 $y=6x^2+11x-10$ のグラフの $y\leqq 0$ の部分を読みとる

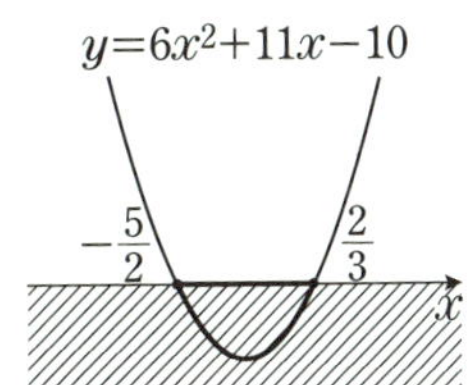

$6x^2+11x-10\leqq 0$

$(2x+5)(3x-2)\leqq 0$

よって，$\dfrac{[\text{ウエ } -5]}{[\text{オ } 2]}\leqq x\leqq\dfrac{[\text{カ } 2]}{[\text{キ } 3]}$

15-B 解答 ▶ STEP 1 グラフと x 軸の共有点の x 座標に注目する

(1) $(x-1)(x-5)<4$ のとき $x^2-6x+1<0$ ◀ 右辺が0の不等式とする

$y=x^2-6x+1$ のグラフと x 軸との共有点の x 座標は

$x^2-6x+1=0$ より $x=3\pm2\sqrt{2}$ ◀ 解の公式

$y=x^2-6x+1$ のグラフの $y<0$ の部分を求めると， ◀ POINT 15 を使う！

$3-2\sqrt{2}<x<3+2\sqrt{2}$

よって，$\alpha=$ ア 3 $-$ イ 2 $\sqrt{\text{ウ } 2}$，$\beta=3+2\sqrt{2}$

STEP 2 不等式の解をグラフと関連づける

(2) $y=x^2+(a+2)x+a^2-24$ のグラフが右下図のようになるので，グラフは点 $(-2,\ 0)$ を通る。 ◀ POINT 15 を使う！

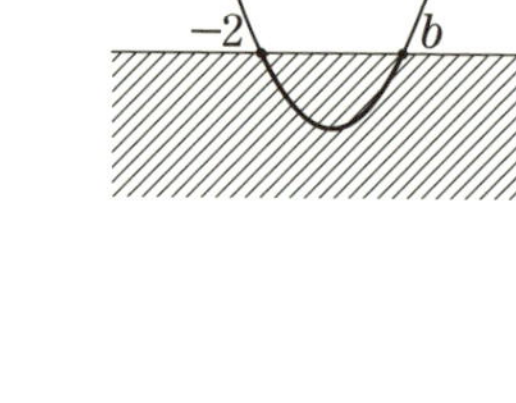

$(-2)^2+(a+2)\cdot(-2)+a^2-24=0$

$a^2-2a-24=0$ $(a+4)(a-6)=0$ $a=-4,\ 6$

$a=-4$ のとき，不等式は $x^2-2x-8\leqq0$

$(x+2)(x-4)\leqq0$ より $-2\leqq x\leqq4$

このとき $b=4$

$a=6$ のとき，不等式は $x^2+8x+12\leqq0$

$(x+2)(x+6)\leqq0$ より $-6\leqq x\leqq-2$

となり適する b の値はない。

以上により $a=$ エオ -4，$b=$ カ 4

別解 ▶ $(x+2)(x-b)\leqq0$ ……① かつ $b\geqq-2$

$x^2+(a+2)x+a^2-24\leqq0$ ……②

とおいて，①，②の左辺の係数を比較してもよい。

16 2次不等式のいいかえ

要点チェック！

不等式 $x^2+px+q>0$ の解は，$y=x^2+px+q$ のグラフの $y>0$ の部分を x の範囲で答えたものと考えられます。すべての実数 x で $x^2+px+q>0$ となるとき，グラフ全体が $y>0$ の部分にあるので右図のようになります。この状況を式で表すには，

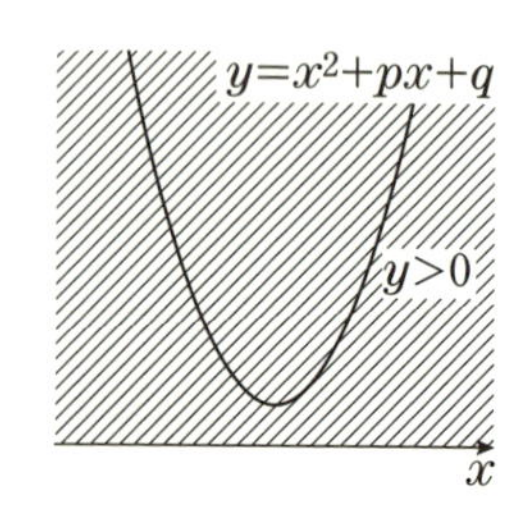

(i) 頂点に注目して「**(最小値)>0**」

(ii) x 軸との共有点に注目して「$\boldsymbol{x^2+px+q=0}$ **の実数解なし**」

の2通りが考えられます。

すべての実数xについて $x^2+px+q>0$ のとき,

(i) **($\boldsymbol{x^2+px+q}$ の最小値)>0**

(ii) $\boldsymbol{x^2+px+q=0}$ **は実数解をもたない**

すべての実数xについて成り立つ不等式の問題では，設定に応じて(i)，(ii)のうち，あてはめやすい方を利用しましょう。

16-A 解答 ▶ STEP 1 不等式を最小値やグラフと結びつけて考える

$y=x^2-4x+5$ のグラフは $y=(x-2)^2+1$ より頂点$(2,\ 1)$の放物線である。最小値が1であり，グラフは $y>0$ の部分にあるので，xの値によらず，$x^2-4x+5>0$ が成り立つ。このことから，

不等式 $x^2-4x+5>0$ の解はすべての実数x （ア ④）

不等式 $x^2-4x+5<0$ の解は解なし （イ ⑤）

16-B 解答 ▶

(解法 i) **STEP 1 不等式の問題を最大・最小の問題として扱う**

すべての実数xについて $x^2+mx+3m-5>0$ のとき

$(x^2+mx+3m-5$ の最小値$)>0$ ◀ POINT 16 を使う！

である。

$x^2+mx+3m-5=\left(x+\frac{m}{2}\right)^2-\frac{m^2}{4}+3m-5$ より

$-\frac{m^2}{4}+3m-5>0$ ◀ 最小値 $-\frac{m^2}{4}+3m-5$

m^2- アイ 12 $m+$ ウエ 20 <0 ◀ 両辺に負の数-4をかけたので不等号の向きが変わる

$(m-2)(m-10)<0$

よって，オ 2 $<m<$ カキ 10

（解法 ii）STEP 2 **グラフを利用して，方程式の問題として扱う**

$y=x^2+mx+3m-5$ のグラフが，x の値によらず $y>0$ の部分にあり，グラフは x 軸と共有点をもたない。

よって，

$x^2+mx+3m-5=0$ は実数解をもたない　◀ POINT 16 を使う！

ので，判別式を D とすると

$D=m^2-4\cdot1\cdot(3m-5)<0$

$ax^2+bx+c=0$ $(a\neq0)$ において
$D=b^2-4ac$ を判別式といい，
$D<0$ のとき実数解をもたない

より

m^2- [アイ 12] $m+$ [ウエ 20] <0

$(m-2)(m-10)<0$

したがって，[オ 2] $<m<$ [カキ 10]

17 2次関数の最大・最小

要点チェック！

2次関数の最大値と最小値は，y 座標が最大，最小となる点に注目して求めます。2次関数のグラフは放物線であり，与えられた x のとる値の範囲（定義域）で，y 座標が最大，最小となる点は頂点または端点となります。

POINT 17

2次関数の最大値・最小値は，**グラフの頂点・端点の y 座標**に注目して求める

最大値・最小値を求める問題では，グラフの頂点の座標を求めて，グラフの概形をかき，x のとる値の範囲（端点）をグラフにかき込みましょう。

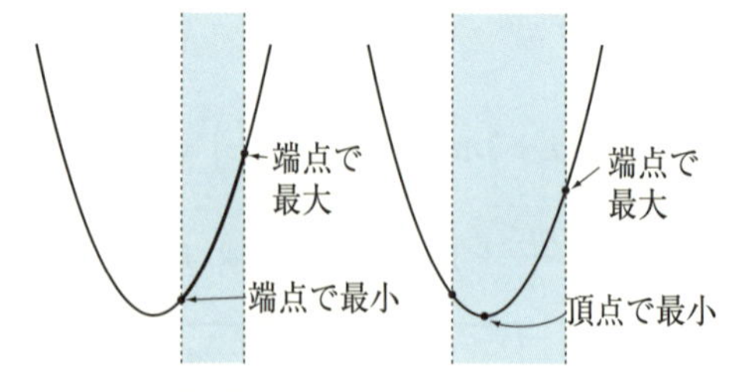

このときかくグラフは，最大，最小となる点が頂点，端点のいずれかを調べるためのものなので，メモ程度でかまいません。

17-A **解答** ▶ STEP ❶ **グラフの概形と x のとる値の範囲をかく**

$$y=-x^2+3x+1=-(x^2-3x)+1$$

$$=-\left\{\left(x-\frac{3}{2}\right)^2-\frac{9}{4}\right\}+1=-\left(x-\frac{3}{2}\right)^2+\frac{13}{4}$$

グラフの概形と x のとる値の範囲は図のようになる。

STEP ❷ **頂点と端点に注目して最大値・最小値を求める**

$-8\leqq x\leqq 10$ のとき，頂点の $x=\dfrac{3}{2}$ で最大値 $\dfrac{\boxed{アイ\ 13}}{\boxed{ウ\ 4}}$

端点の $x=-8$ で最小値 $-(-8)^2+3\cdot(-8)+1=\boxed{エオカ\ -87}$

17-B **解答** ▶ STEP ❶ **a の値，交点の座標を求める**

$C：y=(a^2+1)x^2+(2a-3)x-3$ ……①

C が点 $(-1,\ 0)$ を通るとき

$0=(a^2+1)\cdot(-1)^2+(2a-3)\cdot(-1)-3$ ◀ ①で，$x=-1$，$y=0$ を代入

$a^2-2a+1=0$ $(a-1)^2=0$

よって，$a=\boxed{ア\ 1}$

このとき，①は $y=2x^2-x-3$ ……②

$y=0$ とおくと $2x^2-x-3=0$ ◀ x 軸上の点は $y=0$

$(x+1)(2x-3)=0$ $x=-1,\ \dfrac{3}{2}$

よって，x 軸との交点は $(-1,\ 0)$ と $\left(\dfrac{\boxed{イ\ 3}}{\boxed{ウ\ 2}},\ 0\right)$

STEP ❷ **頂点と端点に注目して最大値・最小値を求める**

②より $y=2\left(x-\dfrac{1}{4}\right)^2-\dfrac{25}{8}$

グラフ C は図のようになり $0\leqq x\leqq 3$ のとき，

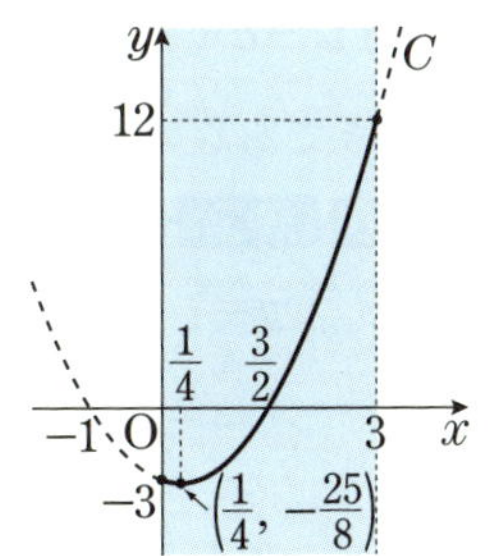

頂点の $x=\dfrac{1}{4}$ で最小値 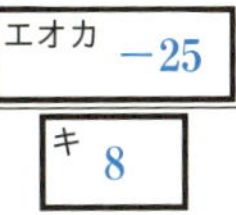 $\dfrac{\boxed{エオカ\ -25}}{\boxed{キ\ 8}}$ ◀ 

を使う！

端点の $x=3$ で最大値 $2\cdot3^2-3-3=\boxed{クケ\ 12}$

18 最大・最小の場合分け

要点チェック!

2次関数の最大・最小では，グラフの頂点，端点が最大値・最小値をとる点の候補となります。

$y=x^2+ax+a^2-1$ のように係数や定数に変数が含まれるときは，頂点，端点のうち，どの点で最大（または最小）となるかで場合分けを行うことになります。x のとり得る値の範囲に頂点が含まれる場合と含まれない場合を考えましょう。

POINT 18

係数に変数を含む2次関数の最大・最小では，x のとり得る値の範囲に頂点が含まれる場合，含まれない場合の図をつくって場合分けをする

最大・最小の場合分けの問題では，はじめにメモ程度の図をつくってから詳細を考えていくようにしましょう。

18-A 解答 ▶ STEP 1 最小値をとるときの候補を考える

$f(x)=\{x+(a-1)\}^2-(a-1)^2$ より $y=f(x)$ のグラフの頂点は $(-a+1,\ -(a-1)^2)$

最小値は

頂点の y 座標 $f(-a+1)$，端点の y 座標 $f(-1)$，端点の y 座標 $f(1)$

のいずれかである。

STEP 2 頂点で最小となるときの図をかく

頂点で最小となる場合は，右図より，頂点が $-1\leqq x\leqq 1$ に含まれるときである。

$-1\leqq -a+1\leqq 1$ より $\boxed{ア\ 0}\leqq a\leqq \boxed{イ\ 2}$

のときである。

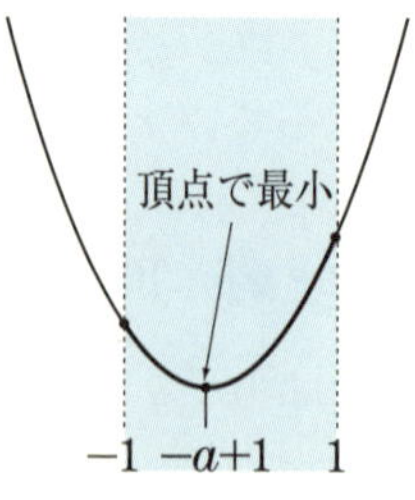

18-B 解答 ▶ STEP 1 頂点の座標を求める

(1)
$$y=-4x^2+4(a-1)x-a^2=-4\{x^2-(a-1)x\}-a^2$$
$$=-4\left(x-\frac{a-1}{2}\right)^2+4\cdot\frac{(a-1)^2}{4}-a^2=-4\left(x-\frac{a-1}{2}\right)^2-2a+1$$

より，頂点 $\left(\dfrac{a-1}{\boxed{ア\ 2}},\ \boxed{イウ\ -2}\,a+\boxed{エ\ 1}\right)$

STEP 2 頂点と端点に注目して場合分けをする

(2) $a>1$ のとき $\frac{a-1}{2}>0$ より頂点の x 座標は正。

・頂点が $0<x\leqq1$ の範囲にあるとき ◀ POINT 18 を使う！

$0<\frac{a-1}{2}\leqq1$ より $1<a\leqq$ [オ 3] のとき

頂点の $x=\frac{a-1}{2}$ で

最大値 [カキ −2] $a+$ [ク 1]

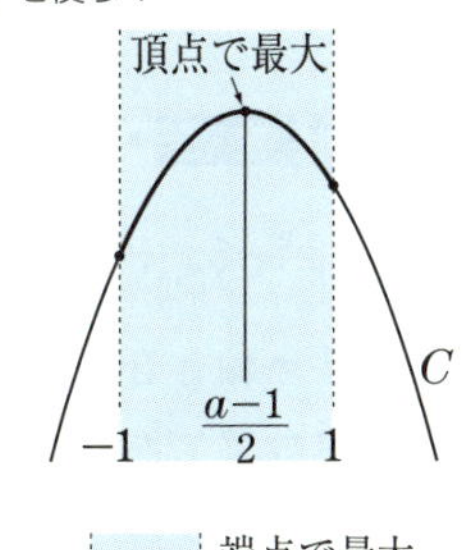

・頂点が $1<x$ の範囲にあるとき ◀ 頂点が $-1\leqq x\leqq1$ にないとき

$1<\frac{a-1}{2}$ より $a>3$ のとき

端点の $x=1$ で

最大値 $-4\cdot1^2+4(a-1)\cdot1-a^2$

$=-a^2+$ [ケ 4] $a-$ [コ 8]

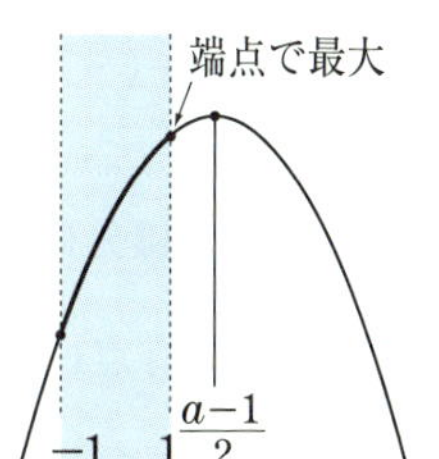

19 放物線と x 軸の2交点間の長さ

要点チェック!

$y=ax^2+bx+c$ $(a\neq0)$ のグラフと x 軸 $(y=0)$ との共有点の x 座標は $ax^2+bx+c=0$ ……① の実数解となります。

①の判別式を $D=b^2-4ac$ とすると，$D>0$ のとき，$y=ax^2+bx+c$ のグラフは x 軸と2点で交わります。このとき，①の実数解は2次方程式の解の公式から $x=\frac{-b\pm\sqrt{D}}{2a}$ となり，2つの共有点の座標は $\left(\frac{-b+\sqrt{D}}{2a},\ 0\right)$，$\left(\frac{-b-\sqrt{D}}{2a},\ 0\right)$ となります。

POINT 19

$y=ax^2+bx+c$ のグラフと x 軸 $(y=0)$ との共有点の x 座標は $ax^2+bx+c=0$ の実数解

放物線がx軸から切り取る線分の長さを求めるときは，2つの共有点$(\alpha,\ 0)$，$(\beta,\ 0)$を求めて$\alpha-\beta$を計算しましょう。($\alpha>\beta$のとき)

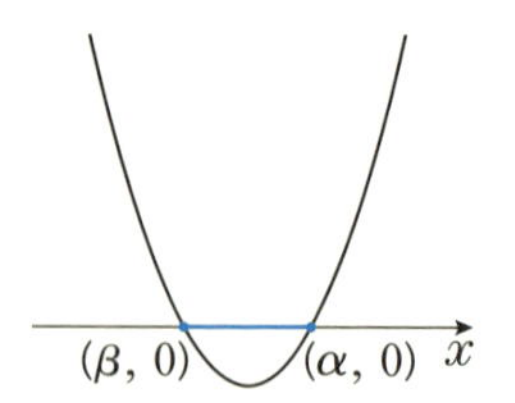

19-A 解答 ▶ STEP 1　共有点のx座標を求める

$y=x^2-5x+\dfrac{3}{4}$ のグラフをGとし，$x^2-5x+\dfrac{3}{4}=0$ ……① とする。

Gはx軸と2点で交わる。共有点のx座標は①の2つの実数解であり，解の公式から，

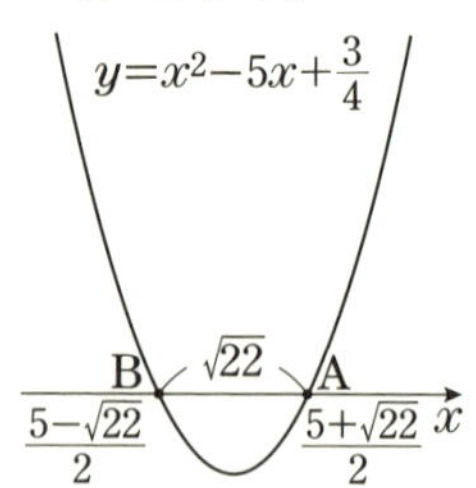

$$x=\frac{-(-5)\pm\sqrt{(-5)^2-4\cdot1\cdot\frac{3}{4}}}{2}=\frac{5\pm\sqrt{22}}{2}$$

STEP 2　線分の長さを求める

2つの共有点は $A\left(\dfrac{5+\sqrt{22}}{2},\ 0\right)$，$B\left(\dfrac{5-\sqrt{22}}{2},\ 0\right)$ で，

◀ AとBは逆でもよい

$$AB=\frac{5+\sqrt{22}}{2}-\frac{5-\sqrt{22}}{2}=\sqrt{\boxed{\text{アイ}\ 22}}$$

19-B 解答 ▶ STEP 1　交点（共有点）のx座標を求める

xについての2次方程式 $x^2+bx+2b-6=0$ ……① において，判別式をDとすると，

$$D=b^2-4\cdot1\cdot(2b-6)=b^2-8b+24=(b-4)^2+8>0$$

となり，①はbの値によらず，相異なる2つの実数解をもつ。

(＊)のグラフとx軸との交点のx座標は①の実数解なので，R，Sのx座標は解の公式より

◀ POINT 19 を使う！

$$x=\frac{-b\pm\sqrt{b^2-8b+24}}{2}$$

◀ 解は $x=\dfrac{-b\pm\sqrt{D}}{2}$

STEP 2　線分の長さを求める

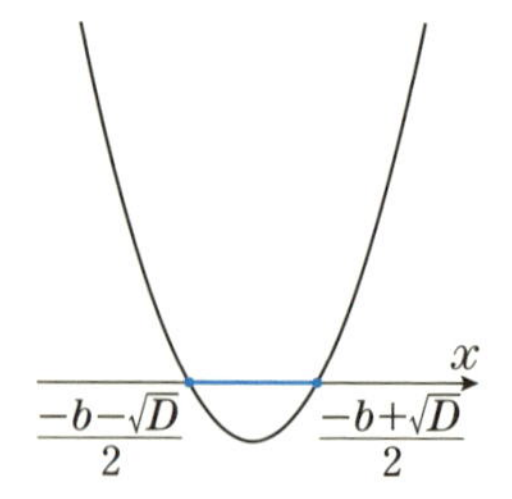

$$RS=\frac{-b+\sqrt{b^2-8b+24}}{2}-\frac{-b-\sqrt{b^2-8b+24}}{2}$$
$$=\sqrt{b^2-8b+24}$$

$RS\leqq2\sqrt{6}$ のとき

$\sqrt{b^2-8b+24}\leqq2\sqrt{6}$　　$b^2-8b+24\leqq24$　　$b^2-8b\leqq0$

$b(b-8)\leqq0$

したがって，$\boxed{{}^{ア}\ 0} \leqq b \leqq \boxed{{}^{イ}\ 8}$

20 2次方程式の実数解の配置

要点チェック!

2次方程式の係数に変数が含まれていて，解の正負や個数などの条件がある場合には，2次方程式の解を直接に扱うことは困難となります。2次方程式の実数解を2次関数のグラフとx軸の共有点のx座標として扱うことで，実数解の範囲についての条件を，頂点や端点の座標を用いて考えていくことができます。

POINT 20

2次方程式の解に正，負などの条件があるときはグラフを利用する

グラフとx軸の共有点のx座標についての条件を，グラフの頂点，端点の条件として，いいかえましょう。

20-A 解答 ▶ STEP 1 頂点と端点のx座標，y座標を利用する

$f(x)=x^2+px+q$ とすると

$$f(x)=\left(x+\frac{p}{2}\right)^2-\frac{p^2}{4}+q$$

$y=f(x)$ のグラフの頂点は$\left(-\dfrac{p}{2},\ -\dfrac{p^2}{4}+q\right)$

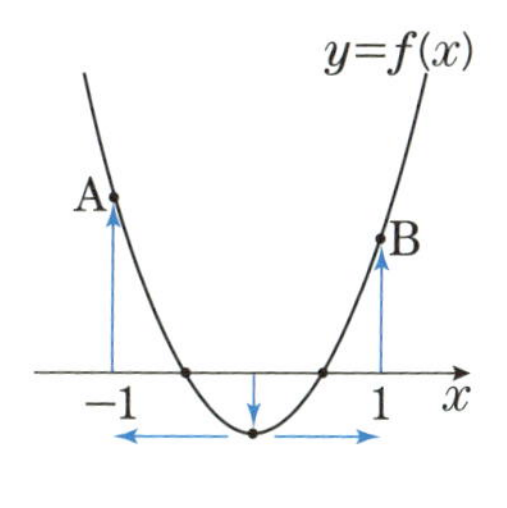

A$(-1,\ f(-1))$，B$(1,\ f(1))$とすると，$y=f(x)$のグラフは右図のようになるので

$$\begin{cases}(\text{頂点の}\ y\ \text{座標})<0\\ -1<(\text{頂点の}\ x\ \text{座標})<1\\ \text{端点Bの}\ y\ \text{座標}\ \ f(1)>0\\ \text{端点Aの}\ y\ \text{座標}\ \ f(-1)>0\end{cases}\quad \text{より}\quad \begin{cases}-\dfrac{p^2}{4}+q<\boxed{{}^{ア}\ 0}\\ \boxed{{}^{イウ}\ -1}<-\dfrac{p}{2}<\boxed{{}^{エ}\ 1}\\ 1+p+q>\boxed{{}^{オ}\ 0}\\ 1-p+q>\boxed{{}^{カ}\ 0}\end{cases}$$

20-B 解答 ▶ STEP 1　方程式の解の条件をグラフで表現する

$f(x)=x^2-2ax+2a^2-a-6$ とおく。

$y=f(x)$ のグラフと x 軸が2つの共有点をもち，共有点の x 座標がともに正となればよいので，A$(0,\ f(0))$ とすると，$y=f(x)$ のグラフは図のようになり，

◀ POINT 20 を使う！

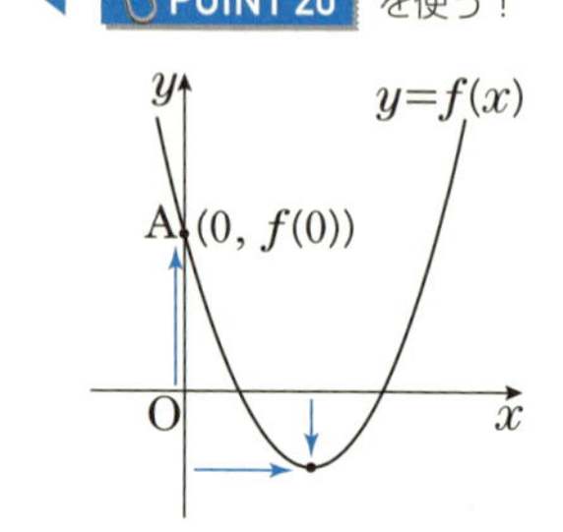

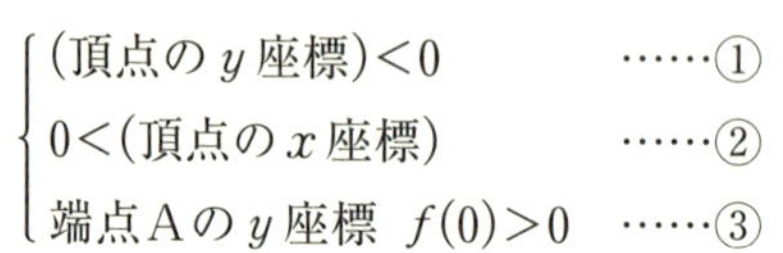

$$\begin{cases}(\text{頂点の } y \text{ 座標})<0 & \cdots\cdots①\\ 0<(\text{頂点の } x \text{ 座標}) & \cdots\cdots②\\ \text{端点Aの } y \text{ 座標 } f(0)>0 & \cdots\cdots③\end{cases}$$

である。

STEP 2　頂点と端点の x 座標，y 座標を利用する

$f(x)=(x-a)^2+a^2-a-6$ より $y=f(x)$ のグラフの頂点の座標は

$(a,\ a^2-a-6)$

①について

$a^2-a-6<0$

$(a+2)(a-3)<0$

$-2<a<3$　　$\cdots\cdots④$

②について

$0<a$　　$\cdots\cdots⑤$

③について

$f(0)=2a^2-a-6>0$

$(2a+3)(a-2)>0$

よって，

$a<-\dfrac{3}{2},\ 2<a$　　$\cdots\cdots⑥$

④，⑤，⑥より

$\boxed{{}^{ア}\ 2}<a<\boxed{{}^{イ}\ 3}$

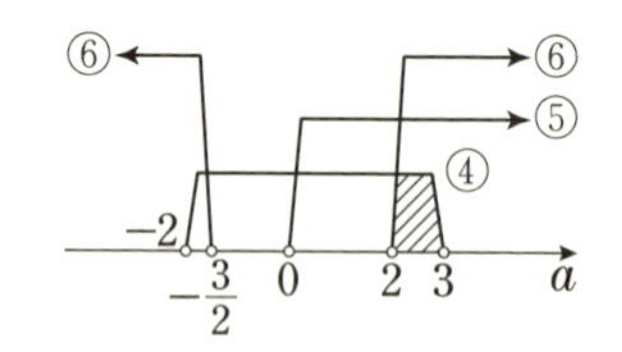

実戦問題 第1問

この問題のねらい

- 2次関数 $y=a(x-p)^2+q$ の式における定数 a, p, q の変化とグラフの形状に注目する。(⇒ POINT 14)
- 2次方程式，2次不等式の解をグラフと結びつけて考える。(⇒ POINT 16)

解答 ▶ STEP 1　2次方程式の解の状況をグラフから読み取る

(1)　$y=f(x)$ のグラフが，x 軸の負の部分と2点で交わっているので，2次方程式 $f(x)=0$ の実数解が2個あり，これらはともに負の数となる。

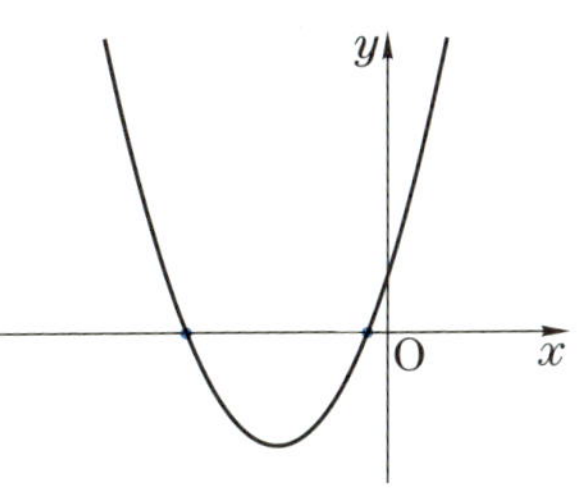

よって，方程式 $f(x)=0$ は異なる2つの負の解をもつ。（ア ①）

STEP 2　$y=a(x-p)^2+q$ において a, p, q の表すものに注目する

(2)　$y=a(x-p)^2+q$ のグラフの頂点は $(p,\ q)$ である。

$a>0$ のとき，グラフは下に凸，　$a<0$ のとき，グラフは上に凸である。

操作A，操作P，操作Qにより，グラフはそれぞれ下図のように変化する。操作Aは頂点をそのままにした状態で，放物線の開き具合を変化させるものである。操作Pは x 軸方向への平行移動，操作Qは y 軸方向への平行移動を表す。

◀ POINT 14 を使う！

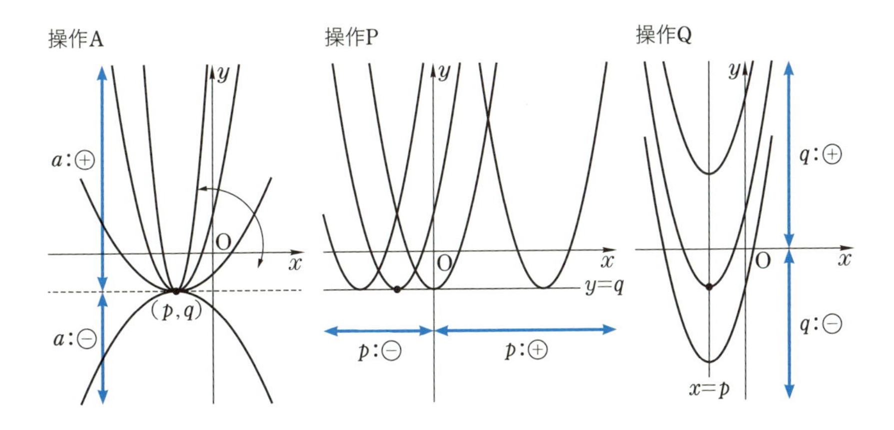

STEP 3 不等式 $f(x)>0$ の解を $y=f(x)$ のグラフと関連づける

不等式 $f(x)>0$ の解がすべての実数になるのは，$y=f(x)$ のグラフが右図のようになるときで，このようになることが起こり得る操作は**操作Qだけ**である。（イ ③）

また，不等式 $f(x)>0$ の解がないのは，$y=f(x)$ のグラフが右下図のようになるときで，このようになることが起こり得る操作は**操作Aだけ**である。（ウ ①）

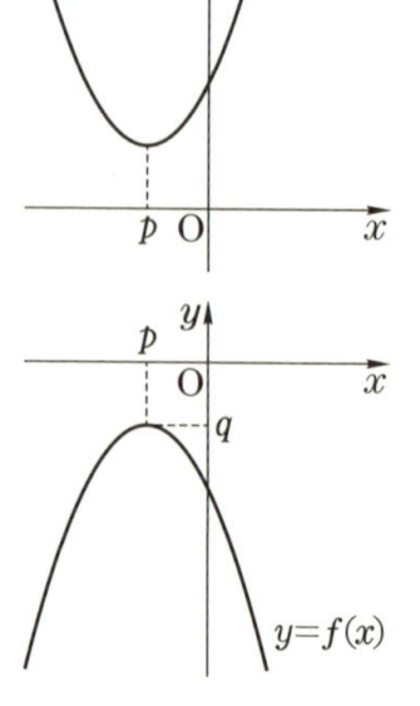

(2)の各選択肢になる例として以下のようなものがあげられる。

・選択肢⓪になる例：
　「方程式 $f(x)=0$ が正の重解をもつこと」が起こり得る操作はない。

・選択肢②になる例：
　「方程式 $f(x)=0$ が異なる2つの正の解をもつこと」が起こり得る操作はPだけである。

・選択肢⑤になる例：
　「方程式 $f(x)=0$ が0と $2p$ を解とすること」が起こり得る操作はAとQだけである。

・選択肢⑦になる例：
　「方程式 $f(x)=0$ が正の解と負の解をもつこと」が起こり得る操作はAとPとQのすべてである。

実戦問題 第2問

この問題のねらい

・2次関数のグラフの頂点を扱う計算ができる。（⇒ POINT 12）
・2次方程式の解の条件をグラフを利用して扱うことができる。
（⇒ POINT 20）

解答 ▶ STEP 1 頂点の座標を求める

(1) $y=x^2+4ax-a^2-3a-8$ ◀ POINT 12 を使う！

$=(x+2a)^2-(2a)^2-a^2-3a-8$

$=(x+2a)^2-5a^2-3a-8$

Cの頂点の座標は $\left(\boxed{アイ\ -2}\,a,\ \boxed{ウエ\ -5}\,a^2-3a-8\right)$

STEP 2 頂点の y 座標を利用して式をつくる

Cを y 軸方向に 9 だけ平行移動したとき，x 軸と接するならば

(頂点の y 座標)$=-9$ ◀ POINT 13 を使う！

である。

$-5a^2-3a-8=-9$

$5a^2+3a-1=0$

2 次方程式の解の公式より

$$a=\frac{-3\pm\sqrt{3^2-4\cdot5\cdot(-1)}}{2\cdot5}$$ ◀ POINT 10 を使う！

$$=\frac{\boxed{オカ\ -3}\pm\sqrt{\boxed{キク\ 29}}}{\boxed{ケコ\ 10}}$$

STEP 3 aの 2 次関数とみて最大値を求める

(2) Cと y 軸の交点の座標は $(0,\ -a^2-3a-8)$

$Y=-a^2-3a-8$ ◀ (1)と(2)は独立した問題

$=-(a^2+3a)-8$

$=-\left\{\left(a+\dfrac{3}{2}\right)^2-\dfrac{9}{4}\right\}-8$

$=-\left(a+\dfrac{3}{2}\right)^2-\dfrac{23}{4}$

Yの値が最大となるのは $a=\dfrac{\boxed{サシ\ -3}}{\boxed{ス\ 2}}$ のときで， ◀ POINT 17 を使う！

最大値は $\dfrac{\boxed{セソタ\ -23}}{\boxed{チ\ 4}}$

STEP 4 グラフの端点の y 座標を利用する

(3) (2)の結果より $x=0$ のときの y の値はつねに負となる。このことから C と x 軸の交点は，

（Y の最大値）<0 より

x 軸の $x<0$ の部分に1個，x 軸の $x>0$ の部分に1個

ある。

POINT 20 を使う！

C が x 軸の $0<x<2$ の部分の1点を通るのは，

（$x=2$ である点の y 座標）>0

のときで

$2^2+4a\cdot2-a^2-3a-8>0$

$a^2-5a+4<0$

$(a-1)(a-4)<0$

よって，$\boxed{ツ\ 1}<a<\boxed{テ\ 4}$

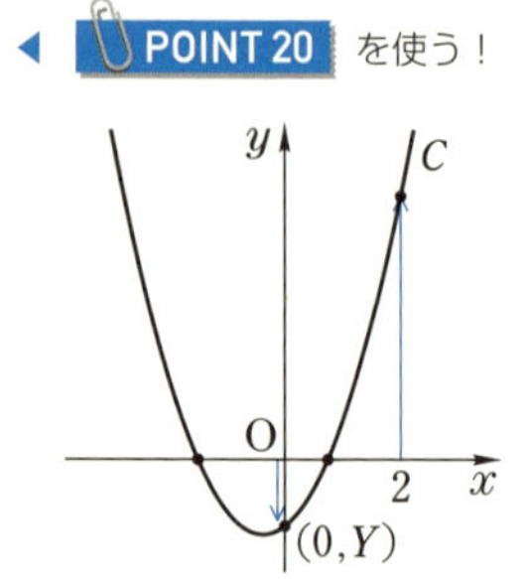

実戦問題 第3問

この問題のねらい

・最大・最小の場合分けができる。(⇒ POINT 18)

・2次関数の知識を総合的に応用できる。

解答 ▶ STEP 1 頂点の座標を a を用いて表す

$y=ax^2+bx+c$ のグラフ G が

点 $(1,\ 1)$ を通るので

$1=a+b+c$　……①

点 $(5,\ 1)$ を通るので

$1=25a+5b+c$　……②

②−① から $0=24a+4b$ となり　$b=-6a$

①から $1=a-6a+c$ となり　$c=5a+1$

したがって，

$y=ax^2-6ax+5a+1$

$=a(x-3)^2-4a+1$

G の頂点は $\left(\boxed{ア\ 3},\ \boxed{イウ\ -4}a+1\right)$

$y=f(x)$ のグラフの例
（$a>0$ のとき）

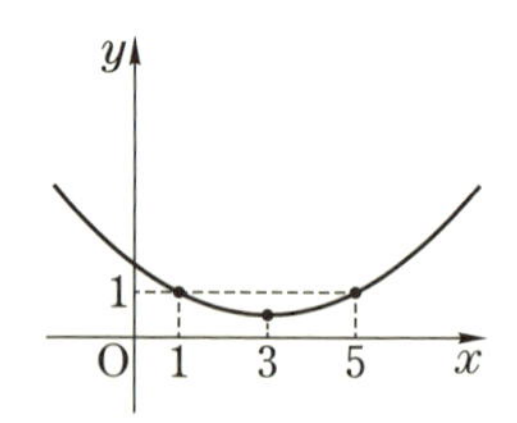

STEP 2　最大値・最小値を場合分けして求める

◀ POINT 18 を使う！

(1)　(i)　$a>0$ のとき

G は下に凸の放物線で $0 \leqq x \leqq 5$ において，端点の $x=0$ で最大となり

$M=f(0)=5a+1$

頂点の $x=3$ で最小となり

$m=f(3)=-4a+1$

$a>0$のとき

(ii)　$a<0$ のとき

G は上に凸の放物線で $0 \leqq x \leqq 5$ において，頂点の $x=3$ で最大となり

$M=f(3)=-4a+1$

端点の $x=0$ で最小となり

$m=f(0)=5a+1$

$a<0$のとき

STEP 3　$m<0$ となる a の値の範囲を場合分けして求める

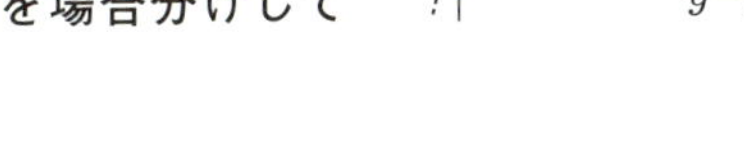

(i)　$a>0$ ……③ のとき

$m<0$ より $-4a+1<0$　　$a>\frac{1}{4}$ ……④

③，④より　$a>\frac{1}{4}$

(ii)　$a<0$ ……⑤ のとき

$m<0$ より $5a+1<0$　　$a<-\frac{1}{5}$ ……⑥

⑤，⑥より　$a<-\frac{1}{5}$

よって，(i)，(ii)より

$a<-\frac{1}{\boxed{\text{エ } 5}}$ または $a>\frac{1}{\boxed{\text{オ } 4}}$

STEP 4　$M=|m|$ となる a の値を場合分けして求める

(2)　$M>m$ であるので，$M=|m|$ となるのは，$m<0$ のときである。

◀ POINT 11 を使う！

(i)　$a>0$ のとき

$M=-m$ から $5a+1=-(-4a+1)$

$a=-2$　これは $a>0$ に反する。

(ii) $a<0$ のとき

$M=-m$ から $-4a+1=-(5a+1)$

$a=-2$ これは $a<0$ に適する。

よって，(i)，(ii)より $a=$ カキ -2

STEP 5 $f(x)=0$ となる x の値を場合分けして求める

(3) $a \neq 0$ のとき2次方程式 $ax^2-6ax+5a+1=0$ の解は解の公式により

$$x=\frac{-(-3a)\pm\sqrt{(-3a)^2-a(5a+1)}}{a}$$

◀ POINT 10 を使う！

$$=\frac{3a\pm\sqrt{4a^2-a}}{a}$$

$$=3\pm\frac{\sqrt{a(4a-1)}}{a}$$

(i) $a>0$ のとき

$0 \leqq x \leqq 5$ において，$f(x)=0$ となる x の値は図から2個あり

$$3+\frac{\sqrt{a(4a-1)}}{a}\ (r) \text{ と } 3-\frac{\sqrt{a(4a-1)}}{a}\ (s)$$ （ケ ⑨）

(ii) $a<0$ のとき

$0 \leqq x \leqq 5$ において，$f(x)=0$ となる x の値は図から1個ある。$a<0$ のとき，

$$3+\frac{\sqrt{a(4a-1)}}{a}<3-\frac{\sqrt{a(4a-1)}}{a}$$

であるので，求める x の値は

$$3+\frac{\sqrt{a(4a-1)}}{a}\ (r)$$ （ケ ②）

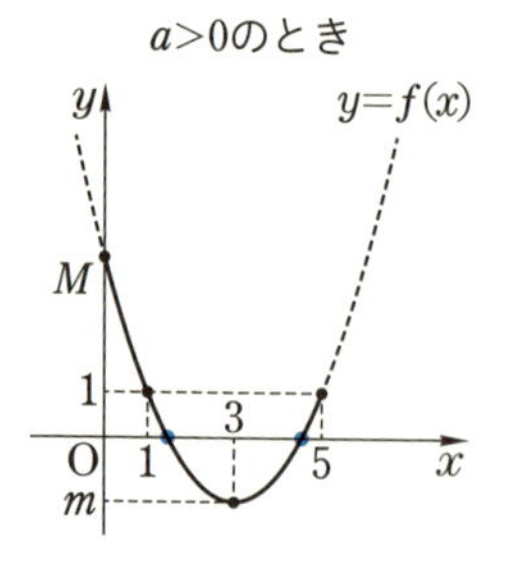

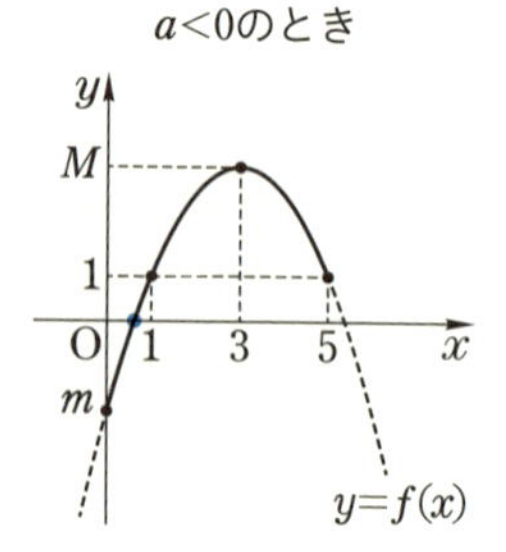

21 余弦定理で長さを求める

要点チェック!

三角形において，次の**余弦定理**が成り立ちます。

POINT 21

△ABC において，

$$a^2=b^2+c^2-2bc\cos A$$
$$b^2=c^2+a^2-2ca\cos B$$
$$c^2=a^2+b^2-2ab\cos C$$

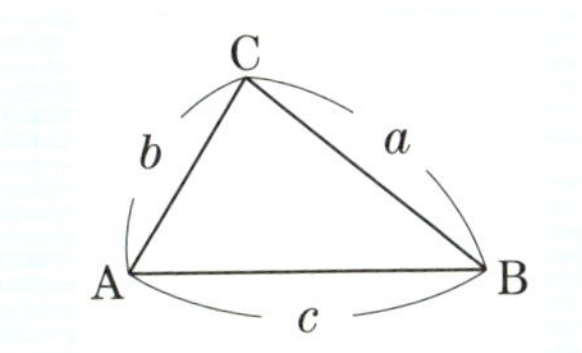

三角形の 2 辺の長さと 1 つの内角の余弦（cos の値）が与えられているときに余弦定理を利用すると，残りの辺の長さを求めることができます。

辺の長さは，そのまま公式に代入しますが，角は cos の値（余弦）として代入します。$\cos\theta$ の値は，単位円（原点を中心とする半径 1 の円）上の θ の位置の点の x 座標になっています。

21-A 解答 ▶ STEP 1 単位円から cos の値を読みとる

単位円上の 45° の点，120° の点の x 座標に注目すると，

$$\cos 45^\circ=\frac{\sqrt{\boxed{^{ア}\ 2}}}{\boxed{^{イ}\ 2}},\quad \cos 120^\circ=-\frac{\boxed{^{ウ}\ 1}}{\boxed{^{エ}\ 2}}$$

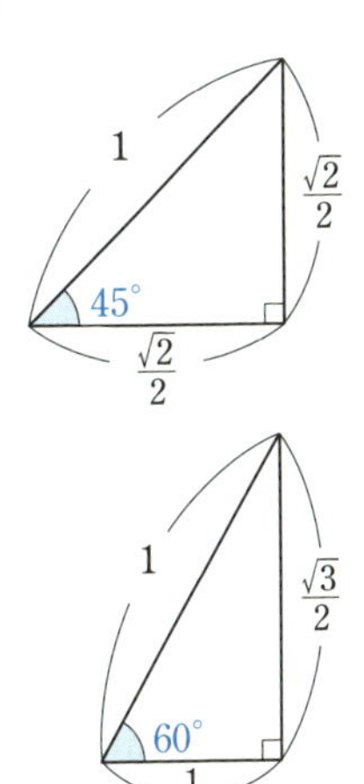

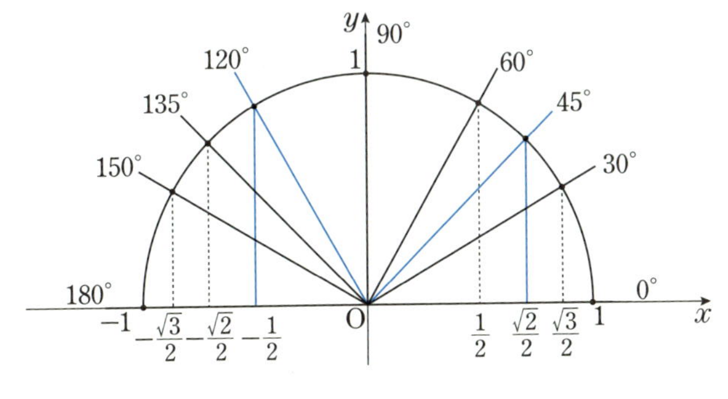

21-B 解答 ▶ STEP 1 余弦定理で CA$=b$ を求める

(1) 余弦定理より $b^2=c^2+a^2-2ca\cos B$ である。 ◀ POINT 21 を使う！

$\cos B=\cos 45°=\dfrac{\sqrt{2}}{2}$ であるから

$$CA^2=7^2+(4\sqrt{2})^2-2\cdot 7\cdot 4\sqrt{2}\cdot\frac{\sqrt{2}}{2}$$

$\begin{cases} CA=b \\ AB=c \\ BC=a \end{cases}$

$$=49+32-56=25$$

よって，CA$=$ ア 5

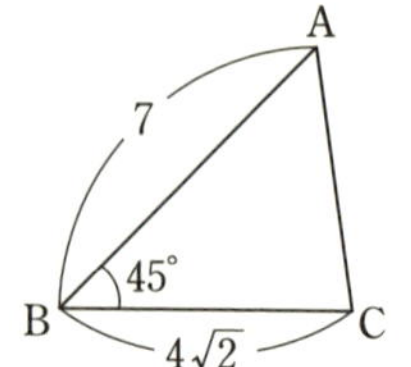

STEP 2 余弦定理で c を求める

(2) 余弦定理より $c^2=a^2+b^2-2ab\cos C$ である。 ◀ POINT 21 を使う！

$\cos C=\cos 120°=-\dfrac{1}{2}$ であるから

$$c^2=4^2+5^2-2\cdot 4\cdot 5\cdot\left(-\frac{1}{2}\right)=16+25+20=61$$

よって，$c=\sqrt{\text{イウ } 61}$

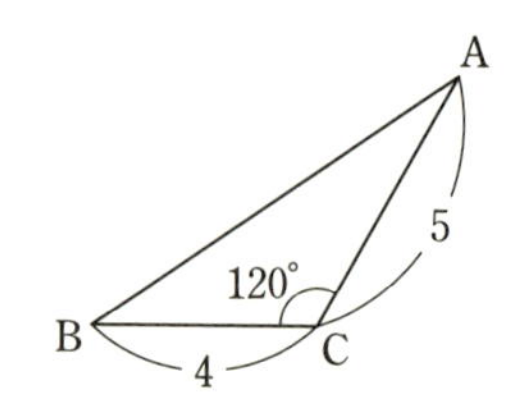

22 余弦定理で角を求める

要点チェック！

どのような三角形でも，3辺の長さがわかると，余弦定理を変形した次の式を用いて，知りたい角の cos の値を求めることができます。

POINT 22

△ABC において，

$$\cos A=\frac{b^2+c^2-a^2}{2bc},\quad \cos B=\frac{c^2+a^2-b^2}{2ca},\quad \cos C=\frac{a^2+b^2-c^2}{2ab}$$

cos の値が 0，$\pm\dfrac{1}{2}$，$\pm\dfrac{\sqrt{2}}{2}$，$\pm\dfrac{\sqrt{3}}{2}$ のときは角の大きさがわかります。cos の値から角を求めるときは単位円を用いることができます。単位円では，右図のような角 θ の位置の円周上の点Pの座標が $(\cos\theta,\ \sin\theta)$ となります。

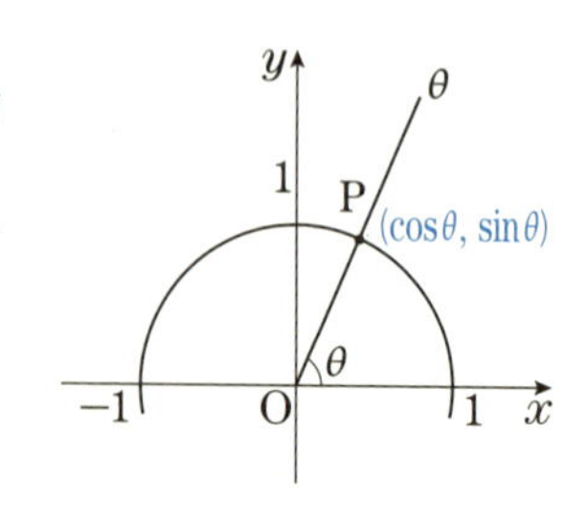

三角形の3辺の長さが与えられているときに角の大きさを求める問題では POINT 22 を利用しましょう。

22-A 解答 ▶ STEP 1 単位円から角度を読みとる

$\cos\theta=-\dfrac{1}{2}$ となる θ を求めることは，単位円上で x 座標が $-\dfrac{1}{2}$ となる点の位置を読みとることに対応する。単位円の図に，直線 $x=-\dfrac{1}{2}$ をかき込んで交点の位置を角で答えると，$\theta=$ アイウ **120** °。

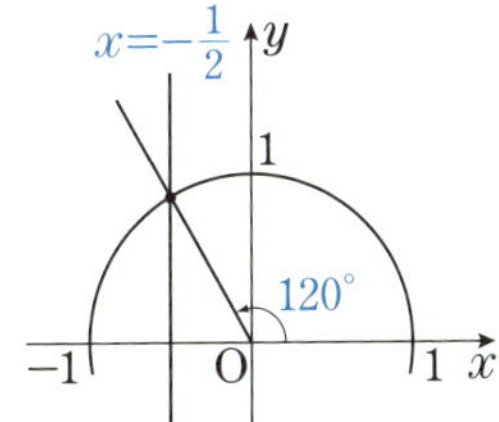

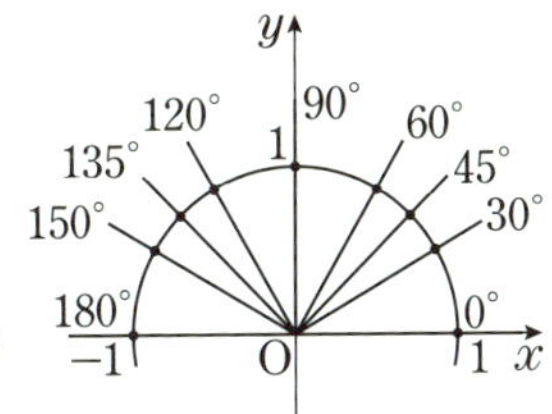

実際には，直線 $x=-\dfrac{1}{2}$ と単位円との交点が 30°，45°，60°，120°，135°，150° のどれになっているかを確かめている感じである

22-B 解答 ▶ STEP 1 余弦定理で ∠ABC を求める

(1) $\cos\angle\mathrm{ABC}=\dfrac{\mathrm{AB}^2+\mathrm{BC}^2-\mathrm{CA}^2}{2\cdot\mathrm{AB}\cdot\mathrm{BC}}$

$=\dfrac{4^2+5^2-(\sqrt{21})^2}{2\cdot4\cdot5}$

$=\dfrac{20}{2\cdot4\cdot5}=\dfrac{1}{2}$

よって，$\angle\mathrm{ABC}=$ アイ **60** °。

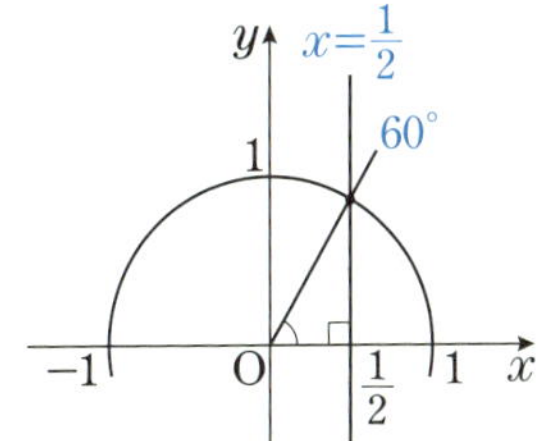

STEP 2 余弦定理で ∠AOB を求める

◀ POINT 22 を使う！

(2) $\cos\angle\mathrm{AOB}=\dfrac{\mathrm{OA}^2+\mathrm{OB}^2-\mathrm{AB}^2}{2\cdot\mathrm{OA}\cdot\mathrm{OB}}$

$=\dfrac{(3\sqrt{2})^2+(2\sqrt{6})^2-(\sqrt{78})^2}{2\cdot3\sqrt{2}\cdot2\sqrt{6}}$

$=\dfrac{-36}{24\sqrt{3}}=-\dfrac{\sqrt{3}}{2}$

よって，$\angle\mathrm{AOB}=$ ウエオ **150** °。

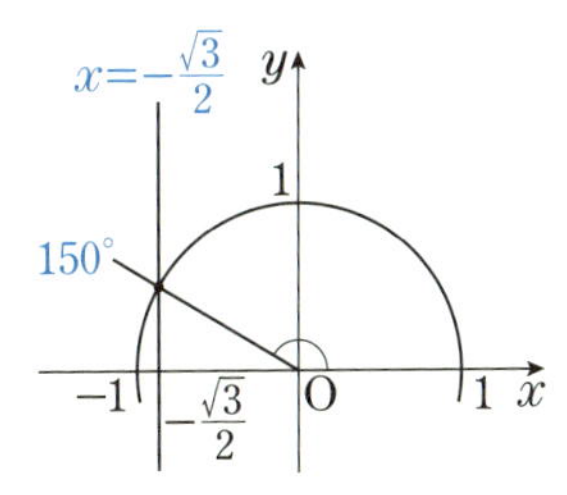

23 三角比の相互関係

要点チェック!

三角比の間には次の関係があります。

POINT 23

(i) $\cos^2\theta+\sin^2\theta=1$　(ii) $\tan\theta=\dfrac{\sin\theta}{\cos\theta}$　(iii) $1+\tan^2\theta=\dfrac{1}{\cos^2\theta}$

$\cos\theta$, $\sin\theta$, $\tan\theta$ のうちの1つの値が与えられたとき，残りの値を求めることができます。ただし，(i)と(iii)は2乗の値で結びつけられているため，符号に注意する必要があります。

$\cos^2\theta+\sin^2\theta=1$ は右図に示されるように三平方の定理と同じと考えてよく，この式の両辺を $\cos^2\theta$ で割ると，$1+\dfrac{\sin^2\theta}{\cos^2\theta}=\dfrac{1}{\cos^2\theta}$ となり，$\dfrac{\sin\theta}{\cos\theta}=\tan\theta$ の関係から $1+\tan^2\theta=\dfrac{1}{\cos^2\theta}$ が導かれます。

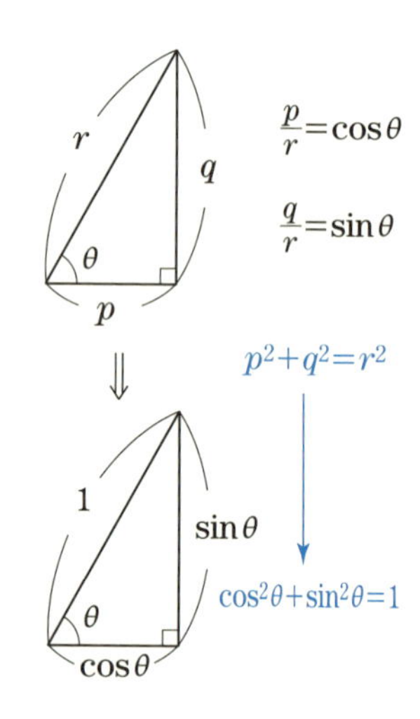

$\cos\theta$, $\sin\theta$, $\tan\theta$ のうちの1つの値がわかるとき，残りの値を求める問題で利用しましょう。

23-A 解答 ▶ STEP 1　$\cos^2\theta+\sin^2\theta=1$ を利用する

$\cos^2B+\sin^2B=1$ より　◀ $\cos^2\theta+\sin^2\theta=1$ で $\theta=\angle B$

$$\left(\frac{5}{8}\right)^2+\sin^2B=1$$

$$\sin^2B=1-\frac{25}{8^2}=\frac{39}{8^2}$$

$0°<B<180°$ のとき，$\sin B>0$ より

$$\sin B=\frac{\sqrt{\boxed{\text{アイ}\ 39}}}{\boxed{\text{ウ}\ 8}}$$

◀ $0°<\theta<180°$ のとき $\sin\theta>0$

23-B 解答 ▶ STEP ① $\cos^2\theta+\sin^2\theta=1$ を利用する

(1) $\cos^2 B+\sin^2 B=1$ より ◀ POINT 23 を使う！

$$\cos^2 B+\left(\frac{5\sqrt{7}}{16}\right)^2=1 \qquad \cos^2 B=1-\frac{25\cdot 7}{16^2}=\frac{81}{16^2}$$

∠B は鈍角なので，$\cos B<0$ より

$$\cos B=\frac{\boxed{\text{アイ}\ -9}}{\boxed{\text{ウエ}\ 16}}$$

STEP ② $1+\tan^2\theta=\dfrac{1}{\cos^2\theta}$ を利用する

(2) $\tan\theta>0$ より θ は鋭角となり $\cos\theta>0$ である。

$1+\tan^2\theta=\dfrac{1}{\cos^2\theta}$ より ◀ POINT 23 を使う！

$$1+\left(\frac{1}{2}\right)^2=\frac{1}{\cos^2\theta} \qquad \frac{5}{4}=\frac{1}{\cos^2\theta}$$

$\cos^2\theta=\dfrac{4}{5}$ ◀ 両辺の逆数

よって，$\cos\theta>0$ より

$$\cos\theta=\frac{2}{\sqrt{5}}=\frac{\boxed{\text{オ}\ 2}\sqrt{\boxed{\text{カ}\ 5}}}{\boxed{\text{キ}\ 5}}$$

24 三角形の面積

要点チェック！

右図のような鋭角三角形 ABC の面積を S とすると，

$$S=\frac{1}{2}ch \quad \cdots\cdots①$$

です。直角三角形 ACH に注目すると

$$\frac{h}{b}=\sin A \text{ より } h=b\sin A$$

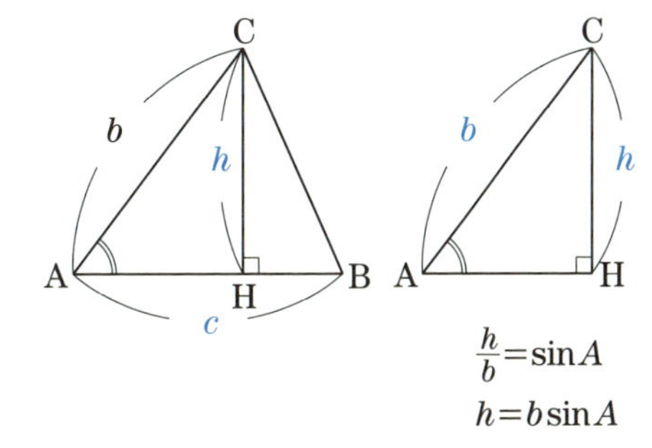

①は $S=\dfrac{1}{2}bc\sin A$ と表されます。これは鈍角三角形でも成立します。

POINT 24

△ABCの面積をSとすると，

$$S=\frac{1}{2}bc\sin A,\ S=\frac{1}{2}ca\sin B,\ S=\frac{1}{2}ab\sin C$$

2辺の長さとその間の角を用いて面積を求めます。

三角形の3辺の長さが与えられているときは，次の手順で面積を求めます。

($\sin A$の値を利用する場合)

(i) 余弦定理により$\cos A$の値を求める。

(ii) $\cos^2 A+\sin^2 A=1$ より$\sin A$の値を求める。

(iii) POINT 24 を利用して，三角形の面積を求める。

24-A 解答 ▶ STEP 1 面積を求める

$S=\frac{1}{2}\text{AB}\cdot\text{AC}\sin A$

$=\frac{1}{2}\cdot 8\cdot 5\cdot\sin 60^\circ$ ◀ $\sin 60^\circ=\frac{\sqrt{3}}{2}$

$=\frac{1}{2}\cdot 8\cdot 5\cdot\frac{\sqrt{3}}{2}=$ [アイ 10] $\sqrt{\text{[ウ 3]}}$

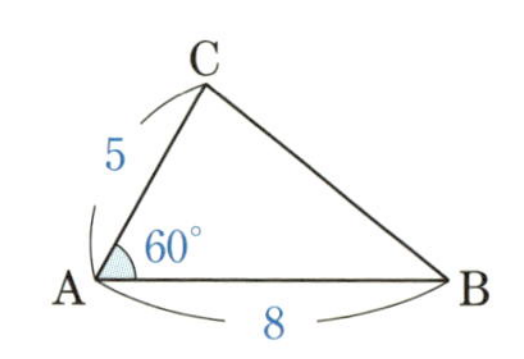

24-B 解答 ▶ STEP 1 cos A の値を求める

余弦定理より

$\cos A=\frac{5^2+9^2-13^2}{2\cdot 5\cdot 9}=\frac{-63}{2\cdot 5\cdot 9}$ ◀ $\cos A=\frac{b^2+c^2-a^2}{2bc}$

◀ POINT 22 を使う！

$=\frac{\text{[アイ -7]}}{\text{[ウエ 10]}}$ ◀ $\cos A<0$ より Aは鈍角である

STEP 2 sin A の値を求める

$\cos^2 A+\sin^2 A=1$ より ◀ POINT 23 を使う！

$\left(-\frac{7}{10}\right)^2+\sin^2 A=1$ $\sin^2 A=1-\frac{49}{10^2}=\frac{51}{10^2}$

$\sin A>0$ より，$\sin A=\frac{\sqrt{\text{[オカ 51]}}}{10}$

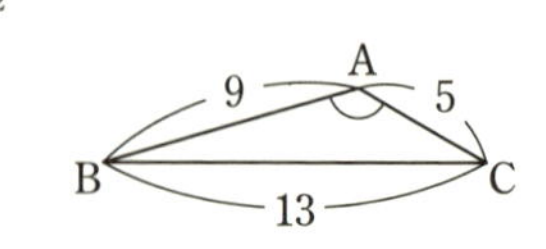

STEP 3 面積を求める

よって,

$$\triangle ABC=\frac{1}{2}\cdot AB\cdot AC\cdot \sin A$$

◀ POINT 24 を使う！

$$=\frac{1}{2}\cdot 9\cdot 5\cdot \frac{\sqrt{51}}{10}$$

$$=\frac{\boxed{^{キ}\ 9}\sqrt{51}}{\boxed{^{ク}\ 4}}$$

25 正弦定理

要点チェック!

△ABC の面積について,

$$\frac{1}{2}ca\sin B=\frac{1}{2}bc\sin A$$

$$a\sin B=b\sin A$$

よって, $\dfrac{a}{\sin A}=\dfrac{b}{\sin B}$ となります。

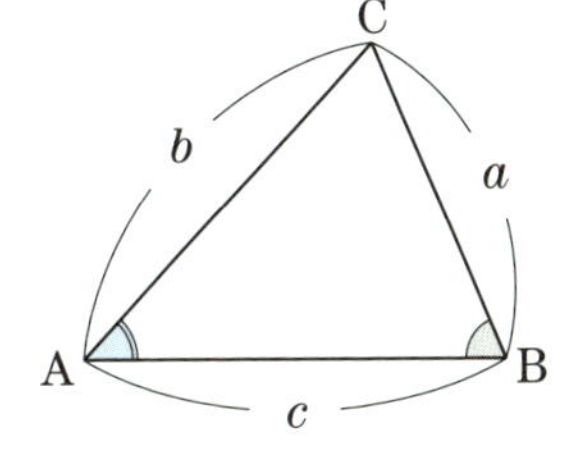

また, 右下図の直角三角形 ABC とその外接円 (半径 R) において

$$\frac{a}{2R}=\sin A \quad より \quad \frac{a}{\sin A}=2R$$

です。辺 BC を固定して頂点Aを円周上で動かすとき, 円周角の性質から ∠BAC の大きさは一定であり, つねに $\dfrac{a}{\sin A}=2R$ となります。

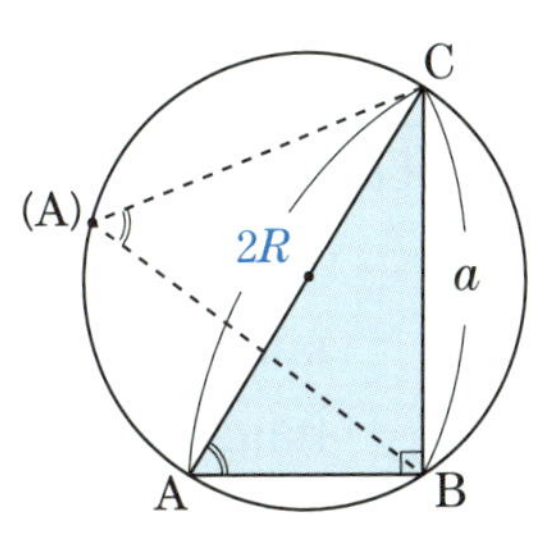

POINT 25

△ABC の外接円の半径を R とすると

$$\boldsymbol{\frac{a}{\sin A}=\frac{b}{\sin B}=\frac{c}{\sin C}=2R}$$

A と a のように対応する１組の角と辺を用いて外接円の半径を求めましょう。

25-A 解答 ▶ STEP 1 外接円の半径を求める

正弦定理より　$\dfrac{b}{\sin B}=2R$

よって，$R=\dfrac{b}{2\sin B}$ ◀ ∠B と b=CA が与えられている

$b=5,\ B=45°$ を代入すると

$$R=\frac{5}{2\sin 45°}=\frac{5}{2\cdot\frac{\sqrt{2}}{2}}=\frac{5}{\sqrt{2}}=\frac{\boxed{ア\ 5}\sqrt{\boxed{イ\ 2}}}{\boxed{ウ\ 2}}$$

25-B 解答 ▶ STEP 1 正弦定理を利用して BC を求める

(1)　△ABC の外接円の半径を R とすると，$R=2\sqrt{2}$ である。正弦定理より

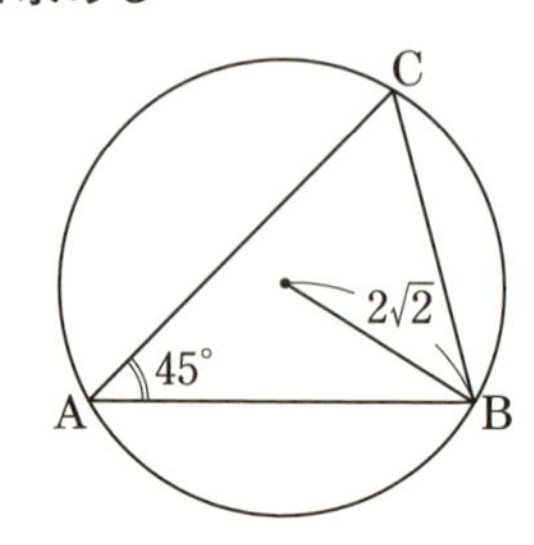

$\dfrac{\mathrm{BC}}{\sin A}=2R$ ◀ $\dfrac{a}{\sin A}=2R$ ◀ POINT 25 を使う！

$\mathrm{BC}=2R\cdot\sin 45°$ ◀ $a=2R\sin A$

$=2\cdot2\sqrt{2}\cdot\dfrac{\sqrt{2}}{2}=\boxed{ア\ 4}$

STEP 2 sin *B* の値を求める

(2)　BC：CA$=\sqrt{2}:\sqrt{3}$ より 4：CA$=\sqrt{2}:\sqrt{3}$ ◀ $a:b=x:y$ のとき $bx=ay$

$\sqrt{2}\,\mathrm{CA}=4\sqrt{3}$　　$\mathrm{CA}=\dfrac{4\sqrt{3}}{\sqrt{2}}=2\sqrt{6}$

正弦定理より　$\dfrac{\mathrm{BC}}{\sin A}=\dfrac{\mathrm{CA}}{\sin B}$ ◀ POINT 25 を使う！

$\dfrac{4}{\sin 45°}=\dfrac{2\sqrt{6}}{\sin B}$

$4\sin B=2\sqrt{6}\sin 45°$

$\sin B=\dfrac{2\sqrt{6}}{4}\cdot\dfrac{\sqrt{2}}{2}=\dfrac{\sqrt{3}}{2}$

STEP 3 ∠B，∠C を求める

△ABC は鋭角三角形なので，$0°<B<90°$

より ∠B$=\boxed{イウ\ 60}$°

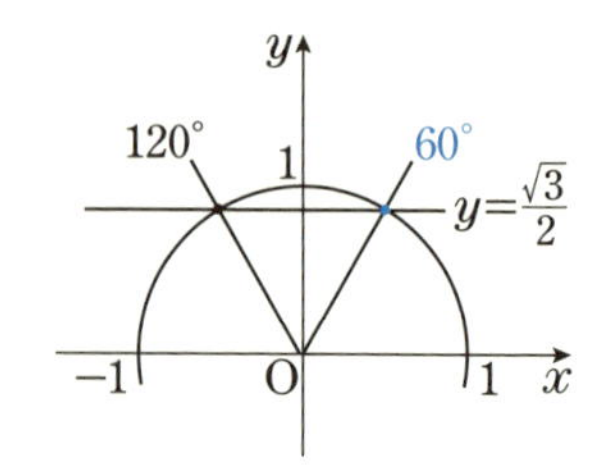

また，∠C$=180°-45°-60°$

$=\boxed{エオ\ 75}$° ◀ $A+B+C=180°$

26 三角形の内接円の半径

要点チェック!

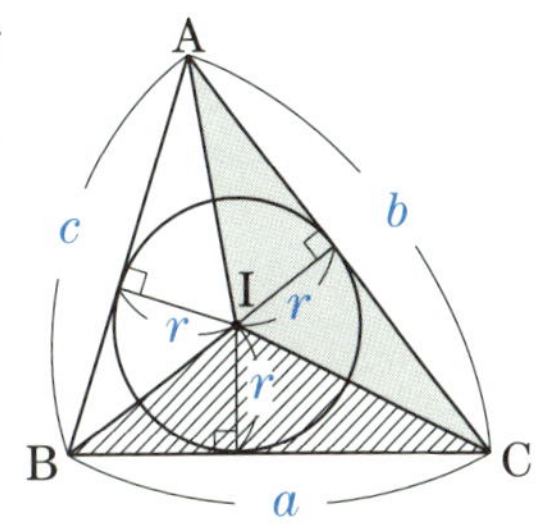

△ABC の内接円の中心を I (内心), 半径を r とするとき, 図のように I と各頂点を結んで △ABC を 3 つの三角形にわけます。

△ABC の面積 S について

△ABC＝△IBC＋△ICA＋△IAB

より,

$$S=\frac{1}{2}ar+\frac{1}{2}br+\frac{1}{2}cr$$

$$=\frac{r(a+b+c)}{2}$$

POINT 26

△ABC の面積を S, 内接円の半径を r とすると,

$$\boldsymbol{S=\frac{r(a+b+c)}{2}}$$

内接円の半径 r を求めるときに利用します。面積 S を $S=\frac{1}{2}bc\sin A$ などにより求めて, a, b, c の値とともにこの公式に代入すると, r を求めることができます。三角形の面積を 2 通りで表すことで内接円の半径を求めましょう。

26-A 解答 ▶ STEP 1 内接円の半径を求める

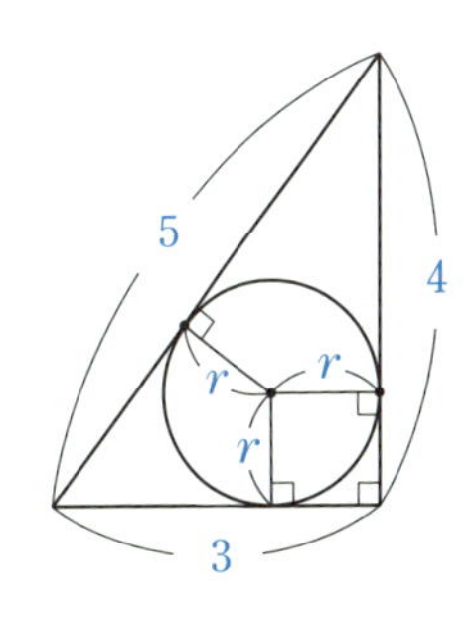

直角三角形の面積を S とすると

$$S=\frac{1}{2}\cdot3\cdot4=6$$

よって, $\frac{r(3+4+5)}{2}=6$ より ◀ $\frac{r(a+b+c)}{2}=S$

$r=$ ア 1

26-B 解答 ▶ STEP 1 **sin∠ABC を求める**

(1) 余弦定理より ◀ POINT 22 を使う！

$$\cos\angle ABC=\frac{7^2+8^2-5^2}{2\cdot7\cdot8}=\frac{88}{2\cdot7\cdot8}=\frac{11}{14}$$ ◀ $\cos B=\frac{c^2+a^2-b^2}{2ca}$

$$\sin^2\angle ABC=1-\cos^2\angle ABC$$ ◀ $\sin^2\theta=1-\cos^2\theta$

$$=1-\left(\frac{11}{14}\right)^2=\frac{75}{14^2}$$ ◀ POINT 23 を使う！

$\sin\angle ABC>0$ より $\sin\angle ABC=\frac{\boxed{ア\ 5}\sqrt{\boxed{イ\ 3}}}{\boxed{ウエ\ 14}}$

STEP 2 **△ABC の面積を求める**

(2) $S=\frac{1}{2}\cdot AB\cdot BC\cdot\sin\angle ABC$ ◀ $S=\frac{1}{2}ca\sin B$ ◀ POINT 24 を使う！

$$=\frac{1}{2}\cdot7\cdot8\cdot\frac{5\sqrt{3}}{14}=\boxed{オカ\ 10}\sqrt{\boxed{キ\ 3}}$$

STEP 3 **内接円の半径を求める**

(3) $S=\frac{r(AB+BC+CA)}{2}$ より $\frac{r(7+8+5)}{2}=10\sqrt{3}$ ◀ POINT 26 を使う！

$10r=10\sqrt{3}$ となり

$$r=\sqrt{\boxed{ク\ 3}}$$

27 空間図形で長さ・角を求める

要点チェック！

空間図形において，長さや角を求める場合は，求めたいものを辺や角として含む三角形に注目し，その三角形を取り出して，三角比の種々の公式を用います。同一の線分や角が2つの三角形に含まれる場合には，一方の三角形から長さや角の大きさを求めて，別の三角形で利用することもできます。

POINT 27

空間図形で長さや角の大きさを求める問題では，求めたいものを辺や角として含む三角形を取り出す

三角形を取り出すことで平面上の基本的な問題として扱いましょう。

空間図形の図をかく目的は，どの三角形を取り出したらよいかを考えるためにあるので，メモ程度の図でかまいません。

27-A 解答 ▶ STEP 1 PO を含む三角形に注目する

知りたい長さ PO を含む三角形として △PAO に注目して取り出すと，OA が外接円の半径であり，$OA=\sqrt{7}$，$\angle AOP=90^\circ$ である。

$\tan\angle PAO=\dfrac{PO}{OA}$ より $3=\dfrac{PO}{\sqrt{7}}$

P

A　$\sqrt{7}$　O

$\tan\angle PAO=3$

よって，$PO=$ ア 3 $\sqrt{\text{イ } 7}$

27-B 解答 ▶ STEP 1 FH を求める

直角三角形 △AEF，△AEH，△EFH に注目する。 ◀ POINT 27 を使う！

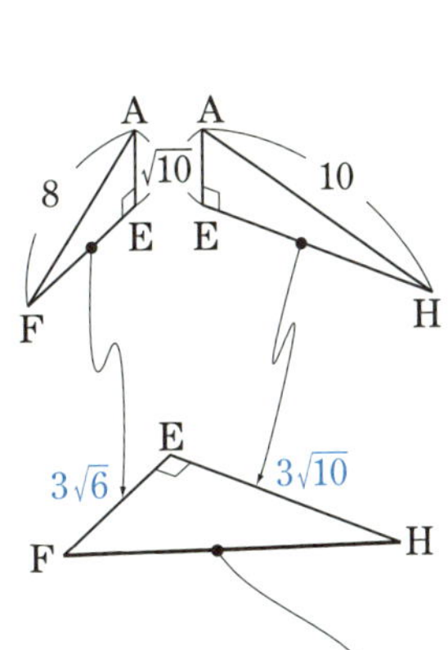

△AEF で三平方の定理より $EF^2=AF^2-AE^2$

$$EF=\sqrt{8^2-(\sqrt{10})^2}=\sqrt{54}\ (=3\sqrt{6})$$

△AEH で三平方の定理より

$$EH=\sqrt{10^2-(\sqrt{10})^2}=\sqrt{90}\ (=3\sqrt{10})$$

よって，△EFH で三平方の定理より

$$FH=\sqrt{(\sqrt{54})^2+(\sqrt{90})^2}=\sqrt{144}=\text{アイ } 12$$

STEP 2 cos∠FAH を求める

△AFH で余弦定理より

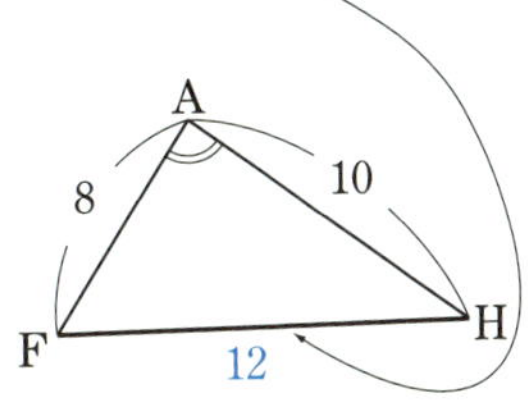

$$\cos\angle FAH=\frac{AF^2+AH^2-FH^2}{2\cdot AF\cdot AH}$$

$$=\frac{8^2+10^2-12^2}{2\cdot 8\cdot 10}=\frac{20}{2\cdot 8\cdot 10}=\frac{\text{ウ } 1}{\text{エ } 8}$$

◀ POINT 22 を使う！

STEP 3 sin∠FAH を求めて，△AFH の面積を求める

$\sin\angle FAH>0$ より，$\sin\angle FAH=\sqrt{1-\left(\dfrac{1}{8}\right)^2}=\dfrac{3\sqrt{7}}{8}$ ◀ POINT 23 を使う！

となり $\triangle AFH=\dfrac{1}{2}\cdot AF\cdot AH\cdot\sin\angle FAH$ ◀ POINT 24 を使う！

$$=\frac{1}{2}\cdot 8\cdot 10\cdot\frac{3\sqrt{7}}{8}=\text{オカ } 15\sqrt{\text{キ } 7}$$

28 円に内接する四角形で長さを求める

要点チェック!

円に内接する四角形では，対角の和が 180° となります。1つの対角線によって，四角形が2つの三角形に分けられますが，この2つの三角形をペアとして扱うことが多くあります。このとき，対角線が2つの三角形において共通な辺となります。

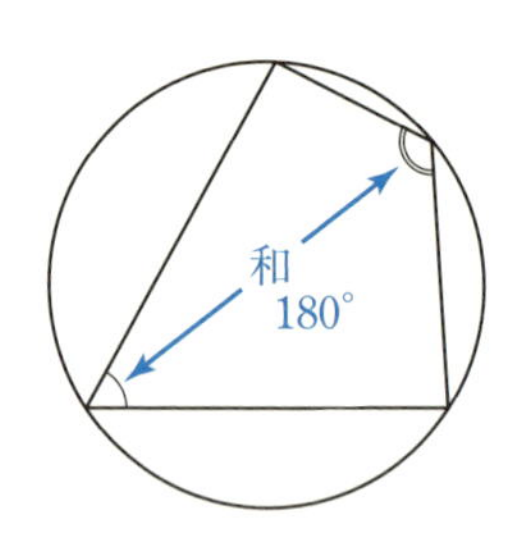

POINT 28

円に内接する四角形の**対角の和は 180°** である

円に内接する四角形を2つの三角形に分けて考えるときに利用しましょう。

28-A 解答 ▶ STEP 1 ∠ADC を求める

△ABC は正三角形なので，∠ABC＝60°

四角形 ABCD は円に内接するので，∠ABC＋∠ADC＝180°

よって，∠ADC＝180°−60°＝120°

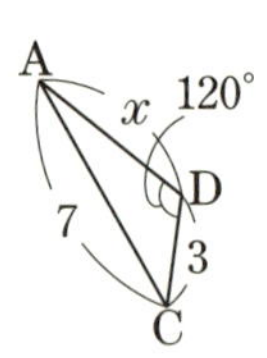

STEP 2 AD を求める

AD＝x とおくと，△ACD で余弦定理より ◀ POINT 21 を使う！

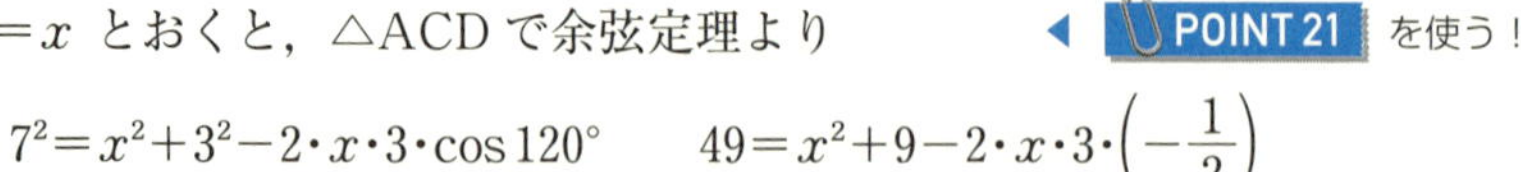

$7^2=x^2+3^2-2\cdot x\cdot 3\cdot\cos 120°$　　$49=x^2+9-2\cdot x\cdot 3\cdot\left(-\frac{1}{2}\right)$

$x^2+3x-40=0$　　$(x-5)(x+8)=0$

$x>0$ より，x＝AD＝ ア 5

28-B 解答 ▶ STEP 1 AC を求める

$\angle ACB=180°-(120°+15°)=45°$

より，△ABC で正弦定理から ◀ POINT 25 を使う！

$\frac{AC}{\sin 120°}=\frac{\sqrt{14}}{\sin 45°}$ ◀ $\frac{b}{\sin B}=\frac{c}{\sin C}$

$AC=\sqrt{14}\cdot\frac{1}{\sin 45°}\cdot\sin 120°$ ◀ $\sin 45°=\frac{1}{\sqrt{2}}$

$=\sqrt{14}\cdot\sqrt{2}\cdot\frac{\sqrt{3}}{2}=\sqrt{\text{アイ } 21}$

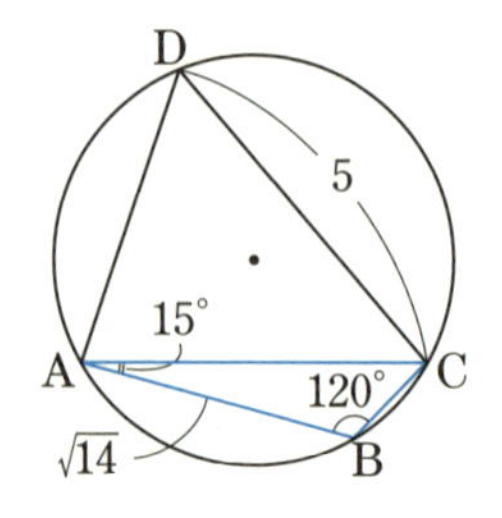

STEP 2　ADを求める

四角形ABCDは円に内接するので　$\angle ABC + \angle ADC = 180°$

より　$\angle ADC = 180° - 120° = 60°$　◀ POINT 28 を使う！

$AD = x$ とおくと，△ACDで余弦定理より

$$(\sqrt{21})^2 = x^2 + 5^2 - 2 \cdot x \cdot 5 \cdot \cos 60°$$

$21 = x^2 + 25 - 10x \cdot \dfrac{1}{2}$　から　$x^2 - 5x + 4 = 0$

$(x-1)(x-4) = 0$　　$x = 1$ または $x = 4$

ここで，$\angle CAD$ が鋭角のとき $\cos \angle CAD > 0$ なので，余弦定理より

$$\cos \angle CAD = \frac{(\sqrt{21})^2 + x^2 - 5^2}{2 \cdot \sqrt{21} \cdot x} = \frac{x^2 - 4}{2\sqrt{21}\,x} > 0$$

◀ $0° < \theta < 90°$ のとき $\cos\theta > 0$

$x^2 - 4 > 0$ であり，$x = AD =$ ウ **4**　◀ $x=1$ は不適

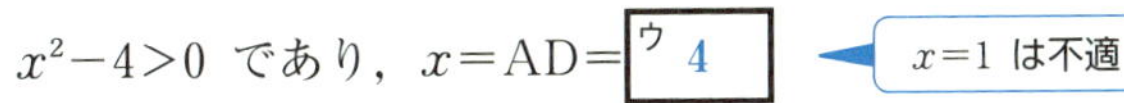

29 円に内接する四角形で角を求める

要点チェック！

$180° - \theta$ の三角比は，次のように表されます。

POINT 29

$$\cos(180° - \theta) = -\cos\theta,\quad \sin(180° - \theta) = \sin\theta,\quad \tan(180° - \theta) = -\tan\theta$$

円に内接する四角形で，向かい合う角の大きさがすぐに分からないときに利用しましょう。

円に内接する四角形の1つの内角を θ とすると，その対角は $180° - \theta$ と表されます。右下図の四角形の辺の長さを a，b，c，d，対角線の長さを x とすると，2つの三角形で，余弦定理より

$$x^2 = a^2 + b^2 - 2ab\cos\theta \quad \cdots\cdots ①$$

$$x^2 = c^2 + d^2 - 2cd\cos(180° - \theta)$$

$$= c^2 + d^2 + 2cd\cos\theta \quad \cdots\cdots ②$$

①，②から x^2，$\cos\theta$ の値を求めることができます。

また，四角形の面積を S とすると

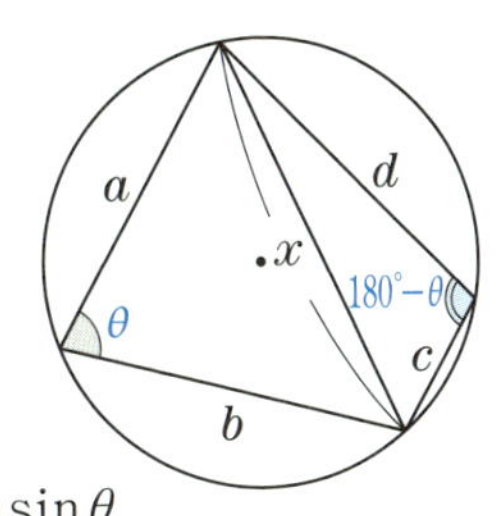

$$S = \frac{1}{2}ab\sin\theta + \frac{1}{2}cd\sin(180° - \theta) = \frac{1}{2}(ab + cd)\sin\theta$$

29-A 解答 ▶ STEP 1 $\cos\angle ADC$ を求める

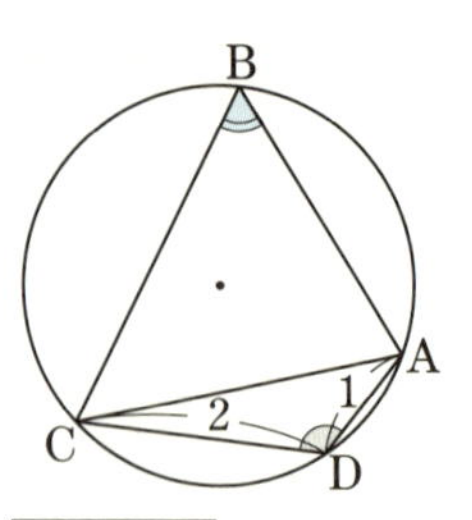

$$\cos\angle ADC=\cos(180^\circ-\angle ABC)$$

$$=-\cos\angle ABC=-\frac{5}{8}$$

STEP 2 AC を求める

△ACD で余弦定理より ◀ POINT 21 を使う！

$$AC^2=1^2+2^2-2\cdot1\cdot2\cdot\left(-\frac{5}{8}\right)=\frac{15}{2}$$ となり，$AC=\dfrac{\sqrt{\boxed{\text{アイ}\ 30}}}{\boxed{\text{ウ}\ 2}}$

29-B 解答 ▶ STEP 1 AC，$\cos\angle ABC$ を求める

$AC=x$，$\angle ABC=\theta$ とおく。四角形 ABCD は円に内接するので，$\angle ADC=180^\circ-\theta$

△ABC で余弦定理より ◀ POINT 21 を使う！

$$x^2=1^2+2^2-2\cdot1\cdot2\cdot\cos\theta$$

$$=5-4\cos\theta \quad \cdots\cdots ①$$

△ADC で余弦定理より

$$x^2=3^2+4^2-2\cdot3\cdot4\cdot\cos(180^\circ-\theta)$$ ◀  POINT 29 を使う！

$$=25-24\cdot(-\cos\theta)=25+24\cos\theta \quad \cdots\cdots ②$$

①，②より

$$5-4\cos\theta=25+24\cos\theta \qquad 28\cos\theta=-20$$

$$\cos\theta=\cos\angle ABC=\frac{-20}{28}=\frac{\boxed{\text{オカ}\ -5}}{\boxed{\text{キ}\ 7}}$$

①より $x^2=5-4\cdot\left(-\dfrac{5}{7}\right)=\dfrac{55}{7}$ $\qquad x=AC=\sqrt{\dfrac{55}{7}}=\dfrac{\sqrt{\boxed{\text{アイウ}\ 385}}}{\boxed{\text{エ}\ 7}}$

STEP 2 四角形 ABCD の面積を求める

$\sin\theta=\sqrt{1-\cos^2\theta}=\sqrt{1-\left(-\dfrac{5}{7}\right)^2}=\dfrac{2\sqrt{6}}{7}$ であるから ◀ POINT 23 を使う！

(四角形 ABCD の面積)＝△ABC＋△ADC

$$=\frac{1}{2}\cdot1\cdot2\cdot\sin\theta+\frac{1}{2}\cdot3\cdot4\cdot\sin(180^\circ-\theta)$$ ◀  POINT 24， POINT 29 を使う！

$$=\sin\theta+6\sin\theta=7\sin\theta=\boxed{\text{ク}\ 2}\sqrt{\boxed{\text{ケ}\ 6}}$$

実戦問題 第1問

この問題のねらい

・日常事象における長さ・角度の問題を数理的に捉え，三角比を用いて扱うことができる。

解答 ▶ STEP 1 条件を整理する

踏面を x (cm)，蹴上げを y (cm) とする。

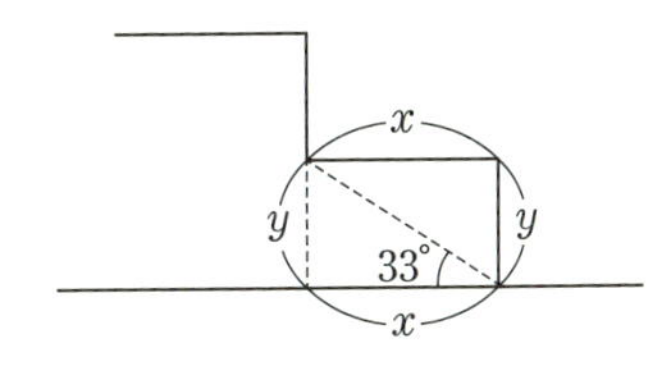

$$\tan 33^\circ = \frac{y}{x} \quad \cdots\cdots ①$$

$$x \geqq 26 \quad \cdots\cdots ②$$

$$y \leqq 18 \quad \cdots\cdots ③$$

STEP 2 x の満たす不等式をつくる

①より，　$y = x\tan 33^\circ$

③から，　$x\tan 33^\circ \leqq 18$

$\tan 33^\circ > 0$ なので　$x \leqq \dfrac{18}{\tan 33^\circ}$　……④

②，④より　$26 \leqq x \leqq \dfrac{18}{\tan 33^\circ}$　（ア ③）

実戦問題 第2問

この問題のねらい

・正弦定理・余弦定理を利用できる。

（⇒ POINT 21，POINT 22，POINT 25）

・面積・体積を求めることができる。（⇒ POINT 24，POINT 27）

解答 ▶ STEP 1 $\cos^2\theta + \sin^2\theta = 1$ を利用する

(1)　$0^\circ < B < 180^\circ$ より $\sin B > 0$ であり $\cos^2 B + \sin^2 B = 1$ から

$$\sin B = \sqrt{1-\cos^2 B} = \sqrt{1-\left(\frac{2}{3}\right)^2} = \frac{\sqrt{\boxed{ア\ 5}}}{\boxed{イ\ 3}}$$

◀ POINT 23 を使う！

STEP 2 余弦定理を用いて長さを求める

AB$=c$，BC$=a$，CA$=b$ とおくと，余弦定理から

$$b^2=c^2+a^2-2ca\cos B$$

◀ POINT 21 を使う！

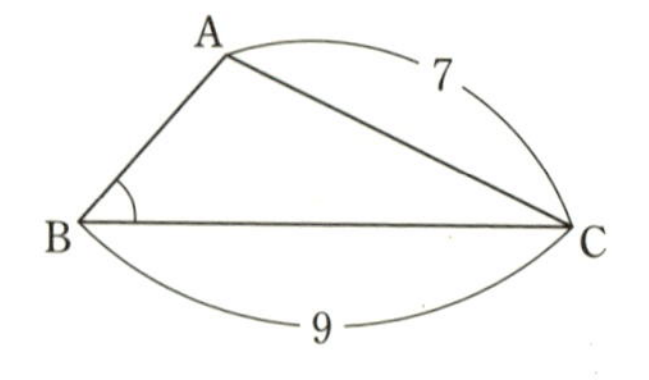

$$7^2=c^2+9^2-2\cdot c\cdot 9\cdot\frac{2}{3}$$

$$c^2-12c+32=0$$

$$(c-4)(c-8)=0$$

$c=4,\ 8$ となるが AB＜AC より $c<7$ なので

AB＝ ウ **4**

STEP 3 正弦定理を利用する

△ABC の外接円の半径を R とすると，正弦定理より

$\dfrac{b}{\sin B}=2R$ から

◀ POINT 25 を使う！

$$R=\frac{b}{2\sin B}=\frac{1}{2}\cdot 7\cdot\frac{3}{\sqrt{5}}=\frac{\boxed{^{エオ}\ 21}\sqrt{\boxed{^{カ}\ 5}}}{\boxed{^{キク}\ 10}}$$

また，$\dfrac{a}{\sin A}=\dfrac{b}{\sin B}$ から

$$\sin A=\frac{a}{b}\sin B=\frac{9}{7}\cdot\frac{\sqrt{5}}{3}=\frac{\boxed{^{ケ}\ 3}\sqrt{\boxed{^{コ}\ 5}}}{\boxed{^{サ}\ 7}}$$

STEP 4 余弦定理を用いて角を求める

余弦定理より

$$\cos A=\frac{b^2+c^2-a^2}{2bc}$$

◀ POINT 22 を使う！

$$=\frac{7^2+4^2-9^2}{2\cdot 7\cdot 4}$$

$$=\frac{\boxed{^{シス}\ -2}}{\boxed{^{セ}\ 7}}$$

◀ $\cos^2 A+\sin^2 A=1$ を用いると $\cos A$ の符号がはっきりしない

STEP 5 四角形の面積を求める

(2) $\triangle ABC=\frac{1}{2}ca\sin B$ ◀ POINT 24 を使う！

$=\frac{1}{2}\cdot 4\cdot 9\cdot \frac{\sqrt{5}}{3}$

$=6\sqrt{5}$

中点連結定理により △ADE∽△ABC で AD：AB＝1：2 から

△ADE：△ABC＝1^2：2^2＝1：4

四角形 BCED＝$\frac{4-1}{4}\cdot\triangle ABC$ ◀ POINT 27 を使う！

$=\frac{3}{4}\cdot 6\sqrt{5}$

$=\frac{\boxed{ソ\ 9}\sqrt{\boxed{タ\ 5}}}{\boxed{チ\ 2}}$

STEP 6 四角錐の体積を求める

△ADE で頂点Aから辺 DE に垂線 AH を下ろすと，∠ADH＝∠ABC であり，AD＝$\frac{1}{2}$AB＝$\frac{1}{2}\cdot 4=2$ から

AH＝AD $\sin B=2\cdot\frac{\sqrt{5}}{3}=\frac{2\sqrt{5}}{3}$

四角錐 A-BCED の体積

$=\frac{1}{3}\cdot$(四角形 BCED)$\cdot$AH

$=\frac{1}{3}\cdot\frac{9\sqrt{5}}{2}\cdot\frac{2\sqrt{5}}{3}=\boxed{ツ\ 5}$

実戦問題 第3問

この問題のねらい

・三角形を取り出して長さや角度を求めることができる。(⇒ POINT 27)
・三角比の関係式を利用できる。(⇒ POINT 23)
・一般化に向けて問題を振り返ることができる。

解答 ▶ STEP 1 ABの距離を求めて，平面図を作成する

(1) AB 間の距離は

$$10\,(\text{m/秒})\cdot 10\,(\text{秒})=100\,(\text{m})$$

点 A，B，C，P の位置関係は図1のようになる。

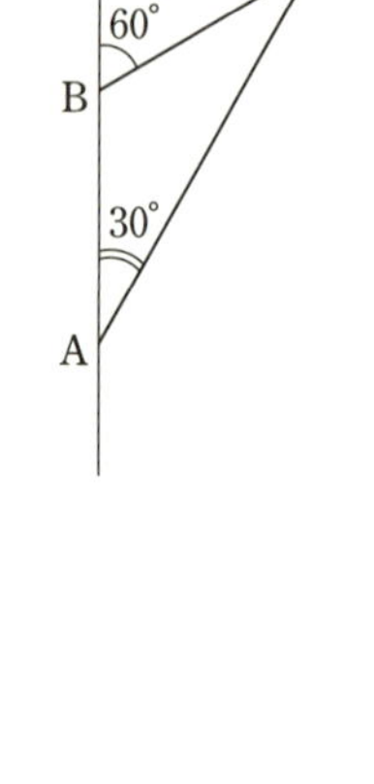

図1

STEP 2 PB，BC の距離を 30°，60° の内角をもつ三角形を用いて求める

$\angle ABP=120°$，$\angle APB=30°$ から $\triangle APB$ は
$PB=AB$ の二等辺三角形で　$PB=100\,(\text{m})$
直角三角形 BPC で

$$BC=PB\cos 60°=100\cdot\frac{1}{2}=50\,(\text{m})$$

BC 間の移動に必要な時間は $\dfrac{50}{10}=5$ (秒)。

よって，［ア 5］秒後

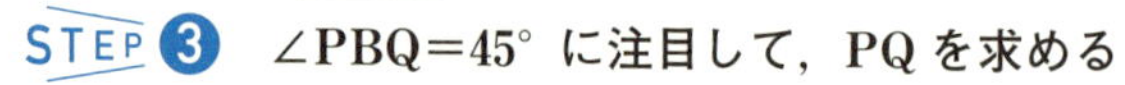

STEP 3 ∠PBQ=45° に注目して，PQ を求める

直角二等辺三角形 BPQ に注目して

$PQ=PB=$［イウエ 100］(m)

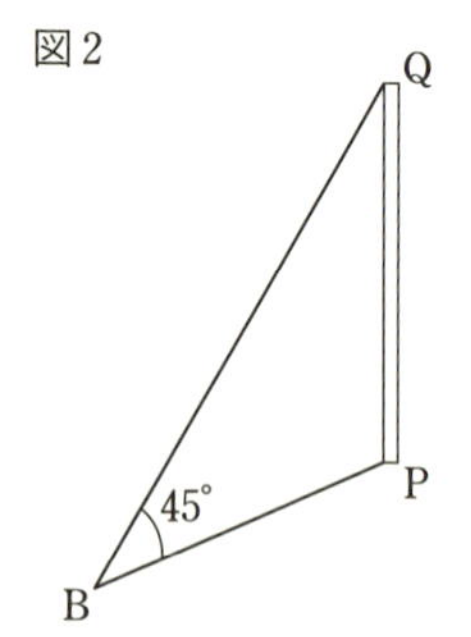

図2

! STEP 2 の解法は，与えられた角が 30°，60° という特殊な場合のものである。ここでは，△APB が二等辺三角形として扱うことができたが，一般的には，このように解くことはできない。そこで，一般化のための別の解法を考えることにする。

STEP ❹ PC，BC の距離を tan の値を用いて求める

(2) 図 1 において，高層ビルと道路の最短距離を $PC=d$ とする。

直角三角形 APC において，

$$\frac{PC}{AC}=\tan 30^\circ \qquad AC=\frac{PC}{\tan 30^\circ}=\sqrt{3}\,d$$

直角三角形 BPC において，

$$\frac{PC}{BC}=\tan 60^\circ \qquad BC=\frac{PC}{\tan 60^\circ}=\frac{d}{\sqrt{3}}=\frac{\sqrt{3}\,d}{3}$$

$AC-BC=AB$ より

$$\sqrt{3}\,d-\frac{\sqrt{3}\,d}{3}=100$$

$$\frac{2\sqrt{3}\,d}{3}=100$$

$$d=50\sqrt{3}$$

よって，$BC=\dfrac{50\sqrt{3}}{\sqrt{3}}=50$ (m)

STEP ❺ STEP ❹ の解法を一般化する

図 3 において，$PC=d$ とする。

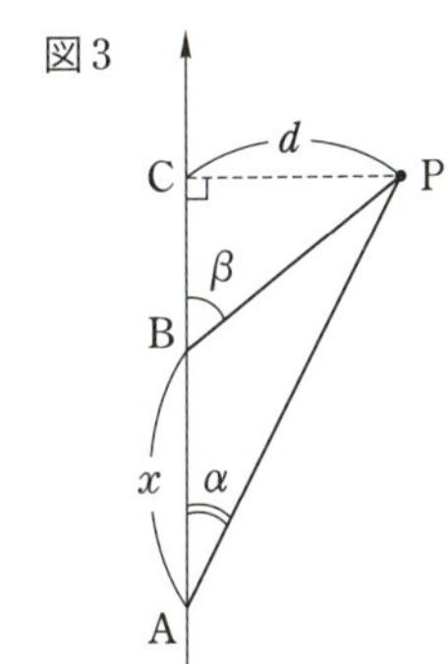

直角三角形 APC において，

$$\frac{PC}{AC}=\tan\alpha \qquad AC=\frac{d}{\tan\alpha}$$

直角三角形 BPC において，

$$\frac{PC}{BC}=\tan\beta \qquad BC=\frac{d}{\tan\beta}$$

$AC-BC=AB$ より

$$\frac{d}{\tan\alpha}-\frac{d}{\tan\beta}=x$$

$$d\left(\frac{1}{\tan\alpha}-\frac{1}{\tan\beta}\right)=x \quad \cdots\cdots ①$$

$$d\cdot\frac{\tan\beta-\tan\alpha}{\tan\alpha\tan\beta}=x$$

よって，$d=\dfrac{\tan\alpha\tan\beta}{\tan\beta-\tan\alpha}x$ （ オ ① ）

STEP 6 三角比の関係式を利用する

(3) $\tan\alpha=\dfrac{\sin\alpha}{\cos\alpha}$, $\tan\beta=\dfrac{\sin\beta}{\cos\beta}$ を用いると，①は

◀ POINT 23 を使う！

$$d\left(\frac{\cos\alpha}{\sin\alpha}-\frac{\cos\beta}{\sin\beta}\right)=x$$

$$d\cdot\frac{\cos\alpha\sin\beta-\sin\alpha\cos\beta}{\sin\alpha\sin\beta}=x$$

$$d=\frac{\sin\alpha\sin\beta}{\cos\alpha\sin\beta-\sin\alpha\cos\beta}x$$ （カ ①）

STEP 7 適用できない場合を指摘する

(4) $\theta=45^\circ$ となる β の値が存在しないとき，花子さんの方法を用いることができない。

$\theta=45^\circ$ のとき，PB＝PQ であり △BPC で CP＜PB であるので，CP＜PQ のときに $\theta=45^\circ$ となる β の値が存在する。

太郎さんの指摘として最も適当なのは

「高層ビルの高さ＜高層ビルと道路の最短距離」

のときとなる。（キ ③）

STEP 8 PQ を求める

(5) 図3の直角三角形 BPC において

$$\mathrm{PB}=\frac{\mathrm{PC}}{\sin\beta}=\frac{d}{\sin\beta}=\frac{\sin\alpha}{\cos\alpha\sin\beta-\sin\alpha\cos\beta}x$$

であるので，PQ＝PB より

$$\mathrm{PQ}=\frac{\sin\alpha}{\cos\alpha\sin\beta-\sin\alpha\cos\beta}x$$ （ク ①）

30 代表値

要点チェック!

データ全体の特徴を1つの数値で表すとき，このような値をデータの**代表値**といいます。代表値には，**平均値**，**中央値**，**最頻値**などがあります。

POINT 30

(i) **平均値**$=\dfrac{\text{データの値の合計}}{\text{データの個数}}$

(ii) **中央値**…データを値の小さい順に並べたとき，順番が中央になる値。
データの個数が偶数のときは，中央の2つの値の平均値を中央値とする。

奇数個のとき ○○○●○○○

偶数個のとき ○○○●●○○○
平均値

(iii) **最頻値**…データにおいて最も個数の多い値。

平均値，中央値，最頻値を定義にしたがって正確に求めましょう。

30-A 解答 ▸ STEP 1 平均値を求める

$$(\text{平均値})=\frac{0+1+1+3+4+4+4+9}{8}$$

$$=\frac{26}{8}=\boxed{ア\ 3}.\boxed{イウ\ 25}$$

STEP 2 中央値を求める

データは値の小さい順に並んでおり，データの個数は8個である。
4番目と5番目のデータの平均値を求めると，

$$(\text{中央値})=\frac{3+4}{2}=\boxed{エ\ 3}.\boxed{オ\ 5}$$

STEP 3 最頻値を求める

最も個数の多い値は4であり，最頻値は $\boxed{カ\ 4}$

30-B 解答 ▶ STEP 1 P高校の中央値のとり得る値を求める

P高校の20人の数学の得点の中央値は，得点を低い方から並べたときの10番目と11番目の得点の平均となる。 ◀ POINT 30 を使う！

35点以上54点以下に 0+0+3+4=7(人) いて，

55点以上59点以下に 6人いる。

よって，10番目と11番目の得点は55点以上59点以下となり，中央値のとり得る値は55点以上59点以下である。

STEP 2 Q高校の中央値のとり得る値を求める

Q高校の25人の数学の得点の中央値は，得点を低い方から並べたときの13番目の得点となる。 ◀ POINT 30 を使う！

35点以上59点以下に 5+5+0+0+0=10(人) いて，

60点以上64点以下に 10人いる。

よって，中央値のとり得る値は60点以上64点以下である。

したがって，得点の中央値については，Q高校の方が大きい。（ア ①）

31 データの範囲と四分位範囲

要点チェック!

データの最大値から最小値を引いた値を**範囲**といいます。範囲が大きいと，データの散らばり具合が大きいと考えられます。範囲は簡単に求められますが，データに1つでも極端に離れた値があると，その影響を受けます。そこで，データを小さい順に並べて4等分する位置を考えて，これを**四分位数**（第1四分位数，第2四分位数（中央値），第3四分位数）といい，以下のように求められる**四分位範囲**，**四分位偏差**を用いてデータの散らばり具合を表します。

POINT 31

(i) **範囲=(最大値)−(最小値)**

(ii) **四分位範囲=(第3四分位数)−(第1四分位数)**

(iii) **四分位偏差=(四分位範囲)÷2**

第1四分位数 Q_1　　中央値　　第3四分位数 Q_3

小 ○○○●○○○●○○○●○○○ 大

四分位範囲

四分位範囲と四分位偏差の違いに注意して計算しましょう。

31-A 解答 ▶ STEP 1 四分位範囲を求める

(四分位範囲)$=7.6-6.95=$ [ア 0] . [イウ 65] (秒)

31-B 解答 ▶ STEP 1 数学の得点の範囲を求める ◀ POINT 31 を使う！

(1) 数学の得点の範囲は　$98-33=$ [アイ 65] (点) ◀ 範囲＝最大値－最小値

STEP 2 数学の得点の四分位範囲，四分位偏差を求める

第 1 四分位数 Q_1，第 3 四分位数 Q_3 は　$Q_1=58.5$ (点)，$Q_3=84.0$ (点)

四分位範囲は　$Q_3-Q_1=84.0-58.5=$ [ウエ 25] . [オ 5] (点)

四分位偏差は　$\dfrac{Q_3-Q_1}{2}=\dfrac{25.5}{2}=$ [カキ 12] . [クケ 75] (点) ◀ POINT 31 を使う！

STEP 3 国語と英語の得点の四分位偏差を比較する

(2) 国語の得点の四分位偏差は $\dfrac{64.5-44.0}{2}=10.25$ (点) ◀ POINT 31 を使う！

英語の得点の四分位偏差は $\dfrac{70.5-46.5}{2}=12$ (点)

よって，英語の方が大きい。([コ ①])

32 箱ひげ図

要点チェック！

データの散らばり具合を，データの最小値，第 1 四分位数 Q_1，中央値，第 3 四分位数 Q_3，最大値に注目して，次のように箱と線(ひげ)による図(**箱ひげ図**)で表します。箱の横の長さ (Q_3-Q_1) が四分位範囲となっています。

POINT 32

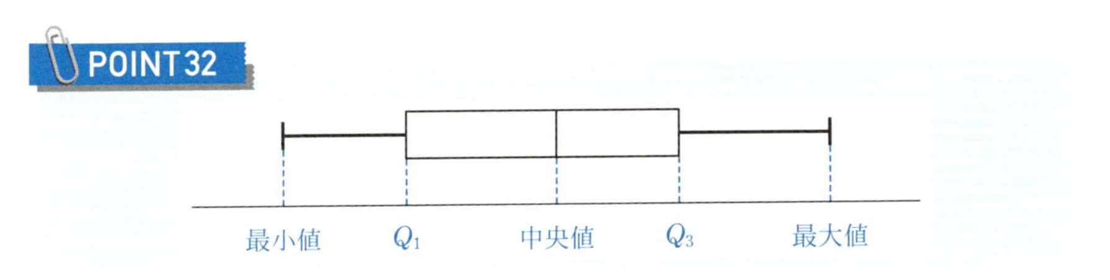

複数のデータの分布を比較するときに利用しましょう。

第4章 データの分析

32-A 解答 ▶ STEP 1 四分位範囲の値を比較する

箱の横の長さ(Q_3-Q_1)を比較すると，四分位範囲の値は1組の方が大きい。

よって，ア ⓪

32-B 解答 ▶ STEP 1 箱ひげ図を選ぶ

3教科の得点の最大値，最小値は等しいので，第1四分位数，中央値，第3四分位数に注目する。

◀ POINT 32 を使う！

国語は，第3四分位数が64.5(点)であることから ア ③

数学は，第1四分位数と第3四分位数に着目すると イ ⑤

英語は，中央値と第3四分位数に着目すると ウ ②

33 分散と標準偏差

要点チェック！

各データの値から平均値を引いた値を**偏差**といいます。偏差を2乗した値は，データの値が平均値から離れるほど大きくなります。偏差を2乗した値の平均値を**分散**といい，データの散らばり具合を表す値として利用します。分散の正の平方根を**標準偏差**といいます。

また，分散を求めるときに利用できる関係式があります。

変量xのn個のデータの値がx_1，x_2，x_3，…，x_nのとき，x_1^2，x_2^2，x_3^2，…，x_n^2を変量x^2のn個のデータの値と考えることにします。このとき

(xの分散)＝(x^2の平均値)－(xの平均値)^2 の関係があります。

POINT 33

(i) **偏差＝(データの値)－(平均値)**

分散＝$\dfrac{(\text{偏差})^2\text{の合計}}{\text{データの個数}}$

標準偏差＝$\sqrt{\text{分散}}$

(ii) xの平均値を$\overline{x}$，x^2の平均値を$\overline{x^2}$とすると

(xの分散)＝$\overline{x^2}-(\overline{x})^2$

分散の2つの求め方を活用しましょう。

33-A 解答 ▶ STEP 1 偏差の最大値を求める

平均値は 37.0 より 10 人の偏差は右の表のようになるので，偏差の最大値は [ア 7].[イ 0] (点)

番号	得点	偏差	(偏差)^2
1	37	0	0
2	44	7	49
3	34	-3	9
4	35	-2	4
5	30	-7	49
6	41	4	16
7	38	1	1
8	33	-4	16
9	41	4	16
10	37	0	0

STEP 2 分散を求める

10 人の偏差の 2 乗の値は右の表のようになるので，分散は

$$\frac{1}{10}(0+49+9+4+49+16+1+16+16+0)=\frac{160}{10}=16$$

となり，[ウエ 16].[オカ 00]

STEP 3 標準偏差を求める

標準偏差は分散の正の平方根であるので　$\sqrt{16.00}=$[キ 4].[ク 0] (点)

33-B 解答 ▶ STEP 1 $\overline{x}$，$\overline{x^2}$ を求めて，変量 x の分散 $s_x{}^2$ を求める

生徒番号	1	2	3	4	5
x	3	4	5	4	4
x^2	9	16	25	16	16

(1)

$$\overline{x}=\frac{3+4+5+4+4}{5}=\frac{20}{5}=4$$

$$\overline{x^2}=\frac{9+16+25+16+16}{5}=\frac{82}{5}$$

分散 $s_x{}^2$ は

$$s_x{}^2=\overline{x^2}-(\overline{x})^2=\frac{82}{5}-4^2=\frac{2}{5}=\text{[ア 0].[イ 4]}$$

◀ POINT 33 を使う！

別解 ▶ $s_x{}^2=\frac{1}{5}\{(3-4)^2+(4-4)^2+(5-4)^2+(4-4)^2+(4-4)^2\}=\frac{2}{5}=0.4$

STEP 2 変量 u の分散 $s_u{}^2$ を求める

(2) $u=ky$ $(k>0)$ とおくと

生徒番号	1	2	3	4	5
u	$7k$	$9k$	$10k$	$8k$	$6k$
u^2	$49k^2$	$81k^2$	$100k^2$	$64k^2$	$36k^2$

$$\overline{u}=\frac{7k+9k+10k+8k+6k}{5}=8k$$

$$\overline{u^2}=\frac{49k^2+81k^2+100k^2+64k^2+36k^2}{5}=66k^2$$

分散 $s_u{}^2$ は　$s_u{}^2=\overline{u^2}-(\overline{u})^2=66k^2-(8k)^2=2k^2$

◀ POINT 33 を使う！

よって，$s_u{}^2=s_x{}^2$ のとき

$2k^2=\frac{2}{5}$ より $k^2=\frac{1}{5}$　　よって，$k=\frac{\sqrt{\text{[ウ 5]}}}{\text{[エ 5]}}$

第4章 データの分析

別解▶ $s_u{}^2=\dfrac{1}{5}\{(7k-8k)^2+(9k-8k)^2+(10k-8k)^2+(8k-8k)^2+(6k-8k)^2\}$

$=2k^2$

34 変量の変換

要点チェック!

データのすべての値に対して，1次関数 $y=ax+b$（a，b は定数）を利用して新しいデータに変換することがあります。

変換前の x_1，x_2，…，x_n の平均値を $\overline{x}$，変換後の y_1，y_2，…，y_n の平均値を $\overline{y}$ とすると，

$$\overline{y}=\frac{(ax_1+b)+(ax_2+b)+\cdots+(ax_n+b)}{n}$$

$$=\frac{a(x_1+x_2+\cdots+x_n)+nb}{n}=a\overline{x}+b$$

y_i の偏差について

$$y_i-\overline{y}=(ax_i+b)-(a\overline{x}+b)=a(x_i-\overline{x})$$

となり，$(y_i-\overline{y})^2=a^2(x_i-\overline{x})^2$

変換前の分散を $s_x{}^2$，変換後の分散を $s_y{}^2$ とすると，

$$s_y{}^2=\frac{(y_1-\overline{y})^2+(y_2-\overline{y})^2+\cdots+(y_n-\overline{y})^2}{n}$$

$$=\frac{a^2(x_1-\overline{x})^2+a^2(x_2-\overline{x})^2+\cdots+a^2(x_n-\overline{x})^2}{n}$$

$$=\frac{a^2\{(x_1-\overline{x})^2+(x_2-\overline{x})^2+\cdots+(x_n-\overline{x})^2\}}{n}=a^2s_x{}^2$$

となります。

POINT 34

a，b を定数とする。

変量 x のデータから $y=ax+b$ によって変量 y のデータに変換するとき，x，y のデータの平均値を $\overline{x}$，$\overline{y}$，分散を $s_x{}^2$，$s_y{}^2$，標準偏差を s_x，s_y とすると，

$$\boldsymbol{\overline{y}=a\overline{x}+b,\quad s_y{}^2=a^2s_x{}^2,\quad s_y=|a|s_x}$$

変量xのデータから，新しい変量yのデータを1次式を用いてつくるときに利用しましょう。

34-A 解答 ▶ STEP 1 変換後の分散を扱う

20人のXの平均値を$\overline{X}$，Dの平均値を$\overline{D}$とすると，

$X=1.80D-165.0$ から $\overline{X}=1.80\overline{D}-165.0$

Xの偏差について

$$X-\overline{X}=(1.80D-165.0)-(1.80\overline{D}-165.0)=1.80(D-\overline{D})$$

$$(X-\overline{X})^2=(1.80)^2(D-\overline{D})^2=3.24(D-\overline{D})^2$$

分散は偏差を2乗した値の平均値なのでXの分散を$s_X{}^2$，Dの分散を$s_D{}^2$とすると，$s_X{}^2=3.24s_D{}^2$ となり ア ③

34-B 解答 ▶ STEP 1 変換の式をつくる

摂氏の最高気温Cから $F=\frac{9}{5}C+32$ によって，華氏の最高気温Fに変換する。

STEP 2 変換後の分散を扱う

365日のCの平均値を$\overline{C}$，Fの平均値を$\overline{F}$とすると，

$$\overline{F}=\frac{9}{5}\overline{C}+32$$

◀ POINT 34 を使う！

Fの偏差について

$$F-\overline{F}=\left(\frac{9}{5}C+32\right)-\left(\frac{9}{5}\overline{C}+32\right)=\frac{9}{5}(C-\overline{C})$$

$$(F-\overline{F})^2=\frac{81}{25}(C-\overline{C})^2$$

分散は偏差を2乗した値の平均値なので，Cの分散を$s_C{}^2$，Fの分散を$s_F{}^2$とすると，

$$s_F{}^2=\frac{81}{25}s_C{}^2$$

◀ POINT 34 を使う！

よって，$Y=\frac{81}{25}X$ より $\frac{Y}{X}=\frac{81}{25}$ となり ア ④

35 散布図

要点チェック！

2つの変量からなるデータを平面上に図示したものを**散布図**といいます。散布図をかくとデータにおける2つの変量の間の関連性を視覚的にとらえることができます。散布図では，1つの点が1つのデータ（2つの変量の組）を表しています。2つの変量のデータにおいて，一方が増加すると他方も増加する傾向がみられるとき，2つの変量の間に**正の相関**があるといいます。また，一方が増加すると他方が減少する傾向がみられるとき，2つの変量の間に**負の相関**があるといいます。

点が1つの直線に沿って分布する度合が強いほど，相関が強いといいます。

POINT 35

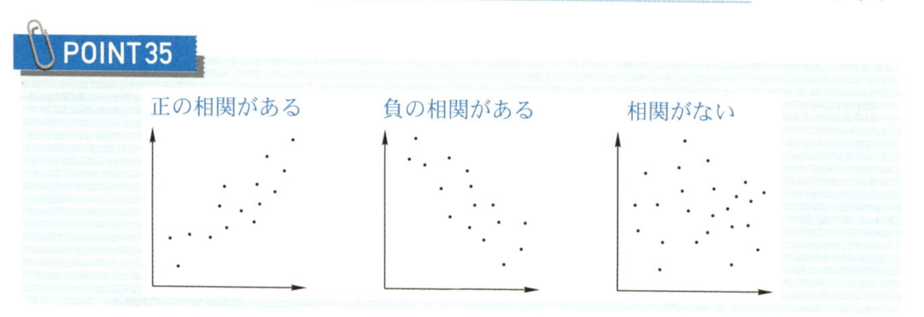

2つの変量の関連性を調べるときに利用しましょう。

35-A 解答 ▶ STEP 1 データの個数を調べる

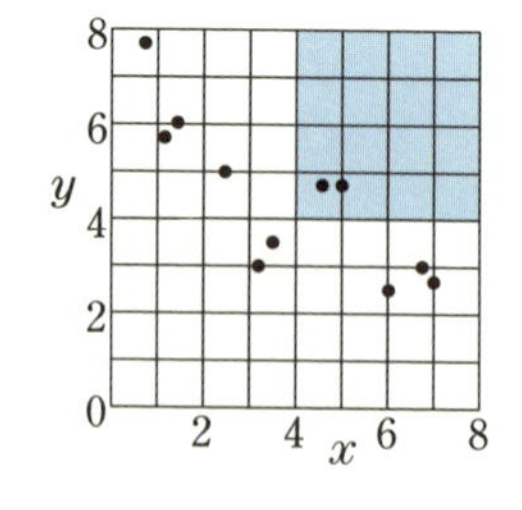

散布図に点が11個あるので，データの個数は アイ 11 個

変量xと変量yの値がともに4より大きいデータは，右図の　　部分に注目すると，ウ 2 個

35-B 解答 ▶ STEP 1 散布図を選ぶ

散布図⓪には番号8のデータ $(p,\ q)=(33,\ 33)$ がない。

散布図①には番号6，8のデータ $(p,\ q)=(43,\ 41)$，$(33,\ 33)$ がない。

散布図③には番号2のデータ $(p,\ q)=(44,\ 44)$ がない。

したがって，散布図として適切なものは ア ② である。

STEP 2 変量 p と変量 q の関係を説明する

散布図②では，データを表す点が全体的に右上がりとなっており，正の相関関係がある。（イ ⓪）

◀ POINT 35 を使う！

36 相関表

要点チェック！

2つの変量の相関を調べるとき，2つの変量を横軸と縦軸にとって度数分布表を作る方法があります。このような表を**相関表**といい，ます目に度数を記入します。

POINT 36

散布図の点に代えて，度数を用いて2つの変量の関係を整理した表。

ます目には度数が記入されている。

行または列の合計を求めると，1つの変量に注目したときの度数がわかる。

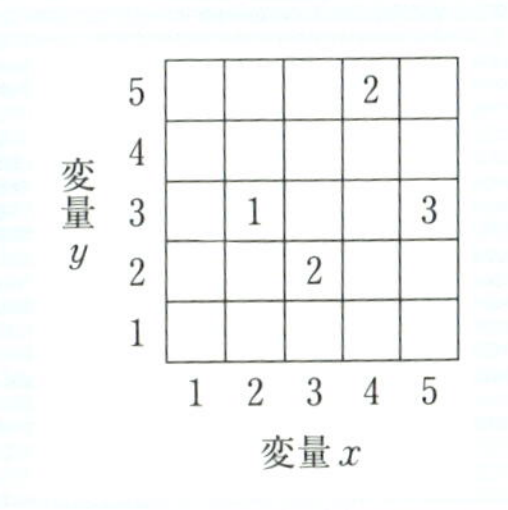

変量 y \ 変量 x	1	2	3	4	5
5				2	
4					
3		1			3
2			2		
1					

データの個数が多いときや散布図では点が重なってしまうときなどに利用しましょう。

36-A 解答 ▶ STEP 1 相関表から人数を求める

国語が5点である生徒の人数は，

$2+1+5=$ ア 8 （人）

36-B 解答 ▶ STEP 1 変量 p のヒストグラムを選ぶ

変量 p の度数分布表は次のようになるので，ヒストグラムは ア ④ である。

	0以上20未満	20～40	40～60	60～80	80～100	計
度数	4	13	4	24	5	50

2	3	0	0	0
0	7	3	5	1
2	2	0	11	0
0	1	1	7	1
0	0	0	1	3

STEP 2 **変量 q のヒストグラムを選ぶ**

変量 q の度数分布表は次のようになるので，ヒストグラムは イ ⑤ である。

	0以上 20未満	20～ 40	40～ 60	60～ 80	80～ 100	計
度数	4	10	15	16	5	50

2	3	0	0	0
0	7	3	5	1
2	2	0	11	0
0	1	1	7	1
0	0	0	1	3

37 相関係数

要点チェック!

2つの変量の相関の正負と強弱を**相関係数**とよばれる値を用いて調べることができます。

POINT 37

2つの変量 x と y の相関係数 r は，

$$r=\frac{(x\text{の偏差})\times(y\text{の偏差})\text{の平均値}}{(x\text{の標準偏差})\times(y\text{の標準偏差})}$$

分子は x，y の共分散

または $$r=\frac{(x\text{の偏差})\times(y\text{の偏差})\text{の和}}{\sqrt{(x\text{の偏差})^2\text{の和}}\times\sqrt{(y\text{の偏差})^2\text{の和}}}$$

相関係数 r には，次の性質があります。

・$-1\leqq r\leqq 1$ である。

・r が1に近いほど，正の相関が強くなる。(散布図で右上がり)

・r が0に近いとき，相関がない，または相関が弱い。

・r が -1 に近いほど，負の相関が強くなる。(散布図で右下がり)

変量 x と y の相関の正負や強弱を調べるときに利用しましょう。

37-A 解答 ▶ STEP 1 **相関係数を求める**

右の表より（数学の偏差）×（英語の偏差）の和は

$(-6)\times(-8)+9\times(-10)+15\times15$

$+(-10)\times9+(-8)\times(-6)$

$=141$

番号	数学の偏差	英語の偏差
1	−6	−8
2	9	−10
3	15	15
4	−10	9
5	−8	−6

よって，(数学の偏差)×(英語の偏差) の平均値は $\frac{141}{5}$

相関係数 r は

$$r=\frac{\frac{141}{5}}{\sqrt{101.2}\times\sqrt{101.2}}=\frac{141}{506}\fallingdotseq \boxed{^{ア}\ 0}.\boxed{^{イウ}\ 28}$$

37-B 解答 ▶ STEP 1 偏差についての式を立てる

右の表より，数学の得点について，偏差(得点－平均値) の和が 0 であることから

生徒	英語の偏差	数学の偏差
1	−7	0
2	4	5
3	2	−1
4	2	2
5	−2	−7
6	2	A−15
7	−2	B−15
8	−1	−1
9	2	0

$$0+5+(-1)+2+(-7)+(A-15)+(B-15)+(-1)+0=0$$

$$A+B=\boxed{^{アイ}\ 32}\quad\cdots\cdots①$$

別解 ▶ 数学の得点の合計は

$$15+20+14+17+8+A+B+14+15=15\times9$$

より　$A+B=32$

STEP 2 相関係数についての式を立てる

(英語の偏差)×(数学の偏差) の和は

$$(-7)\times0+4\times5+2\times(-1)+2\times2+(-2)\times(-7)+2\times(A-15)+(-2)\times(B-15)+(-1)\times(-1)+2\times0$$

$$=2A-2B+37$$

(英語の偏差)×(数学の偏差) の平均値は

$$\frac{1}{9}(2A-2B+37)$$

相関係数の値が 0.5 であることから

$$\frac{\frac{1}{9}(2A-2B+37)}{\sqrt{10}\cdot\sqrt{10}}=0.5$$

◀ POINT 37 を使う！

これより $A-B=\boxed{^{ウ}\ 4}$ ……②

①，②より，$A=\boxed{^{エオ}\ 18}$，$B=\boxed{^{カキ}\ 14}$

実戦問題 第1問

この問題のねらい

・偏差，標準偏差を求めることができる。(⇒ POINT 33)
・相関係数を求めることができる。(⇒ POINT 37)

解答 ▶ STEP 1 事柄の正誤を判断する

(1) 〈⓪について〉 ◀ POINT 30 を使う！

変量 y の平均値は $\overline{y}=\dfrac{1220}{20}=61$ であるので正しい。

あるいは，番号 1 の $y=63$，$y-\overline{y}=2$ より $\overline{y}=61$ としてもよい。

〈①について〉

中央値を求めるには，データを大きさの順に並べ替え，小さい方から 10 番目，11 番目の平均を計算する必要があるため，この表からは読み取ることはできない。

〈②について〉 ◀ POINT 33 を使う！

変量 y の標準偏差は $\sqrt{\dfrac{80}{20}}=2$，変量 x の標準偏差は $\sqrt{\dfrac{180}{20}}=3$ であるので正しい。

〈③について〉

変量 x と y の共分散は $\dfrac{60}{20}=3$ であるので誤り。

以上より，［ア，イ ⓪，②］

STEP 2 x の合計を平均値 $\overline{x}$ から求める

(2) 番号 1 の $x=61$，$x-\overline{x}=2$ より $\overline{x}=59$ となるので

$$A=\overline{x}\cdot20=59\cdot20=\boxed{\text{ウエオカ}\ 1180}$$

STEP 3 相関係数を求める式をつくる

(3) 相関係数$=\dfrac{(x-\overline{x})(y-\overline{y})\text{ の和}}{\sqrt{((x-\overline{x})^2\text{ の和})}\times\sqrt{((y-\overline{y})^2\text{ の和})}}$ より

$$\frac{60}{\sqrt{180}\cdot\sqrt{80}}=\frac{60}{6\sqrt{5}\cdot4\sqrt{5}}=0.\boxed{\text{キ}\ 5}$$

別解 ▶ 相関係数 $=\dfrac{x,\ y\text{の共分散}}{(x\text{の標準偏差})\times(y\text{の標準偏差})}$

を用いてもよい。

を使う！

実戦問題　第2問

この問題のねらい

・箱ひげ図を利用できる。(⇒ POINT 32)
・散布図を活用できる。(⇒ POINT 35)

解答 ▶ STEP 1　**散布図から最大値，中央値を読み取る**

(1)　〈⓪について〉

図1より平成27年の最大値はおよそ6.6人，平成29年の最大値はおよそ5.9人となり正しい。

〈①について〉

都道府県の数は47なので，中央値は小さい方，あるいは大きい方から24番目の値となる。右上図のように点Yを通る直線①をひくと，この直線の右側にある点の数は9個であるので，点Yの示す値は平成27年の中央値ではない。

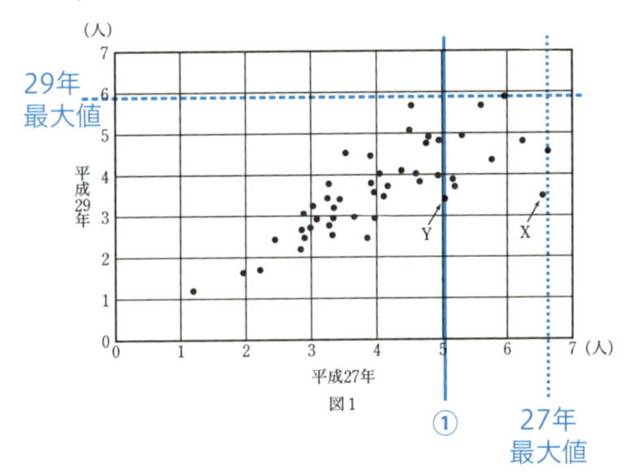

図1

STEP 2　**散布図から中央値，四分位数を読み取る**

〈②について〉

都道府県の数は47であるので中央値は小さい方から24番目，第1四分位数は12番目，第3四分位数は36番目となる。平成27年のデータについて，右図のように最小値，最大値を含めた5つの値が小さい方から順におよそ1.2，3.2，4.0，4.9，6.6(人)

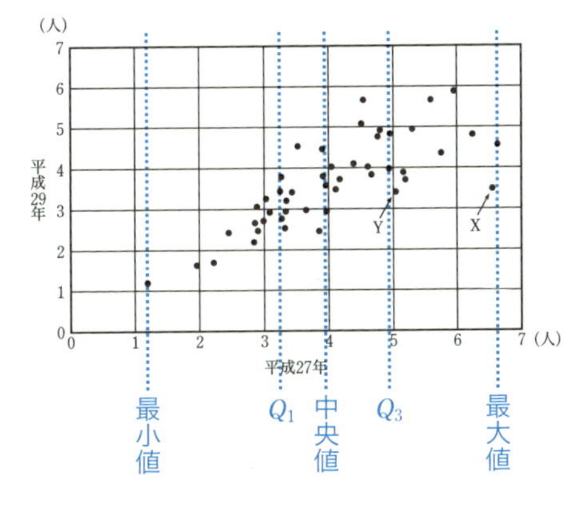

と読めるので箱ひげ図は図２のAとなり正しい。

〈③について〉

箱ひげ図Eでは，最大値が6.5人であるが，平成29年の最大値はおよそ5.9人であるので正しくない。

STEP 3 散布図から相関を読み取る

〈④について〉

散布図から，平成27年の値と，平成29年の値には正の相関がみられることから図１の状態での相関係数は正の値と考えられる。点Xは直線状に集まっている点のかたまりから外れた位置にあるため，点Xがない場合の方が相関係数は大きい値となり正しい。

〈⑤について〉

正の相関があるので正しくない。

以上より，[ア，イ，ウ ⓪，②，④]

STEP 4 散布図から必要な点を選別する

(2) 平成27年の値を x，平成29年の値を y とすると，直線 $y=x$ 上に点があればこの２年の値に変化がなかったことになる。よって，原点を通り傾きが１の直線を引き，この直線の上方にある点に注目すればよい。

よって，散布図の点(0，0)と(7，7)を結ぶ直線を引き，この直線の上側にある点を選別すればよいので [エ ②]

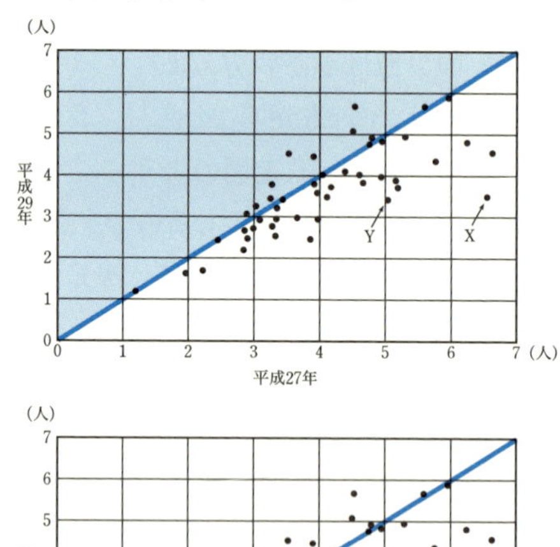

！ 点Xを通り傾きが１の直線を引くとその下方にはデータを表す点が見当たらない。このことは，点Xの表す都道府県の平成29年の値が平成27年の値から最も減少していることを示している。また，平成27年を基準とした増加率(減少率)に注目する場合は，原点を通る直線の傾きを利用することが考えられる。点Xは原点と各点を結んだときに傾きが最小の点でもある。

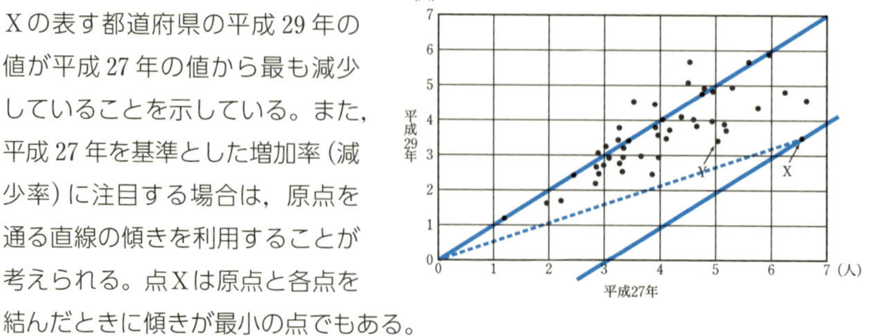

実戦問題　第3問

この問題のねらい

・分散と平均値の関係式を利用できる。(⇒ POINT 33)
・変量の変換の性質を利用できる。(⇒ POINT 34)

解答 ▶ STEP 1　分散の計算式を示す

(1)　平均値を $\overline{x}$ とするとき，分散は

$$\frac{1}{6}\{(71-\overline{x})^2+(73-\overline{x})^2+(79-\overline{x})^2+(83-\overline{x})^2+(89-\overline{x})^2+(97-\overline{x})^2\}$$

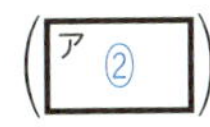

◀ POINT 33 を使う！

STEP 2　データを2乗した値を用いた分散の計算式を示す

平均値を $\overline{x}$ とするとき，分散は

$$\frac{1}{6}(71^2+73^2+79^2+83^2+89^2+97^2)-(\overline{x})^2$$

◀ POINT 33 を使う！

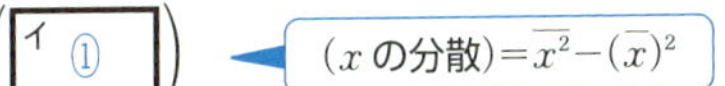

STEP 3　変量の変換をしたときの平均値，分散を扱う

(2)　変量 x の平均値を $\overline{x}$，分散を s^2 とする。定数 a，b に対して $ax+b$ として新しい変量のデータが得られるとき，新しい変量の平均値は $a\overline{x}+b$，分散は

a^2s^2 となる。（ ウ ① ）

◀ POINT 34 を使う！

STEP 4　変量を変換をした後の平均値，分散を求める

(3)　変換後のデータは　-12，-10，-4，0，6，14

平均値は

$$\frac{1}{6}\{(-12)+(-10)+(-4)+0+6+14\}=\frac{-6}{6}=\boxed{\text{エオ}\ -1}$$

分散は

$$\frac{1}{6}\{(-12)^2+(-10)^2+(-4)^2+0^2+6^2+14^2\}-(-1)^2$$

$$=\frac{1}{6}(144+100+16+0+36+196)-1=\frac{492}{6}-1=81$$

はじめのデータの分散は，変換後のデータの分散と同じ値なので $\boxed{\text{カキ}\ 81}$

STEP 5 分散の性質を振り返る

(4) はじめのデータ x の平均値を $\overline{x}$，変換後のデータ y の平均値を $\overline{y}$ とすると，

$y=x-83$ から $\overline{y}=\overline{x}-83$

y の偏差について

$y-\overline{y}=(x-83)-(\overline{x}-83)=x-\overline{x}$

$(y-\overline{y})^2=(x-\overline{x})^2$

分散は偏差を2乗した値の平均値なので，y の分散を $s_y{}^2$，x の分散を $s_x{}^2$ とすると，$s_y{}^2=s_x{}^2$ となる。

分散を求めるときに同じ計算となったのは，「はじめのデータと変換後のデータの偏差の値に変化がおきなかったから」である。 **ク ⓪**

標準偏差$=\sqrt{分散}$ であるので，標準偏差を求める式は，

$$\sqrt{\frac{1}{6}\{(71-\overline{x})^2+(73-\overline{x})^2+(79-\overline{x})^2+(83-\overline{x})^2+(89-\overline{x})^2+(97-\overline{x})^2\}}$$

または，$\sqrt{\frac{1}{6}(71^2+73^2+79^2+83^2+89^2+97^2)-(\overline{x})^2}$

となる。標準偏差に注目すると，変量の変換の性質は次のようになる。

変量 x の平均値を $\overline{x}$，標準偏差を s とする。定数 a，b に対して $ax+b$ として新しい変量のデータが得られるとき，新しい変量の平均値は $a\overline{x}+b$，標準偏差は $|a|s$ となる。

($\sqrt{a^2}=|a|$，$\sqrt{s^2}=s$ から $\sqrt{a^2s^2}=|a|s$ となる。)

実戦問題 第4問

この問題のねらい

・データの分析の知識を総合的に応用できる。

解答 ▶ STEP 1 箱ひげ図から最小値，最大値，中央値を読み取る

(1) 〈⓪，①，②について〉

右図より，⓪，①，②のいずれも正しいことが読み取れる。

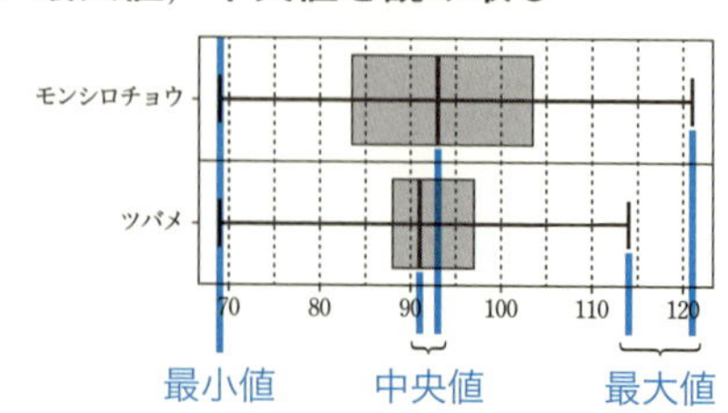

STEP 2 箱ひげ図から四分位範囲を読み取る

〈③，④，⑤について〉

モンシロチョウの四分位範囲はおよそ 20，ツバメの四分位範囲はおよそ 10 と読み取れる。

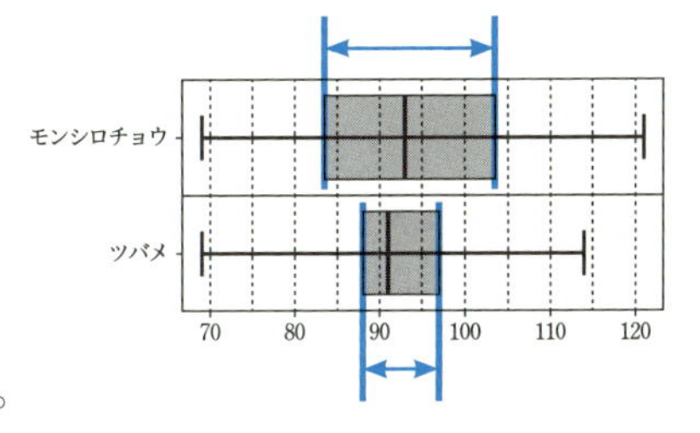

よって，

③は正しい。　④は正しくない。

⑤は正しい。

STEP 3 散布図から初見日の関係を読み取る

〈⑥について〉

散布図の実線上にある点は初見日が同じところを表しており，図の丸印をつけた 4 点がこれに当たるので正しい。

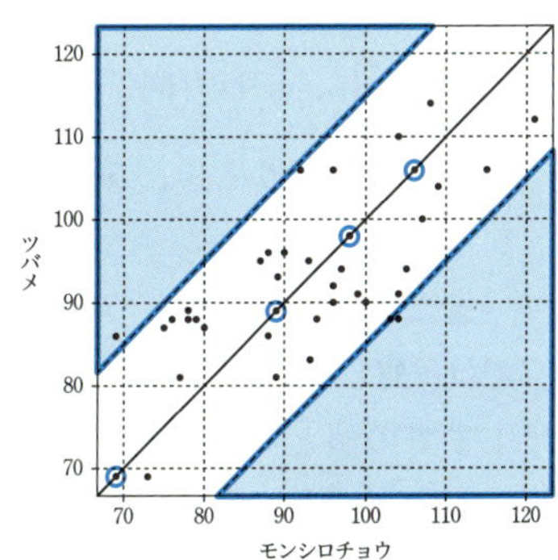

〈⑦について〉

散布図の 2 本の破線の間にある点(線上の点も含む)は初見日の差が 15 日以下のところを表している。図の網掛けの部分に点があることから正しくない。

以上より，ア，イ ④，⑦

STEP 4 変量の変換を扱う

(2)　Xの偏差の平均値は

$$\frac{1}{n}\{(x_1-\overline{x})+(x_2-\overline{x})+\cdots+(x_n-\overline{x})\}$$

$$=\frac{1}{n}\{(x_1+x_2+\cdots+x_n)-n\cdot\overline{x}\}=\overline{x}-\overline{x}=0$$ （ウ ⓪）

$x_i'=\dfrac{x_i}{s}-\dfrac{\overline{x}}{s}$ の変換をすると，変換後の平均値は

$$\frac{\overline{x}}{s}-\frac{\overline{x}}{s}=0$$ （エ ⓪）

変換後の標準偏差は $s>0$ であるので

$$\left|\frac{1}{s}\right|\cdot s=\frac{1}{s}\cdot s=1$$ （オ ①）

「変量 x の平均値を $\overline{x}$，標準偏差を s とする。定数 a，b に対して $ax+b$ として新しい変量のデータが得られるとき，新しい変量の平均値は $a\overline{x}+b$，標準偏差は $|a|s$ となる。」という性質で，$a=\frac{1}{s}$，$b=-\frac{\overline{x}}{s}$ の場合を扱っている。

STEP 5 変量の変換後の散布図を扱う

M，T の平均値，標準偏差をそれぞれ $\overline{m}$，$\overline{t}$，s_M，s_T とすると，はじめの散布図上の点 $\mathrm{A}(M,\ T)$ は，変換後の散布図では 点 $\mathrm{A}'\left(\frac{M-\overline{m}}{s_M},\ \frac{T-\overline{t}}{s_T}\right)$ にうつる。仮に点 $\mathrm{B}(\overline{m},\ \overline{t})$ をとると，この点は $\mathrm{B}'(0,\ 0)$ にうつる。

標準偏差の値について $s_M>0$，$s_T>0$ であるので，はじめの2点A，Bの位置関係は，左右方向に $\frac{1}{s_M}$ 倍，上下方向に $\frac{1}{s_T}$ 倍された状態でのA′，B′の位置関係となり，①，③のように点Bを中心として回転したようなものとはならない。

また，変換後の M'，T' の平均値は0，標準偏差は1である。散布図⓪，①では，M'，T' のデータの取る値の範囲が -1 から1であり，偏差が -1 から1までの値となってしまう。これは，M'，T' の標準偏差が1となることに反するので⓪，①は不適である。

上記の考察と図2のデータの各点の配置からみて，M'，T' の散布図は カ ② である。

STEP 6 相関係数を計算する

(3) $相関係数=\dfrac{M\ と\ T\ の共分散}{(M\ の標準偏差)\times(T\ の標準偏差)}$ ◀ POINT 37 を使う！

より

$$\frac{87.9}{12.4\times9.78}=\frac{29.3}{12.4\times3.26}=\frac{29.3}{40.424}=0.7248\cdots$$

小数第4位を四捨五入すると 0.725 （キ ③）

38 角の二等分線の性質

要点チェック!

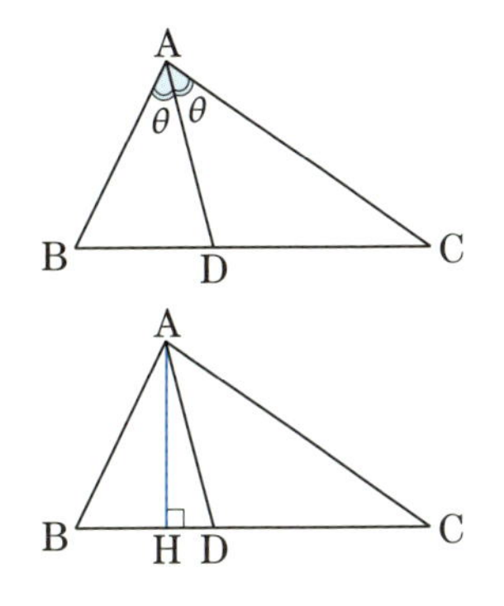

図の△ABCにおいて，∠Aの二等分線と辺BCとの交点をDとします。

∠BAD＝∠CAD＝θ とおくと，

$$\triangle ABD : \triangle ACD$$
$$=\frac{1}{2}AB\cdot AD\sin\theta : \frac{1}{2}AC\cdot AD\sin\theta$$
$$=AB : AC \quad \cdots\cdots ①$$

また，頂点Aから辺BCへ垂線AHを下ろすと

$$\triangle ABD : \triangle ACD$$
$$=\frac{1}{2}BD\cdot AH : \frac{1}{2}DC\cdot AH$$
$$=BD : DC \quad \cdots\cdots ②$$

よって，①，②よりADが∠Aの二等分線のとき

$$BD : DC = AB : AC$$

となります。

POINT 38

△ABCで∠BACの二等分線と辺BCとの交点をDとすると

$$\mathbf{BD : DC = AB : AC}$$

三角形の角の二等分線が与えられたとき，線分の長さ・面積比を求める問題などで利用しましょう。

38-A 解答 ▶ STEP 1 BQ：QO＝AB：AO として求める

余弦定理より

$$AB^2=3^2+2^2-2\cdot3\cdot2\cdot\cos60^\circ=9+4-12\cdot\frac{1}{2}=7$$ ◀ POINT 21 を使う！

よって，AB＝$\sqrt{7}$ となり

BQ：QO＝AB：AO＝$\sqrt{\boxed{^{ア}\ 7}}$：$\boxed{^{イ}\ 3}$

38-B 解答 ▶ STEP 1 **△ABC の面積を求める**

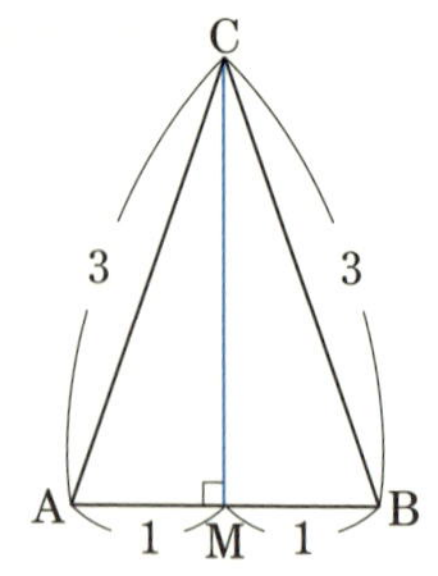

(1) △ABC は CA＝CB の二等辺三角形なので AB の中点を M とすると AB⊥CM である。

AM＝1 であり，直角三角形 AMC で三平方の定理から

$$CM=\sqrt{AC^2-AM^2}=\sqrt{3^2-1^2}=2\sqrt{2}$$

よって，

$$\triangle ABC=\frac{1}{2}AB\cdot CM=\frac{1}{2}\cdot 2\cdot 2\sqrt{2}=\boxed{ア\ 2}\sqrt{\boxed{イ\ 2}}$$

STEP 2 **△ABD の面積，DP を求める**

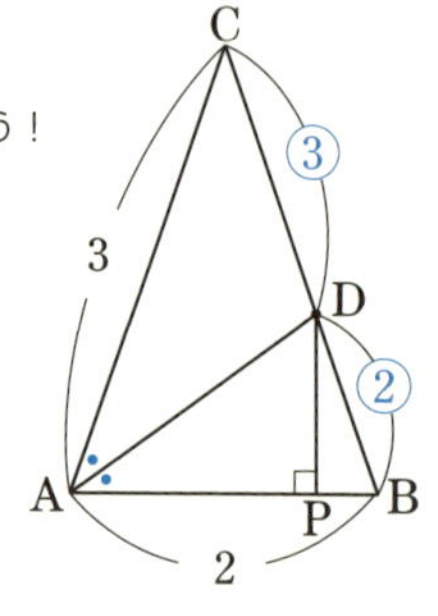

(2) AD は ∠BAC の二等分線なので

BD：DC＝AB：AC＝2：3 ◀ POINT 38 を使う！

よって，面積について

△ABD：△ACD＝BD：DC＝2：3

$$\triangle ABD=\triangle ABC\times\frac{2}{2+3}$$

$$=2\sqrt{2}\cdot\frac{2}{5}=\frac{\boxed{ウ\ 4}\sqrt{\boxed{エ\ 2}}}{\boxed{オ\ 5}}$$

$\triangle ABD=\frac{1}{2}AB\cdot DP$ より $\frac{1}{2}\cdot 2\cdot DP=\frac{4\sqrt{2}}{5}$ となり

$$DP=\frac{\boxed{カ\ 4}\sqrt{\boxed{キ\ 2}}}{\boxed{ク\ 5}}$$

別解 ▶ △BDP∽△BCM から，DP：CM＝BD：BC より求めてもよい。

39 正四面体

要点チェック！

三角形の**重心**は 3 つの中線の交点であり，中線を 2：1 に内分する点です。

正四面体を扱うとき，重心に関する次のことを利用します。

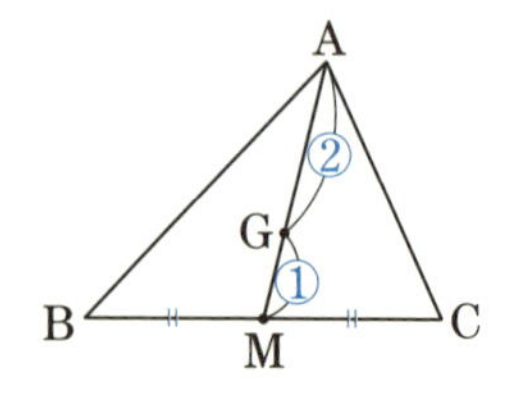

POINT 39

(i) △ABC において，辺 BC の中点を M，重心を G とすると

$$\mathbf{AG : GM = 2 : 1}$$

(ii) 正三角形の重心，外心，内心は同一の点である

(iii) 正四面体の 1 つの頂点から底面となる正三角形へ垂線を下ろすとき，その交点は正三角形の重心である

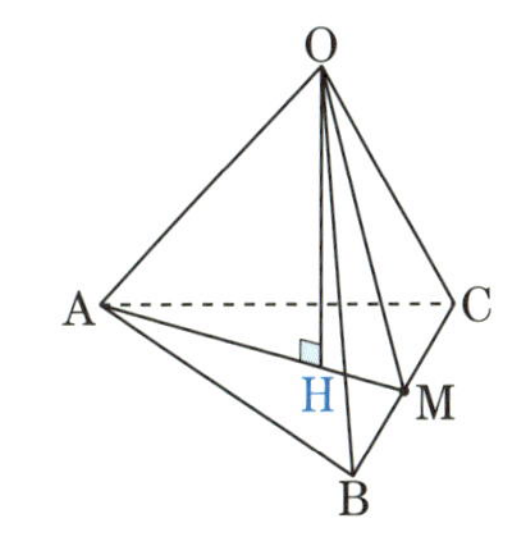

正四面体は 4 つの面が正三角形の三角すいです。図の正四面体 OABC の頂点 O から △ABC に垂線 OH を下ろしたとき，3 つの直角三角形 △OAH，△OBH，△OCH は OA＝OB＝OC で OH が共通であることから合同となり AH＝BH＝CH です。

よって，H は △ABC の外心 (外接円の中心) で，△ABC が正三角形であることから重心でもあります。

したがって，AH：HM＝2：1 となります。

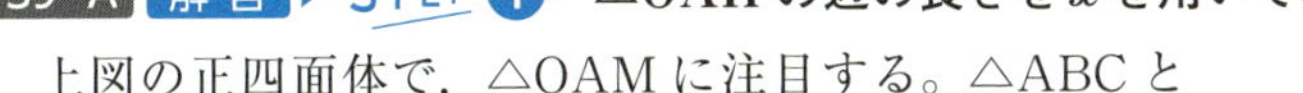

39-A 解答 STEP 1 △OAH の辺の長さを x を用いて表す

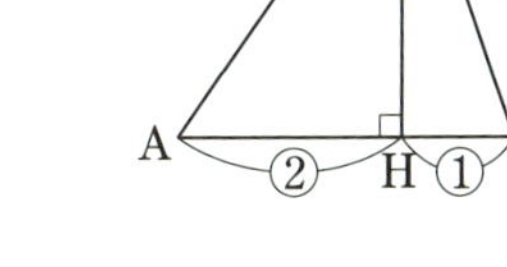

上図の正四面体で，△OAM に注目する。△ABC と △OBC は合同な正三角形なので AM＝OM である。

AH：HM＝2：1 より AH＝$2x$，AM＝OM＝$3x$

直角三角形 OMH，OAH で三平方の定理より

$$\mathrm{OH}=\sqrt{\mathrm{OM}^2-\mathrm{HM}^2}=\sqrt{(3x)^2-x^2}=2\sqrt{2}\,x$$

$$\mathrm{OA}=\sqrt{\mathrm{AH}^2+\mathrm{OH}^2}=\sqrt{(2x)^2+(2\sqrt{2}\,x)^2}=\boxed{ア\ 2}\sqrt{\boxed{イ\ 3}}\,x$$

39-B 解答 STEP 1 AE，BE を求める

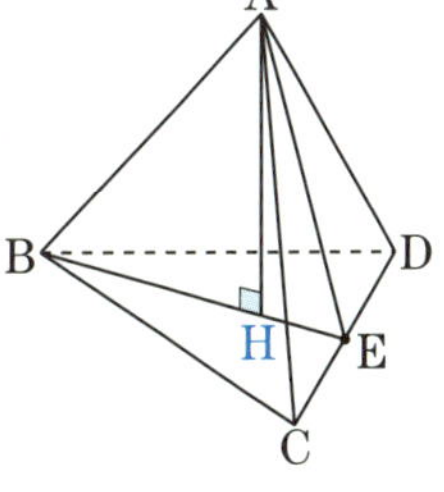

△ACD は 1 辺の長さが 1 の正三角形で，CE＝$\frac{1}{2}$ より，

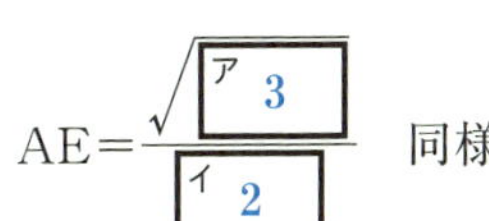

$$\mathrm{AE}=\frac{\sqrt{\boxed{ア\ 3}}}{\boxed{イ\ 2}}$$ 同様にして $\mathrm{BE}=\frac{\sqrt{3}}{2}$

STEP 2 BH，AH を求める

点 H は正三角形 BCD の重心であり，BH：HE＝2：1 であるから

$$\mathrm{BH}=\frac{2}{3}\mathrm{BE}=\frac{2}{3}\cdot\frac{\sqrt{3}}{2}=\frac{\sqrt{\boxed{ウ\ 3}}}{\boxed{エ\ 3}}$$

◀ POINT 39 を使う！

第5章 図形の性質

直角三角形 ABH で三平方の定理より

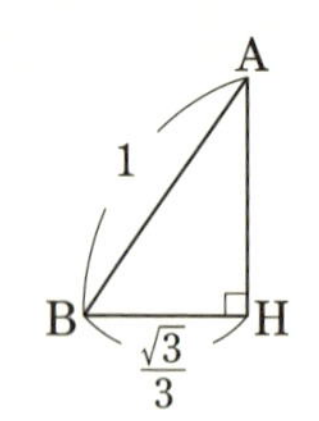

$$AH=\sqrt{AB^2-BH^2}=\sqrt{1^2-\left(\frac{\sqrt{3}}{3}\right)^2}=\frac{\sqrt{\boxed{オ\ 6}}}{\boxed{カ\ 3}}$$

別解 ▶ △ABE に注目し，∠ABE$=\theta$ とおく。

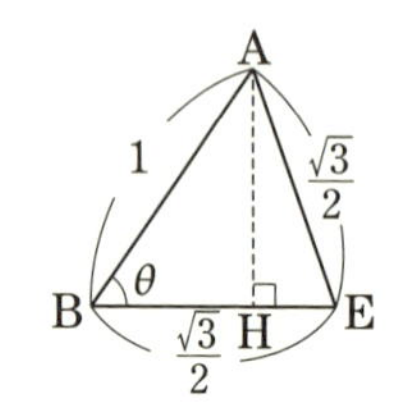

$$\cos\theta=\frac{1^2+\left(\frac{\sqrt{3}}{2}\right)^2-\left(\frac{\sqrt{3}}{2}\right)^2}{2\cdot1\cdot\frac{\sqrt{3}}{2}}=\frac{1}{\sqrt{3}}$$

$$BH=AB\cos\theta=1\cdot\frac{1}{\sqrt{3}}=\frac{\sqrt{3}}{3}$$

$$AH=AB\sin\theta=1\cdot\sqrt{1-\left(\frac{1}{\sqrt{3}}\right)^2}=\frac{\sqrt{6}}{3}$$

40 接線と弦のつくる角

要点チェック!

円の接線と弦のつくる角について，次の定理が成り立ちます。

POINT 40

円の接線とその接点を通る弦のつくる角は，その角の内部にある弧に対する円周角に等しい。

図において，AT を点Aにおける円の接線とすると，

$$\angle ABC=\angle TAC$$

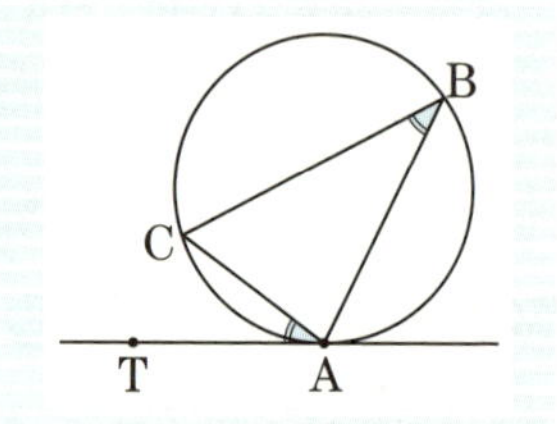

図のように，△ABC に外接する円の点Aにおける接線と，辺 BC の延長線との交点をPとします。

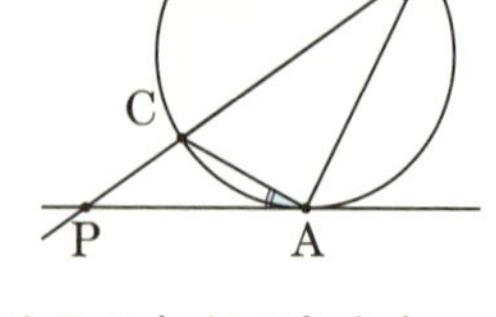

上の定理より，　∠CAP＝∠ABP

また，∠APC＝∠BPA より

　△CAP∽△ABP

対応する辺の比に注目することで，弦の長さなどを求めることができます。

このように，円の接線の接点を通る弦を一辺とする三角形と相似な三角形をみつけるときなどに上の定理を利用しましょう。

40-A 解答 ▶ STEP 1　∠BAC を求める

POINT 40 の定理より，$\angle ACB = \angle ABT = 62°$

$AB = AC$ より $\triangle ABC$ は二等辺三角形で　$\angle ABC = \angle ACB = 62°$

よって，$\angle BAC = 180° - (62° + 62°) =$ [アイ 56] °

40-B 解答 ▶ STEP 1　△ACE と相似な三角形を見つける

$\triangle ACE$ と $\triangle DAE$ において，POINT 40 の定理より

$\angle CAE = \angle ADE$

である。（[ア ①]）

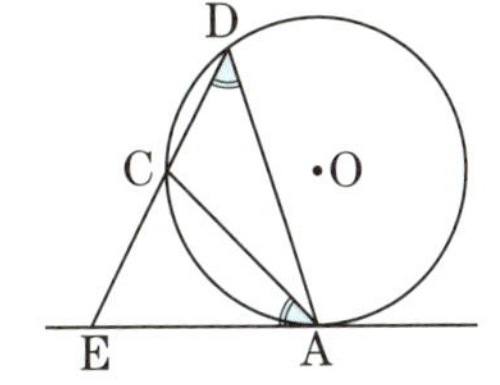

また，$\angle AEC = \angle DEA$ であるから

$\triangle ACE \backsim \triangle DAE$

である。（[イ ②]）

STEP 2　EA を求める

対応する辺の比は

$AC : DA = EC : EA$

$5 : 3\sqrt{5} = EC : EA$

$5EA = 3\sqrt{5}\,EC$

> $AE : DE = EC : EA$
> より $EA^2 = ED \cdot EC$（方べきの定理）も導ける

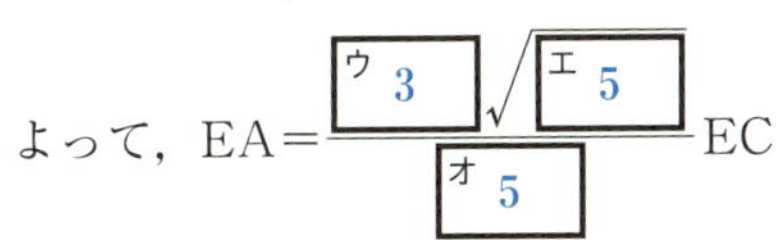

よって，$EA = \dfrac{[ウ\ 3]\sqrt{[エ\ 5]}}{[オ\ 5]}EC$

41 方べきの定理

要点チェック!

図 1 で，1 つの円における 2 つの弦 AB，CD の交点を P とします。

円周角の性質により $\triangle PAD \backsim \triangle PCB$ となるので，対応する辺の長さの比で $PA : PC = PD : PB$ より $PA \cdot PB = PC \cdot PD$ となります。これを**方べきの定理**といいます。

円内の点 P が与えられたとき，P を通る直線と円の 2 つの交点 Q，R について，「積 $PQ \cdot PR$ は P の位置に応じた一定値となる」という性質を示しています。

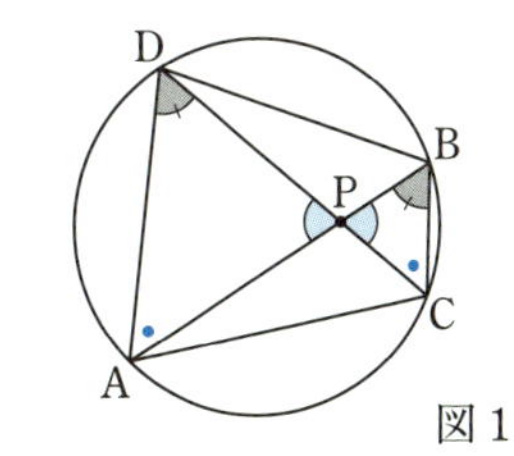

図 1

第5章 図形の性質

POINT 41

円の2つの弦AB，CDの交点をPとすると，

$$\mathrm{PA}\cdot\mathrm{PB}=\mathrm{PC}\cdot\mathrm{PD}$$

PA，PB，PC，PDのうちの3つの長さがわかるとき，残りの長さを求める問題で利用しましょう。

さらに，図2において

$$\mathrm{PA}\cdot\mathrm{PB}=\mathrm{PC}\cdot\mathrm{PD}$$

図3において，点Tが接点であるとき，

$$\mathrm{PA}\cdot\mathrm{PB}=\mathrm{PT}^2$$

も成立します。

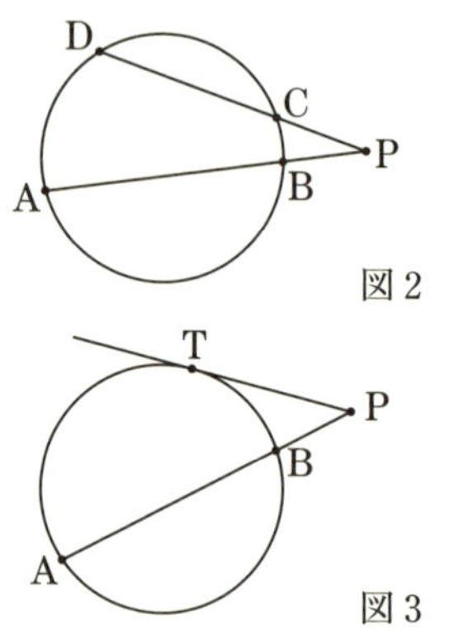

図2　図3

41-A 解答 ▶ STEP 1　方べきの定理を利用する

方べきの定理より

$$\mathrm{RT}^2=\mathrm{RP}\cdot\mathrm{RQ}$$

なので $\mathrm{RT}^2=(1+1)\cdot1=2$

したがって，$\mathrm{RT}=\sqrt{\boxed{^{ア}\ 2}}$

$\angle\mathrm{OTR}=90^\circ$ より
$\mathrm{RT}=\sqrt{\mathrm{RO}^2-\mathrm{OT}^2}=\sqrt{\left(\frac{3}{2}\right)^2-\left(\frac{1}{2}\right)^2}=\sqrt{2}$
としてもよい

41-B 解答 ▶ STEP 1　BEを求める

ABは直径なので $\angle\mathrm{ACB}=90^\circ$

直径に対応する円周角

△ABCで三平方の定理より

$$\mathrm{AC}=\sqrt{10^2-6^2}=8$$

$\mathrm{AC}^2+\mathrm{BC}^2=\mathrm{AB}^2$

$\mathrm{AE}:\mathrm{EC}=3:1$ より

$$\mathrm{AE}=\frac{3}{4}\mathrm{AC}=\frac{3}{4}\cdot8=6$$

$$\mathrm{EC}=8-6=2$$

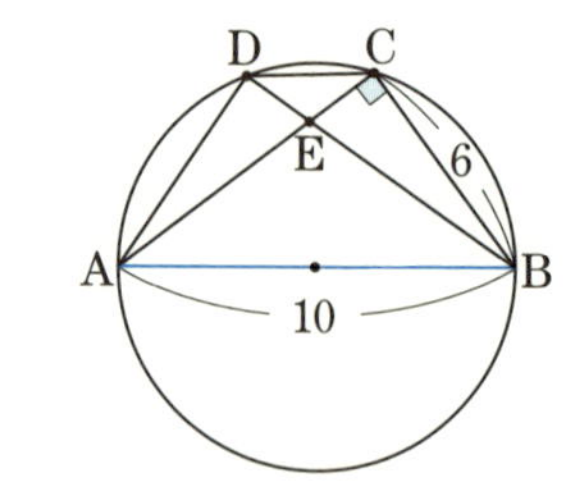

△EBCは直角三角形なので，
三平方の定理より

$$\mathrm{BE}=\sqrt{6^2+2^2}=2\sqrt{10}$$

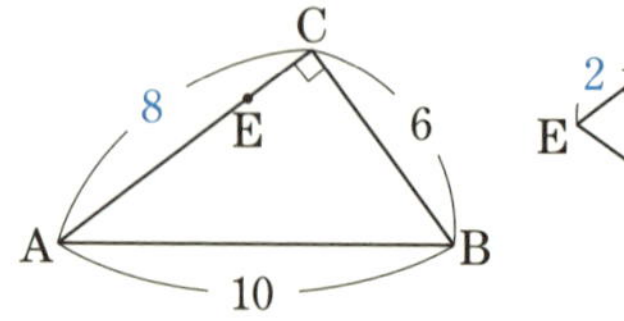

2 C E 6 B

STEP 2 **方べきの定理を利用して，DE を求める**

方べきの定理より ◀ A，B，C，D は円周上の点

$DE \cdot BE = AE \cdot CE$ ◀ POINT 41 を使う！

$DE \cdot 2\sqrt{10} = 6 \cdot 2$

$DE = \dfrac{12}{2\sqrt{10}} = \dfrac{6}{\sqrt{10}}$

したがって，

$$\frac{BE}{DE} = \frac{2\sqrt{10}}{\frac{6}{\sqrt{10}}} = \frac{2\sqrt{10} \cdot \sqrt{10}}{6} = \frac{\boxed{^{アイ}\ 10}}{\boxed{^{ウ}\ 3}}$$

42 メネラウスの定理

要点チェック！

次の**メネラウスの定理**は，1 つの三角形に注目して，3 辺やその延長上の点に関する線分の長さの比を求めることができる公式です。

POINT 42

△ABC のどの頂点も通らない直線 l が辺 BC，CA，AB，またはその延長と交わる点をそれぞれ P，Q，R とすれば

$$\frac{AR}{RB} \cdot \frac{BP}{PC} \cdot \frac{CQ}{QA} = 1$$

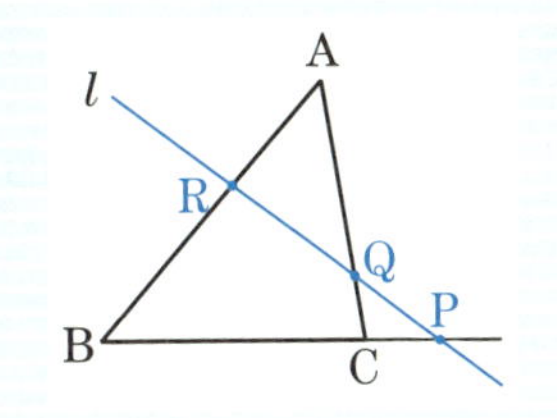

右図のように，頂点 A から出発して，一筆がきで △ABC を一周して式をつくる，と覚えておくとよいでしょう。

三角形の辺やその延長上の点に関して線分の長さの比を求めるときに利用しましょう。

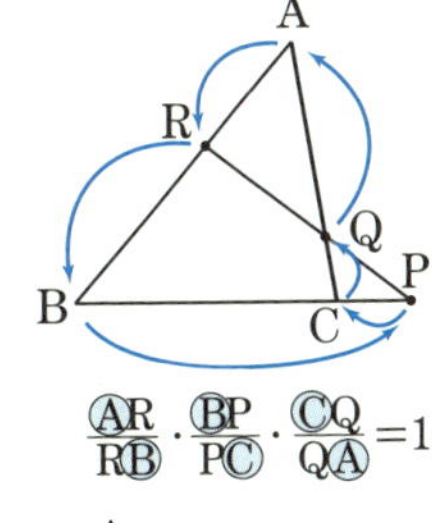

$$\frac{AR}{RB} \cdot \frac{BP}{PC} \cdot \frac{CQ}{QA} = 1$$

$$\frac{A}{} \cdot \frac{}{} \cdot \frac{}{A} = 1$$

42-A 解答 ▶ STEP 1 メネラウスの定理を利用する

△OAD と直線 BC にメネラウスの定理を用いると

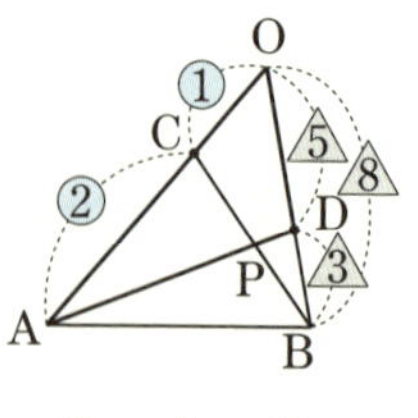

$$\frac{OC}{CA}\cdot\frac{AP}{PD}\cdot\frac{DB}{BO}=1$$

$$\frac{1}{2}\cdot\frac{AP}{PD}\cdot\frac{3}{8}=1$$

$$\frac{AP}{PD}=\frac{16}{3}$$

$$\frac{O}{A}\cdot\frac{A}{D}\cdot\frac{D}{O}=1$$

よって，AP：PD＝[アイ 16]：[ウ 3]

42-B 解答 ▶ STEP 1 メネラウスの定理を利用して AP：PD を求める

△ADC と直線 BE にメネラウスの定理を用いて

AP：PD を求める。

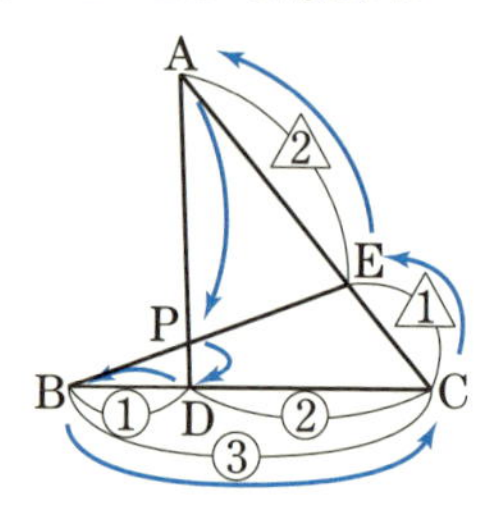

$$\frac{AP}{PD}\cdot\frac{DB}{BC}\cdot\frac{CE}{EA}=1$$

を使う！

$$\frac{AP}{PD}\cdot\frac{1}{3}\cdot\frac{1}{2}=1$$

$$\frac{AP}{PD}=6$$

よって，AP＝6・PD となり AP：PD＝6：1

STEP 2 面積比を求める

$$\triangle PAB=\frac{6}{7}\triangle ADB=\frac{6}{7}\cdot\left(\frac{1}{3}\triangle ABC\right)=\frac{2}{7}\triangle ABC$$

よって，$\dfrac{S_2}{S_1}=\dfrac{\triangle PAB}{\triangle ABC}=\dfrac{[ア\ 2]}{[イ\ 7]}$

別解 ▶ △BCE と直線 AD にメネラウスの定理を用いると

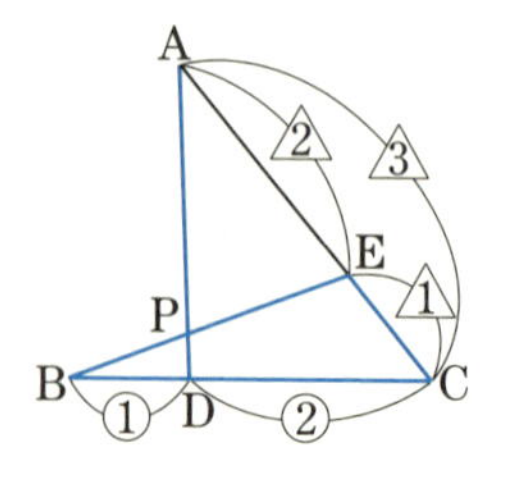

$$\frac{BD}{DC}\cdot\frac{CA}{AE}\cdot\frac{EP}{PB}=1$$

$$\frac{1}{2}\cdot\frac{3}{2}\cdot\frac{EP}{PB}=1$$

$$\frac{EP}{PB}=\frac{4}{3}$$

BP：PE＝3：4 となり

$$\triangle PAB=\frac{3}{7}\triangle ABE=\frac{3}{7}\cdot\left(\frac{2}{3}\triangle ABC\right)=\frac{2}{7}\triangle ABC$$

チェバの定理

△ABC の辺 BC，CA，AB 上の点をそれぞれ P，Q，R とする。AP，BQ，CR が 1 点で交わるとき，

$$\frac{AR}{RB}\cdot\frac{BP}{PC}\cdot\frac{CQ}{QA}=1$$

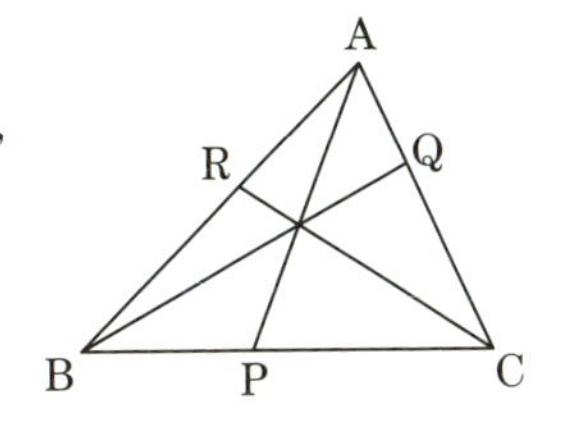

43 直線と平面の位置関係

要点チェック!

異なる 2 直線 l，m の位置関係には，次の 3 つの場合があります。(i)，(ii)の場合，2 直線 l，m は 1 つの平面上にあります。

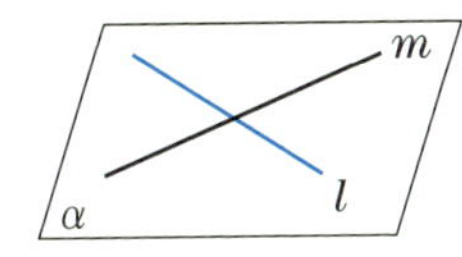

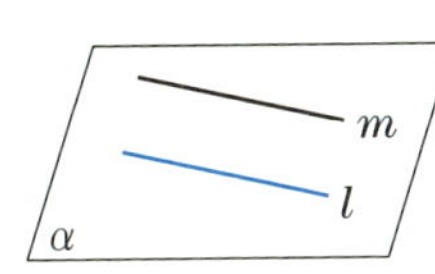

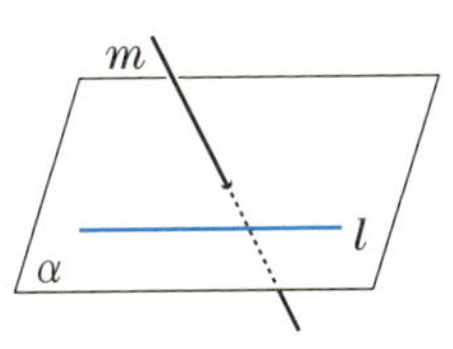

直線 l が平面 α 上のすべての直線に垂直であるとき，l は α に垂直であるといいます。直線と平面の垂直について，次のことが成り立ちます。

POINT 43

直線 l が平面 α 上の交わる 2 直線 m，n に垂直ならば，直線 l は平面 α に垂直である

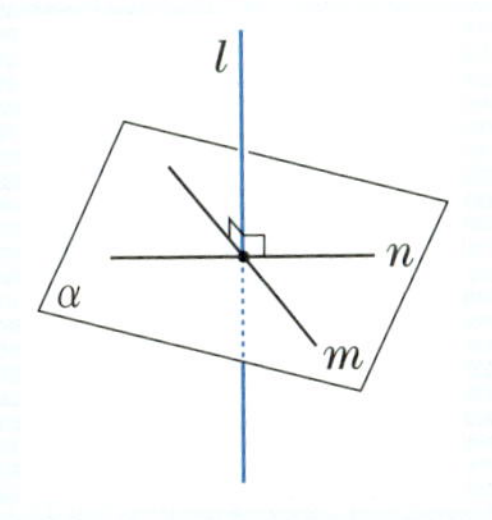

空間図形の面積・体積を求めるときなどに利用しましょう。

43-A 解答 ▶ STEP 1 3つの直線の位置関係を調べる

図のように $l \perp m$, $l \perp n$ であっても $m /\!/ n$ でない場合がある。

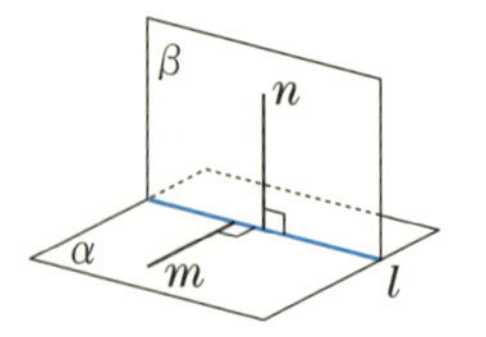

よって, $\boxed{^{ア}\ ①}$

空間内では正しくないが, 平面上の3つの直線については正しい

43-B 解答 ▶ STEP 1 2直線の位置関係を把握する

(1) 直線ABと直線CDは平行ではない。

また, △ABCを含む平面を α, △ACDを含む平面を β とすると, 直線ABは平面 α に含まれ, 直線CDは平面 β に含まれる。直線ABと直線CDが1点で交わるとすると, その交点は, 平面 α と平面 β の交線である直線AC上にあるはずだが, 2直線は直線AC上で交わっていない。

したがって, $\boxed{^{ア}\ ②}$

STEP 2 △OBDを底面として, 四面体の体積を求める

(2) OB⊥OA, OD⊥OA より, 四面体の辺OAは△OBDに垂直である。 ◀ POINT 43 を使う!

△ABC, △ACDは正三角形であり

$OA=1$,

$OB=OD=\sqrt{3}$,

$\angle BOD=180^\circ-60^\circ=120^\circ$

であるので, 求める四面体の体積を V とすると

$$V=\frac{1}{3}\cdot\triangle OBD\cdot OA$$ ◀ POINT 24 を使う!

$$=\frac{1}{3}\cdot\left(\frac{1}{2}\cdot\sqrt{3}\cdot\sqrt{3}\cdot\sin 120^\circ\right)\cdot 1$$

$$=\frac{1}{3}\cdot\frac{3}{2}\cdot\frac{\sqrt{3}}{2}\cdot 1=\frac{\sqrt{\boxed{^{イ}\ 3}}}{\boxed{^{ウ}\ 4}}$$

実戦問題　第1問

この問題のねらい

・角の二等分線の性質，方べきの定理，メネラウスの定理を利用できる。
(⇒ POINT 38 , POINT 41 , POINT 42)

解答 ▶ **STEP 1　BC，BD の長さを求める**

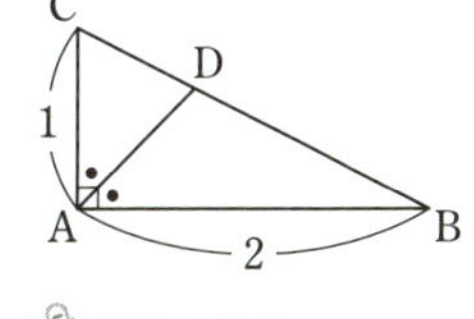

直角三角形 ABC で三平方の定理より

$$BC=\sqrt{2^2+1^2}=\sqrt{5}$$

線分 AD は ∠A の二等分線なので

$$BD:DC=AB:AC=2:1$$

◀ POINT 38 を使う！

よって，

$$BD=\frac{2}{3}BC=\frac{\boxed{ア\ 2}\sqrt{\boxed{イ\ 5}}}{\boxed{ウ\ 3}}$$

STEP 2　方べきの定理を利用する

方べきの定理より BA・BE＝BD² であるから

◀ POINT 41 を使う！

$$AB\cdot BE=\left(\frac{2\sqrt{5}}{3}\right)^2=\frac{\boxed{エオ\ 20}}{\boxed{カ\ 9}}$$

AB＝2 より

$$BE=\frac{\boxed{キク\ 10}}{\boxed{ケ\ 9}}$$

STEP 3　線分の長さの比を比較する

$$\frac{BE}{BD}=\frac{\frac{10}{9}}{\frac{2\sqrt{5}}{3}}=\frac{10}{9}\cdot\frac{3}{2\sqrt{5}}=\frac{5\sqrt{5}}{15}$$

$$\frac{AB}{BC}=\frac{2}{\sqrt{5}}=\frac{6\sqrt{5}}{15}$$

よって，

$$\frac{BE}{BD}<\frac{AB}{BC}\quad(\boxed{コ\ ⓪})$$

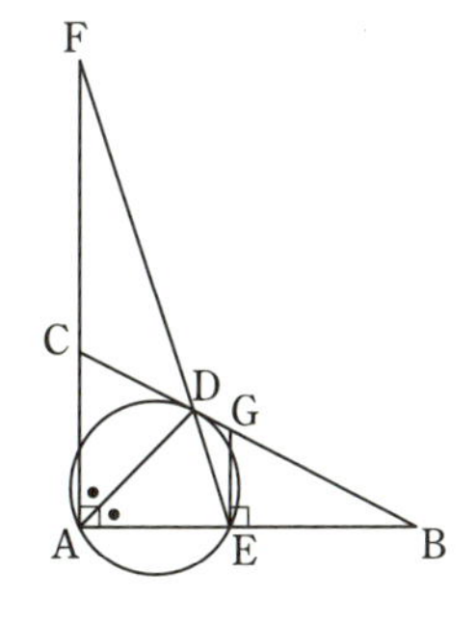

STEP 4 点Fの位置を判断する

辺BC上に AC∥EG となる点Gをとると

$\dfrac{BE}{BG}=\dfrac{AB}{BC}$ となるので $\dfrac{BE}{BD}<\dfrac{BE}{BG}$ より BG<BD

よって，直線ACと直線DEの交点Fは辺ACの端点Cの側の延長上にある。

接線と弦のつくる角より ∠BDE＝∠DAE＝45° ◀ POINT 40 を使う！
∠DBE<45° であるので

$$\angle DEA=\angle BDE+\angle DBE<90^\circ$$

となることから点Fの位置を考えることもできる。

STEP 5 メネラウスの定理を利用する

△ABCと直線EFについてメネラウスの定理を用いると

を使う！

$$\frac{AE}{EB}\cdot\frac{BD}{DC}\cdot\frac{CF}{FA}=1$$

$AE=AB-BE=2-\dfrac{10}{9}=\dfrac{8}{9}$ より

$$AE:EB=\frac{8}{9}:\frac{10}{9}=4:5$$

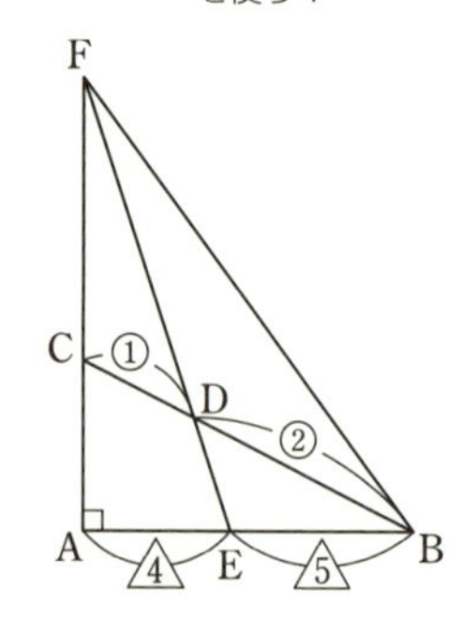

であるので

$\dfrac{4}{5}\cdot\dfrac{2}{1}\cdot\dfrac{CF}{FA}=1$ から $\dfrac{CF}{AF}=\dfrac{\boxed{シ\ 5}}{\boxed{ス\ 8}}$

CF：AF＝5：8 から AC：CF＝3：5

よって，

$$CF=\frac{5}{3}AC=\frac{5}{3}\cdot1=\frac{\boxed{セ\ 5}}{\boxed{ソ\ 3}}$$

STEP 6 角の二等分線の性質を利用する

$$AF=\frac{8}{3}AC=\frac{8}{3}$$

直角三角形ABFで三平方の定理より

$$BF=\sqrt{2^2+\left(\frac{8}{3}\right)^2}=\frac{10}{3}$$

よって，$\dfrac{BF}{AB}=\dfrac{\frac{10}{3}}{2}=\dfrac{5}{3}$ と $\dfrac{CF}{AC}=\dfrac{5}{3}$ から $\dfrac{CF}{AC}=\dfrac{BF}{AB}$

CF：CA＝BF：BA であるので，線分 BC は ∠ABF の二等分線である。

したがって，点Dは ∠BAF と ∠ABF の二等分線の交点であり，△ABF の内心である。（タ ①）

実戦問題 第2問

この問題のねらい

・平面図形の性質を扱う問題を，問題文中の生徒の発言を参考にして解決できる。

解答 ▶ STEP 1 AQの長さを求める

(1) AQ＝x とおくと，AR＝x であり，

CQ＝$b-x$ から CP＝$b-x$ である。

BP＝$a-(b-x)$，BR＝$c-x$

BP＝BR より

$a-(b-x)=c-x$

$x=\dfrac{b+c-a}{2}$ （ア ③）

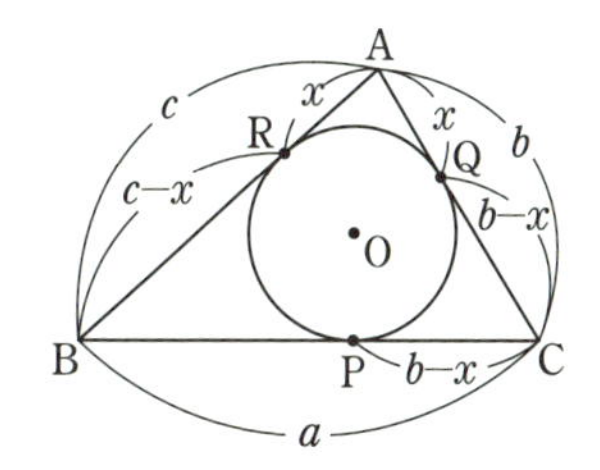

STEP 2 $y-x$ を a，c を用いて表す

AQ＝x，CQ＝y とおくと，AR＝x，CP＝y であり，

BP＝$a-y$，BR＝$c-x$

BP＝BR より

$a-y=c-x$

よって，$y-x=a-c$ （イ ①）

STEP 3 会話から生徒の構想を把握する

(2) AU＝x，CU＝y とおくと，AC＝$x+y=15$ である。

前半の会話の結果から，太郎は，△AXC で XC−XA の値がわかれば，これが $y-x$ であるとして連立方程式をつくれるのではないかと考えている。

2人の会話は CB−AB の値と CX−AX の値の関係を明らかにしようとする方向性をもってすすめられている。

STEP 4 差の等しいものを指摘する

BP＝BS であるから，CB－AB＝CP－AS

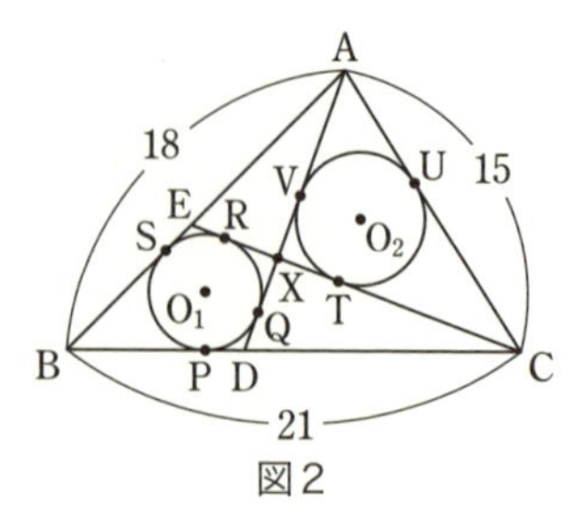

図2

CP＝CR （ ウ ④ ），

AS＝AQ （ エ ① ）

であるから

CB－AB＝CR－AQ

さらに，XR＝XQ であるから

CR－AQ＝CX－AX

STEP 5 AU の長さを求める

CX－AX＝CB－AB＝21－18＝ オ 3

となるので

CU－AU＝CX－AX＝ カ 3

また，CU＋AU＝AC＝15 より

AU＝ キ 6 ，CU＝9

STEP 6 解決した問題を振り返る

CU－AU＝CX－AX＝CB－AB より

$y-x=a-c$ （ ク ① ）

が成り立っていたことがわかる。

! 後半の会話の結果において

$y-x=a-c$ と $x+y=b$ から

$x=\dfrac{b+c-a}{2}$ となる。

右図のように，円の個数を増やしていくと AU の値はどうなるであろうか。

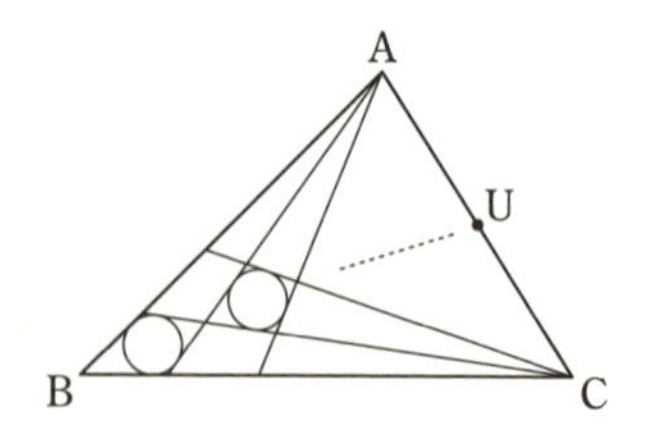

BC＝a，AC＝b，AB＝c の △ABC において，

AU＝$\dfrac{b+c-a}{2}$ となっていることが予想される。

実戦問題 第3問

この問題のねらい

・空間内の直線と平面の関係を扱うことができる。

・メネラウスの定理を利用できる。(⇒ POINT 42)

解答 ▶ STEP 1 空間内の平面と直線の関係を扱う

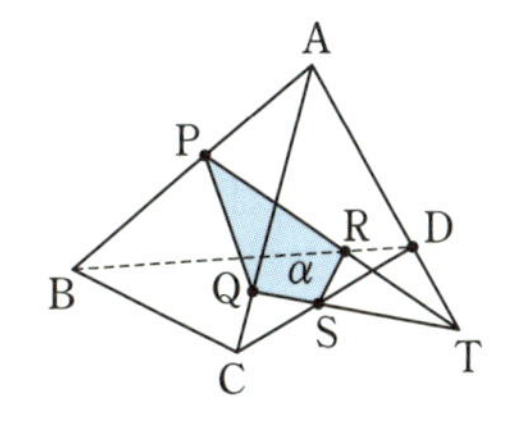

(1) 一般に平面αと直線lが共有点をもたないとき，αとlは平行である。αとlが平行でなく，lがαに含まれないとき（lがα上にないとき）は，lとαは1点で交わる。

直線ADは平面α上にないので，平面αが直線ADと平行でないときは1点で交わる。

よって，直線ADと平行な直線はすべて平面αと1点で交わることになり，(a)は正しい。

また，直線PRと直線ADはともに，△ABDを含む平面上にあるので(b)は正しい。（ア ⓪）

STEP 2 メネラウスの定理について適切なものを選ぶ

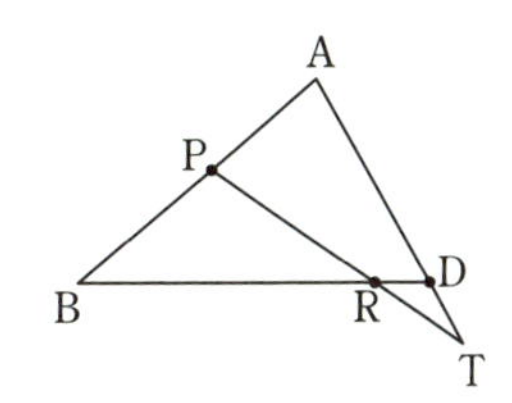

(2) この問題の設定の場合，PRとADが平行でなければ，メネラウスの定理を用いることができ，点Tの位置によらず同一の式になる。（イ ①）

PRとADが平行となるのは，$\dfrac{BP}{BA}=\dfrac{BR}{BD}$ のときである。

$\dfrac{BP}{BA}<\dfrac{BR}{BD}$ のとき，Tは辺ADの端点Dの側の延長上にあり，

$\dfrac{BP}{BA}>\dfrac{BR}{BD}$ のとき，TはA側の延長上にある。

よって，⓪は誤りである。

STEP 3 等式が成り立つことを示す

(3) 4点P, Q, R, Sを含む平面をαとする。平面αと直線ADが平行でないとき，これらの交点をTとする。

△ABDにおいて，直線PRと辺ADの延長は点Tで交わるから，メネラウスの定理より

◀ POINT 42 を使う！

$$\frac{AP}{PB}\cdot\frac{BR}{RD}\cdot\frac{DT}{TA}=1$$

が成り立ち （ウ ③）

$$\frac{AP}{PB}\cdot\frac{BR}{RD}=\frac{TA}{DT}\quad\cdots\cdots①$$ （エ ②）

同様に，△ACDにおいて，直線QSと辺ADの延長は点Tで交わるから，メネラウスの定理より

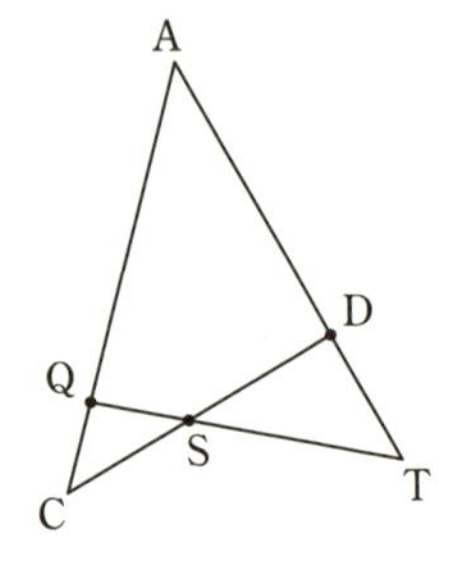

$$\frac{AQ}{QC}\cdot\frac{CS}{SD}\cdot\frac{DT}{TA}=1$$

が成り立ち （オ ③）

$$\frac{AQ}{QC}\cdot\frac{CS}{SD}=\frac{TA}{DT}\quad\cdots\cdots②$$ （カ ②）

ゆえに，①，②から $\dfrac{AP}{PB}\cdot\dfrac{BR}{RD}=\dfrac{AQ}{QC}\cdot\dfrac{CS}{SD}$ が成り立つ。

! この問題では，4点P, Q, R, Sが同一平面上にあり，この平面αが直線ADと平行でないときという制限があった。

実際には，平面αと直線ADが平行のときも，$\dfrac{AP}{PB}\cdot\dfrac{BR}{RD}=\dfrac{AQ}{QC}\cdot\dfrac{CS}{SD}$ は成立している。このときは，PR∥AD から △BAD∽△BPR となり，$\dfrac{AP}{PB}\cdot\dfrac{BR}{RD}=1$ となることなどを用いて示すことができる。

なお，$\dfrac{AP}{PB}\cdot\dfrac{BR}{RD}=\dfrac{AQ}{QC}\cdot\dfrac{CS}{SD}$ を変形すると，$\dfrac{AP}{PB}\cdot\dfrac{BR}{RD}\cdot\dfrac{DS}{SC}\cdot\dfrac{CQ}{QA}=1$ となり，メネラウスの定理やチェバの定理と似た一筆書き型の式になる。

44 集合の要素の個数

要点チェック!

有限集合 M の要素の個数を $n(M)$ で表すとき，次が成り立ちます。

POINT 44

Uを全体集合，A，B，CをそれぞれUの部分集合とするとき，

$$\boldsymbol{n(\overline{A})=n(U)-n(A)}$$
$$\boldsymbol{n(A\cup B)=n(A)+n(B)-n(A\cap B)}$$
$$\boldsymbol{n(A\cup B\cup C)=n(A)+n(B)+n(C)}$$
$$\boldsymbol{-n(A\cap B)-n(B\cap C)-n(C\cap A)}$$
$$\boldsymbol{+n(A\cap B\cap C)}$$

例えば，「m，n のいずれかで割り切れる自然数」，「m，n のいずれでも割り切れない自然数」などの個数は集合の要素の数として扱うことができます。

集合の考え方を用いると，条件を満たすものの個数を簡潔に求めることができます。

44-A 解答 ▶ STEP 1 $n(A\cup B)$ を求める

Sのうち，15 の倍数の集合を A，7 の倍数の集合をBとする。

Aの要素は $15\cdot1$，$15\cdot2$，…，$15\cdot66$ より $n(A)=66$ ◀ $1000\div15=66\cdots10$

Bの要素は $7\cdot1$，$7\cdot2$，…，$7\cdot142$ より $n(B)=142$

$A\cap B$ の要素は 105 の倍数で， ◀ 15 と 7 の最小公倍数は 105

$105\cdot1$，$105\cdot2$，…，$105\cdot9$ より $n(A\cap B)=9$

となる。よって，15 の倍数または 7 の倍数である数の個数は

$$n(A\cup B)=n(A)+n(B)-n(A\cap B)=66+142-9=\boxed{^{アイウ}\ 199}\ (個)$$

STEP 2 $n(\overline{A\cup B})$ を求める

15 の倍数でも 7 の倍数でもない数の個数は

$$n(\overline{A\cup B})=n(S)-n(A\cup B)=1000-199=\boxed{^{エオカ}\ 801}\ (個)$$

44-B 解答 ▶ STEP 1 $n(A\cap B\cap C)$ を求める

1 から 1000 までの整数のうち，2 で割り切れるものの集合を A，3 で割り切れるものの集合を B，5 で割り切れるものの集合を Cとする。

2，3，5 のすべてで割り切れるものは，30 で割り切れるもので，$30\cdot1$，$30\cdot2$，…，$30\cdot33$ となるから

2，3，5の最小公倍数は 30

$n(A\cap B\cap C)=$ アイ 33

STEP 2 **$n(A\cup B\cup C)$ を求める**

2 で割り切れるものは，$2\cdot1$，$2\cdot2$，…，$2\cdot500$ で $n(A)=500$

3 で割り切れるものは，$3\cdot1$，$3\cdot2$，…，$3\cdot333$ で $n(B)=333$

5 で割り切れるものは，$5\cdot1$，$5\cdot2$，…，$5\cdot200$ で $n(C)=200$

6 で割り切れるものは，$6\cdot1$，$6\cdot2$，…，$6\cdot166$ で $n(A\cap B)=166$

15 で割り切れるものは，$15\cdot1$，$15\cdot2$，…，$15\cdot66$ で $n(B\cap C)=66$

10 で割り切れるものは，$10\cdot1$，$10\cdot2$，…，$10\cdot100$ で $n(C\cap A)=100$

となるので，2，3，5 のどれかで割り切れるものの個数は

$$n(A\cup B\cup C)=n(A)+n(B)+n(C)-n(A\cap B)-n(B\cap C)-n(C\cap A)+n(A\cap B\cap C)$$

◀ POINT 44 を使う！

$$=500+333+200-166-66-100+33=$$ ウエオ 734

45 数え上げ

要点チェック!

場合の数の問題では，短時間で正確に数え上げる作業力が求められます。順列や組合せに関する種々の公式にただあてはめるのではなく，表や樹形図を利用するなどして具体的に数え上げていくとうまくいくことが多くあります。また，このような作業がヒントとなり，規則性や問題を解くための工夫に気付くことができる場合もあります。

POINT 45

場合の数の問題では，表や図などをメモ程度につくって具体的に数え上げる

順列や組合せの公式が使いにくいときは，具体的に数え上げることも考えられます。

45-A 解答 ▶ STEP 1 $P(n)=9$ となる3桁の自然数をかき並べる

$P(n)=9$ を満たす n は各桁の数が

$\{1, 1, 9\}$ または $\{1, 3, 3\}$

$1\times1\times9=9$
$1\times3\times3=9$

であり，具体的にかき並べると

119，191，911，133，313，331

の [ア 6] 個である。

45-B 解答 ▶ STEP 1 具体的にカードを並べてみる

(1) 具体的に並べてみると ◀ POINT 45 を使う！

([1], [2], [3][4][5]), ([1], [2][3], [4][5]),
([1], [2][3][4], [5]), ([1][2], [3], [4][5]),
([1][2], [3][4], [5]), ([1][2][3], [4], [5])

の [ア 6] 通りある。

表にすると

1	2	345
1	23	45
1	234	5
12	3	45
12	34	5
123	4	5

STEP 2 表を利用して数え上げる

(2) ([1][2][4], [3], [5]), ([1][4][2], [3], [5]),
([1], [3][2][4], [5]), ([1], [3][4][2], [5]),
([1], [3], [5][2][4]), ([1], [3], [5][4][2]),
([1][2], [3][4], [5]), ([1][4], [3][2], [5]),
([1], [3][2], [5][4]), ([1], [3][4], [5][2]),
([1][2], [3], [5][4]), ([1][4], [3], [5][2])

の [イウ 12] 通りある。

表にすると

124	3	5
142	3	5
1	324	5
1	342	5
1	3	524
1	3	542

12	34	5
14	32	5
1	32	54
1	34	52
12	3	54
14	3	52

46 順列の総数

要点チェック！

いくつかのものを順に一列に並べたものを**順列**といいます。異なる n 個のものから r 個をとって並べる順列の数は次のように表されます。

POINT 46

異なる n 個のものの中から r 個をとって一列に並べる順列の数は，
$n \geqq r$ のとき

$$ {}_n\mathrm{P}_r = n(n-1)(n-2)\cdots(n-r+1) $$

一列に並ぶように，実際に1個ずつ並べていくことを考えます。すでに並べてしまったものは使えないので，後に行くほど選び方は少なくなっていきます。

$_{n}P_{r}$ は n からはじまる r 個の整数の積であり，$_{n}P_{r}\cdot(n-r)!=n!$ から

$$_{n}P_{r}=\frac{n!}{(n-r)!}$$

となります。

例えば，$_{7}P_{3}=\frac{7!}{4!}=7\cdot6\cdot5=210$ です。

46-A 解答 ▶ STEP 1　各位に入る数を考えて，4桁の整数の個数を求める

千の位は1，2，3，4，5，6，7の7個の数字を並べることができ，それぞれについて，百の位，十の位，一の位を0を含めた7個の数字から3個の数字を選んで並べればよい。

千の位は
0とならない

よって，4桁の整数は

$$7\cdot{}_{7}P_{3}=7\cdot7\cdot6\cdot5$$
$$=\boxed{\text{アイウエ}\ 1470}\ (\text{個})$$

つくることができる。

46-B 解答 ▶

STEP 1　千の位の数で場合分けをして，5300以下の数の個数を求める

(1)　千の位が1，2，3，4であるものは，百の位，十の位，一の位を5個の数字から3個の数字を選んで並べるので，それぞれ $_{5}P_{3}$ 通りずつある。

◀ POINT 46 を使う！

1			
2			
3			
4			
5	1		
5	2		

千の位が5，百の位が1，2であるものはそれぞれ $_{4}P_{2}$ 通りずつある。

よって，5300以下の数は

$$4\cdot{}_{5}P_{3}+2\cdot{}_{4}P_{2}=4\cdot5\cdot4\cdot3+2\cdot4\cdot3$$
$$=240+24=\boxed{\text{アイウ}\ 264}\ (\text{個})$$

ある。

STEP 2　1，2 または 2，1 となる数の個数を求める

(2)　1 と 2 が隣り合うのは図の 6 通りの場合があり，それぞれ $_4P_2$ 個ずつ 4 桁の数がつくれるので

1	2			，	2	1		
	1	2		，		2	1	
		1	2	，			2	1

◀ POINT 46 を使う！

$6\cdot{}_4P_2=6\cdot4\cdot3=$ エオ 72 (個)

ある。

47 組合せの総数

要点チェック！

順序を考えずに 1 組にしたものを**組合せ**といいます。異なる n 個のものから r 個をとる組合せの数は次のように表されます。

POINT 47

異なる n 個のものの中から r 個とる組合せの数は，

$n \geqq r$ のとき

$$_nC_r=\frac{_nP_r}{r!}=\frac{n!}{r!(n-r)!}$$

組合せ $_nC_r$ は，「異なる n 個のものの中から r 個を一度に取り出す」方法の数と考えることができます。

また，この r 個が捨てられたと考えてみると，残された $(n-r)$ 個が選ばれたともいえます。このため

$$_nC_r={}_nC_{n-r}$$

が成り立ちます。

47-A 解答 ▶ STEP 1　3 点の選び方の総数を求める

どの 3 つの点も同一直線上にはないので，8 個の頂点から，3 個の頂点を一度に取り出す方法の数だけ三角形がつくれる。

よって，三角形は全部で

$$_8C_3=\frac{_8P_3}{3!}=\frac{8\cdot7\cdot6}{3\cdot2\cdot1}=$$ アイ 56 (個)

できる。

47-B 解答 ▶ STEP 1 4点の選び方の総数を求める

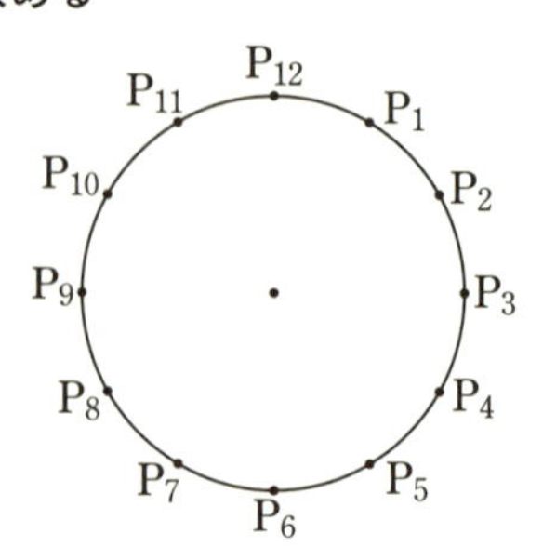

(1) 12個の点から，4個の点を一度に取り出す方法の数より

$${}_{12}C_4=\frac{{}_{12}P_4}{4!}$$ ◀ POINT 47 を使う！

$$=\frac{12\cdot11\cdot10\cdot9}{4\cdot3\cdot2\cdot1}$$

$$=\boxed{^{アイウ}\ 495}\ (通り)$$

STEP 2 おはじきの置き方の総数を求める

(2) (1)の4点に赤のおはじきを置いたと考える。残りの8点からさらに4点を選んで青のおはじきを置き，選ばれなかった4点に黄色のおはじきを置けばよいので

青色の場所を決めることで黄色の場所も同時に決まる

$${}_8C_4=\frac{{}_8P_4}{4!}=\frac{8\cdot7\cdot6\cdot5}{4\cdot3\cdot2\cdot1}=70$$ ◀ POINT 47 を使う！

より

$${}_{12}C_4\cdot{}_8C_4=495\cdot70=\boxed{^{エオカキク}\ 34650}\ (通り)$$

48 同じものを含む順列の総数

要点チェック！

n 個のうちの p 個，q 個，r 個がそれぞれ同じ文字で，$p+q+r=n$ のとき，これら n 個の文字を一列に並べる順列の数は

$${}_nC_p\cdot{}_{n-p}C_q=\frac{n!}{p!(n-p)!}\cdot\frac{(n-p)!}{q!(n-p-q)!}$$

$$=\boldsymbol{\frac{n!}{p!q!r!}}$$

□□□…□ n 個の文字

となります。($p+q+r=n$ より $n-p-q=r$)

これは，図のような n 個の□に文字をかき込むと考え，最初の文字をかき込む□の位置の選び方が ${}_nC_p$ 通り，その後，$(n-p)$ か所から q か所を選んで第2の文字をかくかき込み方が ${}_{n-p}C_q$ 通りあるためです。なお，残った□に第3の文字をかき込みます。

POINT 48

同じものを含む順列では，同じものの位置を組合せとして一度に選ぶ

同じものを含む順列の問題で，位置を決めてから並べていくときに利用できます。

48-A 解答 ▶ STEP 1 同じ文字を含む順列の総数を求める

Cが2個，Eが2個で，S，I，Nが各1個である。

右のような7個の□のうち，Cをかき込む位置の選び方は $_7C_2$ 通り。

この後，Eの位置の選び方は $_5C_2$ 通りとなり，残った3か所にS，I，Nをかき込むと考えて

$$_7C_2\cdot{}_5C_2\cdot{}_3P_3=\frac{7\cdot6}{2\cdot1}\cdot\frac{5\cdot4}{2\cdot1}\cdot3\cdot2\cdot1=\boxed{1260}\text{（通り）}$$

（アイウエ）

$\frac{7!}{2!2!1!}$ と解いてもよい

48-B 解答 ▶ STEP 1 同じ文字を含む順列の総数を求める

(1) 右のような6個の□に文字をかき込むと考える。

6文字のうち，2文字がAであり，これをかき込む□の位置の選び方は $_6C_2$ 通りあり，Aの位置を決めた後の4文字のかき込み方は $_4P_4$ 通りあるので

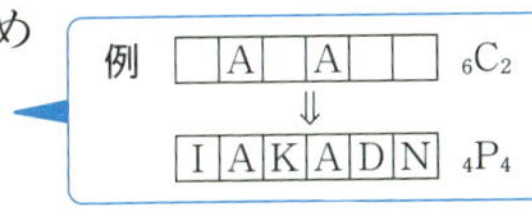

$$_6C_2\cdot{}_4P_4=\frac{6\cdot5}{2\cdot1}\cdot4\cdot3\cdot2\cdot1=\boxed{360}\text{（通り）}$$

（アイウ）

STEP 2 文字が指定された順番に並ぶ順列の総数を求める

(2) K，I，N，Dの4文字をかき込む位置の決め方は $_6C_4$ 通りあり，残りの2か所にAをかき込めばよいので

K，I，N，Dの入る位置を一度に決めているので $_6C_4$

$$_6C_4={}_6C_2=\frac{6\cdot5}{2\cdot1}=\boxed{15}\text{（通り）}$$

（エオ）

別解 ▶ (1)では，K，N，D，Iをかき込む□の位置をそれぞれ選び，残った2か所をAとすると考えると

$$_6C_1\cdot{}_5C_1\cdot{}_4C_1\cdot{}_3C_1=6\cdot5\cdot4\cdot3=360\text{（通り）}$$

となる。

(2)では，(1)の解答例と同じように2文字のAが入る位置を決めた後で，4か所の□に左から順にK，I，N，Dとかき込むと考えると $_6C_2=15$（通り）となる。

49 円順列の総数

要点チェック！

いくつかのものを円形に並べる配列を**円順列**といいます。

円順列では，回転したときに同じ並びとなる並べ方は1通りと数えるため，右下図の2つの並べ方は同一として扱われます。特定の1個に注目してこの1個の位置をはじめに決めてから，残りの並び方を考えます。

例えば，5人が円形のテーブルに座る場合の数を求めるとします。これは，代表者を先頭にして一列に並んでおいて，代表者の着席した位置から順に時計回りに円形に着席すると考えることができます。図ではAを代表者とすると，円形に並ぶ前にA，B，C，D，Eと一列に並んでいたことになり，B，C，D，Eの並び方を決めることになります。よって，5人の座り方の総数は4! 通りです。

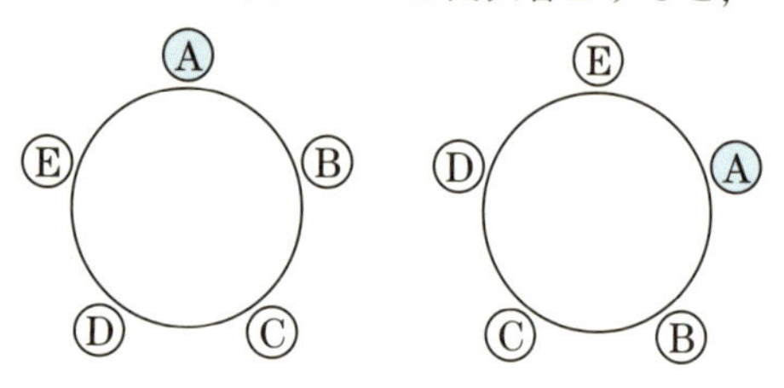

円順列の総数について，次のことが成り立ちます。

POINT 49

異なる n 個のものの円順列の数は，

$$(n-1)!\ \text{通り}$$

円形のテーブルへの座り方のような，円形に並べる順列で利用しましょう。

49-A 解答 ▶ STEP 1 円順列の総数を求める

Aさんの位置を決めると，Aさんの子どもの位置はAさんの右隣りまたは左隣りの席で2通りある。このいずれについても残り5席の決め方は5! 通りあるので，

$$2\cdot5! = 2\cdot5\cdot4\cdot3\cdot2\cdot1 = \boxed{^{アイウ}\ 240}\ (\text{通り})$$

49-B 解答 ▶ STEP 1 子どもが座ってから大人が座る座り方を求める

(1) 子ども4人の並び方は，$4! = 4\cdot3\cdot2\cdot1$ (通り) あり，

この4人を先に着席させると考える。

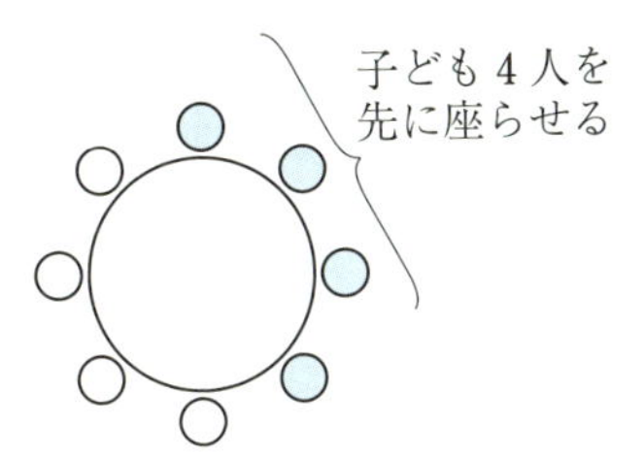

子ども 4 人を 1 人とみなして，大人 4 人と合わせた計「5 人」の座り方は，

$$(5-1)!=4!\text{（通り）}$$

◀ POINT 49 を使う！

あるので，求める座り方は，

$$4!\cdot 4!=24\cdot 24=\boxed{576}\text{（通り）}$$

（アイウ）

STEP 2 大人の間に子どもが座る座り方を求める

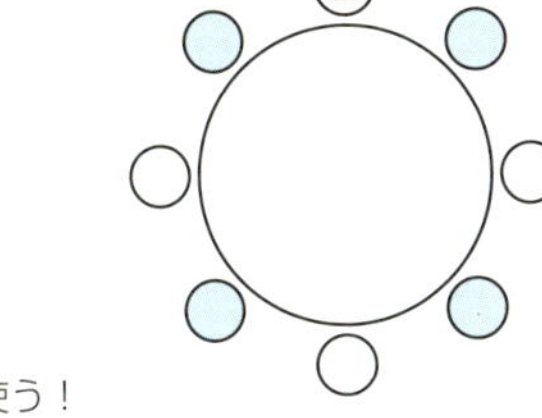

(2) はじめに大人 4 人を，席を 1 つずつ空けて座らせる。 ◀ 大人と子どもが交互に座る

このとき，大人の 1 人をAとする。大人の座り方はAの位置が決まったとして考えると

$$(4-1)!=3!\text{（通り）}$$

◀ POINT 49 を使う！

である。

この後，子ども 4 人をAの右隣りから順に座らせると考えると，子どもの座り方は 4! 通りある。

よって，子どもが 1 人おきに座る座り方は，

$$3!\cdot 4!=6\cdot 24=\boxed{144}\text{（通り）}$$

（エオカ）

50 2個のサイコロに関する確率

要点チェック！

事象 A の確率を計算するときは，全事象の要素の個数 N と事象 A の要素の個数 a をそれぞれ求めてから $\dfrac{a}{N}$ を計算します。

POINT 50

ある試行において，同様に起こり得る結果が N 通りあるとする。
事象 A が起こる場合の数が a 通りであるとき，

$$(A\text{ の起こる確率})=\frac{a}{N}$$

例えば，2 個のサイコロを同時に投げる問題（またはサイコロを 2 回続けて投げる問題）では，$N=6\times6=36$（通り）です。これらの 36 通りを右のような表にして，注目する目の出方に○印などの記号をつけて a を求めることができます。

2 個のサイコロに関する確率の計算では，目の出方の表を利用できます。

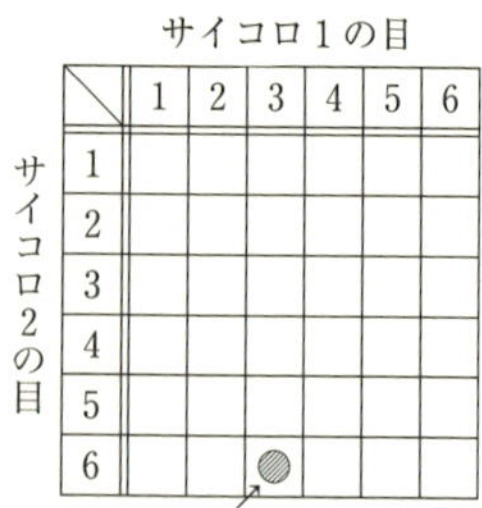

例えば，この場所は，
サイコロ 1 の目が 3,
サイコロ 2 の目が 6
のときを表す。

50-A 解答 ▶ STEP 1 出た目の和が 9，10，11，12 となる場合を考える

2 個のサイコロの目の出方を $(p,\ q)$ と表すと，全部で $6\times6=36$（通り）の目の出方がある。出た目の和が 9 以上となるのは，

$(p,\ q)=(6,\ 3),\ (6,\ 4),\ (6,\ 5),\ (6,\ 6),$
$(5,\ 4),\ (5,\ 5),\ (5,\ 6),$
$(4,\ 5),\ (4,\ 6),\ (3,\ 6)$

の 10 通りあるので，求める確率は $\dfrac{10}{36}=\dfrac{\boxed{ア\ 5}}{\boxed{イウ\ 18}}$

	1	2	3	4	5	6
1						
2						
3						○
4					○	○
5				○	○	○
6			○	○	○	○

50-B 解答 ▶ STEP 1 $a=b$ となる場合を考える

(1) 出た目の数 a，b の組は $6\times6=36$（通り）ある。
$u=1$ となるのは $a=b$ のときで 6 通りある。
$u=1$ となる確率は

$$\frac{6}{36}=\frac{\boxed{ア\ 1}}{\boxed{イ\ 6}}$$

◀ POINT 50 を使う！

STEP 2 表を用いて u が整数になる場合を考える

(2) 出た目の数 a，b の組について，u が整数となるのは右の表のときである。

u が整数となるのは表より 14 通りあるので，求める確率は

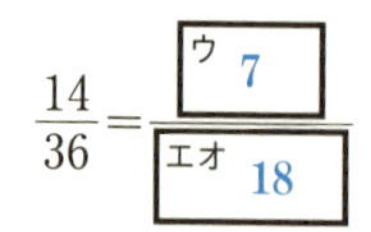

$$\frac{14}{36}=\frac{\boxed{ウ\ 7}}{\boxed{エオ\ 18}}$$

◀ POINT 50 を使う！

b＼a	1	2	3	4	5	6
1	1	2	3	4	5	6
2		1		2		3
3			1			2
4				1		
5					1	
6						1

51 3個のサイコロに関する確率

要点チェック!

大，中，小のサイコロを投げて出た目の数をそれぞれ a，b，c とするとき，$a+b+c=9$ となるような a，b，c の組を求めるには，はじめに $a \leqq b \leqq c$ を満たす a，b，c の組を求めて，それらを代表例とし，次にそれぞれの組の中での並び方を考えるという2段階で調べる方法があります。

例えば，代表例 (1，2，6) から

$$(a,\ b,\ c)=(1,\ 2,\ 6),\ (1,\ 6,\ 2),\ (2,\ 1,\ 6),\ (2,\ 6,\ 1),\ (6,\ 1,\ 2),\ (6,\ 2,\ 1)$$

の6組を取り出すことができます。

このとき，$(a,\ b,\ c)=(2,\ 2,\ 5)$ の組のように，同じ数があると

$$(a,\ b,\ c)=(2,\ 2,\ 5),\ (2,\ 5,\ 2),\ (5,\ 2,\ 2)$$

の3組となることに注意します。

POINT 51

制約のある3つの数の組を求めるときは，はじめに，代表となる組を求めておいてから，その組の中での並びかえを考える

51-A 解答 ▶ STEP 1 代表となる組を求める

全事象は $6 \cdot 6 \cdot 6$ 通りある。

サイコロ1，サイコロ2，サイコロ3の目の数を a，b，c とし，$a \leqq b \leqq c$ とするときの a，b，c の組は次のとおりである。

$$(a,\ b,\ c)=(1,\ 6,\ 6),\ (2,\ 6,\ 6),\ (3,\ 6,\ 6),\ (4,\ 6,\ 6),\ (5,\ 6,\ 6),\ (6,\ 6,\ 6)$$

代表となる組

STEP 2 それぞれの組の中での並びかえを考える

これらのうち，

$$(1,\ 6,\ 6),\ (2,\ 6,\ 6),\ (3,\ 6,\ 6),\ (4,\ 6,\ 6),\ (5,\ 6,\ 6)$$

の5組は，それぞれの組の中での a，b，c の決め方が3通りずつあるので，目の出方は $3 \cdot 5+1 \cdot 1=16$（通り）ある。

よって，求める確率は $\dfrac{16}{6 \cdot 6 \cdot 6}=\dfrac{\boxed{ア\ 2}}{\boxed{イウ\ 27}}$

51-B 解答 ▶ STEP ① **代表となる組を求める**

a，b，c の目の出方は 6･6･6 通りある。

まず，$a \leqq b \leqq c$ とするとき $a+b+c=9$ となる a，b，c の組は ◀ POINT 51 を使う！

$$(a,\ b,\ c)=(1,\ 2,\ 6),\ (1,\ 3,\ 5),\ (1,\ 4,\ 4),\ (2,\ 2,\ 5),\ (2,\ 3,\ 4),\ (3,\ 3,\ 3)$$

代表となる組

となる。

STEP ② **それぞれの組の中での並びかえを考える**

これらのうち，(1，2，6)，(1，3，5)，(2，3，4) の 3 組については，組の中での a，b，c の決め方がそれぞれ $3!=6$ (通り) ずつある。

(1，4，4)，(2，2，5) の 2 組については，a，b，c の決め方がそれぞれ 3 通りずつある。

また，(3，3，3) は，a，b，c の決め方は 1 通りである。

よって，$a+b+c=9$ となる目の出方は $6\cdot3+3\cdot2+1\cdot1=25$ (通り) ある。

したがって，求める確率は $\dfrac{25}{6\cdot6\cdot6}=\dfrac{\boxed{\text{アイ}\ 25}}{\boxed{\text{ウエオ}\ 216}}$

52 独立な試行の確率

要点チェック！

2 つの試行 S，T において，互いに他方の結果に影響を及ぼさないとき，S と T は**独立**であるといいます。このとき，S で事象 A が起こる確率を $P(A)$，T で事象 B が起こる確率を $P(B)$ とすると，S で A が起こり，しかも T で B が起こる確率は $P(A)\cdot P(B)$ (確率の積) となります。

POINT 52

試行 S，T が独立であるとき，試行 S で事象 A が起こり，試行 T で事象 B が起こる確率は

$$\boldsymbol{P(A)\cdot P(B)}$$

サイコロを続けて投げる問題などの，独立な試行の確率を求めるときに利用できます。

52-A 解答 ▶ STEP 1 赤玉，白玉，赤玉の順に取り出す確率を求める

$$\frac{2}{6}\cdot\frac{4}{6}\cdot\frac{2}{6}=\frac{\boxed{ア\ 2}}{\boxed{イウ\ 27}}$$

取り出した玉をもとの箱に戻すので，3回の試行は独立である

STEP 2 4回目まで白玉，5回目に赤玉を取り出す確率を求める

$$\frac{4}{6}\cdot\frac{4}{6}\cdot\frac{4}{6}\cdot\frac{4}{6}\cdot\frac{2}{6}$$

$$=\left(\frac{2}{3}\right)^4\cdot\frac{1}{3}=\frac{\boxed{エオ\ 16}}{\boxed{カキク\ 243}}$$

4回連続して白玉を取り出す

52-B 解答 ▶ STEP 1 Aに到達する確率を求める

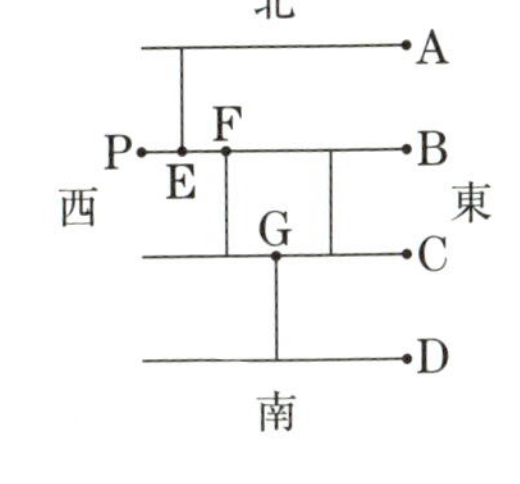

右図のように分岐点をE，F，Gとすると，Aに到達するのはEで北に進むときである。

Eでサイコロをふるとき，1，2，4，5のいずれかの目が出ればよいので，求める確率は

$$\frac{4}{6}=\frac{\boxed{ア\ 2}}{\boxed{イ\ 3}}$$

STEP 2 Dに到達する確率を求める

Dに到達するのは，図のEで東へ，F，Gで南へ進むときである。求める確率は

$$\frac{2}{6}\cdot\frac{4}{6}\cdot\frac{4}{6}=\frac{\boxed{ウ\ 4}}{\boxed{エオ\ 27}}$$

◀ POINT 52 を使う！

53 排反な事象の確率

要点チェック!

2つの事象A，Bが同時には起こらないとき，A，Bは互いに**排反**であるといいます。

ある試行において事象A，Bが互いに排反であるならば，事象AまたはBの起こる確率は$P(A)+P(B)$となります。

POINT 53

事象A，Bが互いに排反であるとき，

$$P(A\cup B)=P(A)+P(B)$$

事象Eの確率を互いに排反な事象A，B ($E=A\cup B$) の確率に分けて求めるときに利用しましょう。

53-A 解答 ▶ STEP 1 2個とも赤玉，白玉である場合を考える

同じ色の玉を取り出すとき，次の2つの場合がある。

(i) 2個とも赤玉である

(ii) 2個とも白玉である

(i)の起こる確率は $\dfrac{{}_5C_2}{{}_8C_2}$，(ii)の起こる確率は $\dfrac{{}_3C_2}{{}_8C_2}$ である。

(i)と(ii)の事象は互いに排反であるから，求める確率は

$$\frac{{}_5C_2}{{}_8C_2}+\frac{{}_3C_2}{{}_8C_2}=\frac{10}{28}+\frac{3}{28}=\frac{\boxed{\text{アイ } 13}}{\boxed{\text{ウエ } 28}}$$

53-B 解答 ▶ STEP 1 A，Bともに黒玉，白玉を取り出す確率を求める

Aが勝つのは，

(i) A，Bともに黒玉を取り出す

(ii) A，Bともに白玉を取り出す

場合であり，これらの事象は互いに排反である。

(i)の起こる確率は $\dfrac{3}{5}\cdot\dfrac{2}{5}=\dfrac{6}{25}$ ◀ 各袋とも玉の数は5個

(ii)の起こる確率は $\dfrac{2}{5}\cdot\dfrac{3}{5}=\dfrac{6}{25}$ ◀ POINT 52 を使う！

であるから，求める確率は

$$\frac{6}{25}+\frac{6}{25}=\frac{\boxed{\text{アイ } 12}}{\boxed{\text{ウエ } 25}}$$

◀ POINT 53 を使う！

54 反復試行の確率

要点チェック!

同じ試行を何回かくり返して行うとき，この一連のそれぞれの試行は独立であり，**反復試行**といいます。

一般に，反復試行について，次のことが成り立ちます。

POINT 54

1回の試行Tで，事象Aの起こる確率がpであるとする。

試行Tをn回くり返すとき，そのうち，ちょうどr回だけ事象Aが起こる確率は

$$_n\mathrm{C}_r\cdot p^r(1-p)^{n-r}$$

例えば，事象Aが連続してr回起こり，残りの$(n-r)$回で余事象が連続して起こる確率は$p^r(1-p)^{n-r}$となります。

n回のうち，どのr回で事象Aが起こるのかが$_n\mathrm{C}_r$通りあり，これらの場合の確率はいずれも$p^r(1-p)^{n-r}$となるので反復試行の確率は$_n\mathrm{C}_r\times p^r(1-p)^{n-r}$と考えることができます。

同じ条件のもとで同じ試行を何回かくり返すときに利用しましょう。

54-A 解答 ▶

STEP 1　1の目が2回，それ以外の目が3回出る確率を求める

$$_5\mathrm{C}_2\cdot\left(\frac{1}{6}\right)^2\cdot\left(\frac{5}{6}\right)^3$$

◀ 1以外の目が3回出る

$$=10\cdot\frac{1}{36}\cdot\frac{125}{216}$$

$$=\frac{\boxed{\text{アイウ } 625}}{\boxed{\text{エオカキ } 3888}}$$

54-B 解答 ▶ STEP 1　3勝2敗の後，1勝する確率を求める

A氏が4勝2敗でタイトルを取るのは，A氏が5回目の対局を終えた時点で，3勝2敗であり，6回目の対局で勝つ場合である。

よって，求める確率は

$$\left\{{}_5C_3\cdot\left(\frac{2}{5}\right)^3\cdot\left(\frac{3}{5}\right)^2\right\}\cdot\frac{2}{5}$$

◀ POINT 54 を使う！

$$=10\cdot\frac{2^3\cdot3^2}{5^5}\cdot\frac{2}{5}=\frac{2^5\cdot3^2}{5^5}=\frac{\boxed{\text{アイウ } 288}}{\boxed{\text{エオカキ } 3125}}$$

55 余事象の確率

要点チェック！

事象 A に対して，A が起こらないという事象を A の**余事象**といい $\overline{A}$ で表します。

確率の性質 $P(A)+P(\overline{A})=1$ より A の余事象の確率 $P(\overline{A})$ は

$$P(\overline{A})=1-P(A)$$

として計算できます。

また，$P(A)$ を直接求めるよりも $P(\overline{A})$ の方が簡単に求められるときは $P(\overline{A})$ を先に求めて $P(A)=1-P(\overline{A})$ として $P(A)$ を求めることができます。

POINT 55

事象 A の起こる確率 $P(A)$，起こらない確率 $P(\overline{A})$ について

$$\boldsymbol{P(\overline{A})=1-P(A)}$$
$$\boldsymbol{P(A)=1-P(\overline{A})}$$

$P(A)$ を直接求めるよりも，$P(\overline{A})$ の計算が楽なときに利用しましょう。

55-A 解答 ▶ STEP 1 余事象の確率を利用する

3個のサイコロの目のうち少なくとも1つの目が偶数のとき，目の積は偶数となるので，余事象は3個とも奇数の目が出る事象となる。

3個とも奇数の目が出る確率は

$$\frac{3}{6}\cdot\frac{3}{6}\cdot\frac{3}{6}=\frac{1}{8}$$

となる。

よって，目の積が偶数となる確率は $1-\frac{1}{8}=\frac{\boxed{\text{ア } 7}}{\boxed{\text{イ } 8}}$

55-B 解答 ▶ STEP 1 試行が 1 回または 2 回で終わる確率を求める

(1) 試行が 1 回で終わるのは，1 回目に赤玉を取り出すときで，その確率は $\frac{3}{6}$

2 回で終わるのは，1 回目に赤玉以外を取り出し，2 回目に赤玉を取り出したときで，その確率は

$$\frac{3}{6}\cdot\frac{3}{6}$$

よって，求める確率は

$$\frac{3}{6}+\frac{3}{6}\cdot\frac{3}{6}=\frac{1}{2}+\frac{1}{4}=\frac{^{ア}3}{^{イ}4}$$

1 回で終わる事象と 2 回で終わる事象は互いに排反

STEP 2 余事象に注目して確率を求める

(2) 余事象は，黄玉が 1 回も取り出されないときであり

- 1 回目が赤玉
- 1 回目が青玉で 2 回目が赤玉
- 1 回目，2 回目が青玉で，3 回目が青玉または赤玉

のいずれかのときなので，求める確率は

$$1-\left(\frac{3}{6}+\frac{2}{6}\cdot\frac{3}{6}+\frac{2}{6}\cdot\frac{2}{6}\cdot\frac{5}{6}\right)=1-\frac{41}{54}=\frac{^{ウエ}13}{^{オカ}54}$$

◀ POINT 55 を使う！

56 条件付き確率

要点チェック！

事象 A が起こっているとしたときに事象 B が起こる確率を $P_A(B)$ で表し，A が起こったときの B が起こる**条件付き確率**といいます。

$P_A(B)$ は A を全事象とした場合の事象 $A\cap B$ の起こる確率と考えられ

$P_A(B)=\dfrac{n(A\cap B)}{n(A)}$ と表すことができ，$P_A(B)=\dfrac{P(A\cap B)}{P(A)}$ が成り立ちます。

POINT 56

$$\boldsymbol{P_A(B)=\frac{n(A\cap B)}{n(A)},\quad P_A(B)=\frac{P(A\cap B)}{P(A)}}$$

条件付き確率を求める問題で利用しましょう。

56-A 解答 ▶ STEP 1 条件付き確率を求める

取り出したカードの番号が奇数であるという事象を A，3の倍数であるという事象を B とすると

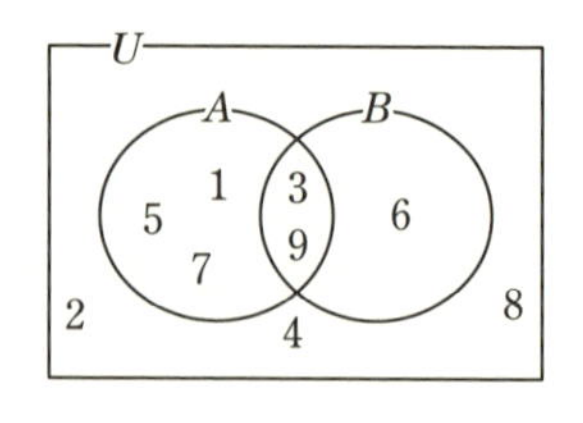

$n(A)=5$，$n(A\cap B)=2$

となり，$P_A(B)=\dfrac{^{ア}2}{^{イ}5}$

56-B 解答 ▶ STEP 1 余事象に注目して，事象 B の確率を求める

(1) 事象 B の余事象は $|m-n|\geqq 5$ である。

$|m-n|\geqq 5$ となるのは $(m,\ n)=(1,\ 6)$，$(6,\ 1)$ の2通りであるので，求める確率は $1-\dfrac{2}{6^2}=\dfrac{^{アイ}17}{^{ウエ}18}$

別解 ▶ 出た目の数 m，n の組について $|m-n|<5$ となるのは，右表より，34通りあるので，求める確率は $\dfrac{34}{36}=\dfrac{17}{18}$

n \ m	1	2	3	4	5	6
1	○	○	○	○	○	
2	○	○	○	○	○	○
3	○	○	○	○	○	○
4	○	○	○	○	○	○
5	○	○	○	○	○	○
6		○	○	○	○	○

STEP 2 条件付き確率 $P_A(B)$ を求める

(2) 事象 A が起こるのは $m=1,\ 2,\ 3,\ 4$ に対して $n=1,\ 2,\ 3,\ 4,\ 5,\ 6$ のときで $4\cdot 6=24$（通り）ある。

そのうち事象 B が起こるのは $(m,\ n)=(1,\ 6)$ を除いた23通りあるので，求める確率は

$P_A(B)=\dfrac{^{オカ}23}{^{キク}24}$

を使う！

n \ m	1	2	3	4	5	6
1	○	○	○	○		
2	○	○	○	○		
3	○	○	○	○		
4	○	○	○	○		
5	○	○	○	○		
6		○	○	○		

57 乗法定理

要点チェック！

条件付き確率の式 $P_A(B)=\dfrac{P(A\cap B)}{P(A)}$ の分母を払うと，

$$P(A\cap B)=P(A)P_A(B)$$

となり，この式を確率の**乗法定理**といいます。2つの事象 A，B がともに起こる確率 $P(A\cap B)$ を求めることができます。

$$P(A\cap B)=P(A)P_A(B)$$

2つの事象がともに起こる確率を求めるときに利用しましょう。

57-A 解答 ▶ a が当たる事象を A, b が当たる事象を B とする。

STEP 1 a, b がともに当たる確率 $P(A\cap B)$ を求める

$P(A\cap B)=P(A)\times P_A(B)$

$=\dfrac{3}{7}\cdot\dfrac{2}{6}=\dfrac{ア\ 1}{イ\ 7}$ ◀ Bは2本の当たりくじを含む6本のくじから1本を引く

STEP 2 a がはずれ, b が当たる確率 $P(\overline{A}\cap B)$ を求める

$P(\overline{A}\cap B)=P(\overline{A})\times P_{\overline{A}}(B)$

$=\dfrac{4}{7}\cdot\dfrac{3}{6}=\dfrac{ウ\ 2}{エ\ 7}$ ◀ Bは3本の当たりくじを含む6本のくじから1本を引く

57-B 解答 ▶

STEP 1 1回目が赤または青, 2回目が赤である確率を求める

(1) 発色が(赤, 赤)または(青, 赤)となる2つの場合で, その確率は,

$\dfrac{1}{2}\cdot\dfrac{1}{3}+\dfrac{1}{2}\cdot\dfrac{3}{5}=\dfrac{ア\ 7}{イウ\ 15}$ ◀  を使う!

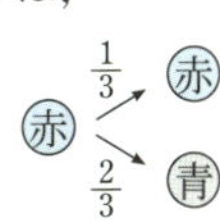

STEP 2 赤が1回, 青が2回である確率を求める

(2) 発色が(赤, 青, 青), (青, 赤, 青), (青, 青, 赤)となる場合で, その確率は

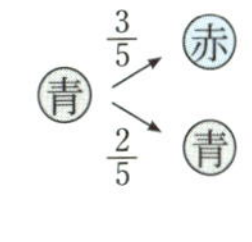

$\dfrac{1}{2}\cdot\dfrac{2}{3}\cdot\dfrac{2}{5}+\dfrac{1}{2}\cdot\dfrac{3}{5}\cdot\dfrac{2}{3}+\dfrac{1}{2}\cdot\dfrac{2}{5}\cdot\dfrac{3}{5}=\dfrac{エオ\ 34}{カキ\ 75}$ ◀ POINT 57 を使う!

STEP 3 赤と青が交互になる確率を求める

(3) 発色が(赤, 青, 赤, 青, 赤), (青, 赤, 青, 赤, 青)となる場合で, その確率は

$\dfrac{1}{2}\cdot\dfrac{2}{3}\cdot\dfrac{3}{5}\cdot\dfrac{2}{3}\cdot\dfrac{3}{5}+\dfrac{1}{2}\cdot\dfrac{3}{5}\cdot\dfrac{2}{3}\cdot\dfrac{3}{5}\cdot\dfrac{2}{3}=\dfrac{ク\ 4}{ケコ\ 25}$ ◀ POINT 57 を使う!

実戦問題　第1問

この問題のねらい

・組合せの総数を求めることができる。(⇒ POINT 47)

・排反な事象の確率，条件付き確率を計算できる。

(⇒ )

解答 ▶ **STEP 1　4個の玉がすべて白い玉である確率を求める**

(1)　取り出した玉の色について，赤い玉が x 個，青い玉が y 個，白い玉が z 個であることを（赤，青，白）$=(x,\ y,\ z)$ と表すものとする。

（赤，青，白）$=(0,\ 0,\ 4)$ のとき，白い玉の組が2組できるので，得点は［ア 2］点である。

得点が2点となる玉の色の組合せは他にはないので，白い玉を4個取り出す確率を求めればよい。　◀ POINT 47 を使う！

10個の玉から4個の玉を取り出す場合の数は ${}_{10}C_4=210$（通り）

5個の白い玉から4個の玉を取り出す場合の数は ${}_5C_4=5$（通り）

であるので，求める確率は $\dfrac{5}{210}=\dfrac{\boxed{イ\ 1}}{\boxed{ウエ\ 42}}$　◀ POINT 50 を使う！

STEP 2　得点が8点となる確率を求める

(2)　得点が8点となるのは（赤，青，白）$=(2,\ 2,\ 0)$ となる場合であるから，

求める確率は $\dfrac{{}_2C_2\cdot{}_3C_2}{{}_{10}C_4}=\dfrac{1\times3}{210}=\dfrac{\boxed{オ\ 1}}{\boxed{カキ\ 70}}$

STEP 3　得点が1点となる確率を求める

(3)　得点が1点となるのは

（赤，青，白）$=(1,\ 1,\ 2)$，$(1,\ 0,\ 3)$，$(0,\ 1,\ 3)$

となる場合であるから，求める確率は

$$\frac{{}_2C_1\cdot{}_3C_1\cdot{}_5C_2}{{}_{10}C_4}+\frac{{}_2C_1\cdot{}_5C_3}{{}_{10}C_4}+\frac{{}_3C_1\cdot{}_5C_3}{{}_{10}C_4}$$

◀ POINT 53 を使う！

$$=\frac{2\times3\times10}{210}+\frac{2\times10}{210}+\frac{3\times10}{210}=\frac{110}{210}=\frac{\boxed{クケ\ 11}}{\boxed{コサ\ 21}}$$

STEP 4 条件付き確率を求める

得点が1点となる事象をA，3色の玉が取り出される事象をBとする。

STEP 3 より $P(A\cap B)=\dfrac{2\times3\times10}{210}=\dfrac{2}{7}$，$P(A)=\dfrac{11}{21}$ であるので

$$P_A(B)=\frac{P(A\cap B)}{P(A)}=\frac{2}{7}\div\frac{11}{21}=\frac{\boxed{シ\ 6}}{\boxed{スセ\ 11}}$$

◀ POINT 56 を使う！

実戦問題 第2問

この問題のねらい

・数学的な見方・考え方を用いて処理できる。
・同じものを含む順列の総数を求めることができる。(⇒ POINT 48)

解答 ▶ STEP 1 必要な情報を整理する

(1) ABRACADABRAと読むことができるのは，図1のXの位置のAから，Yの位置のAに向けて，「左下」または「右下」に一文字ずつたどっていくときに限られる。

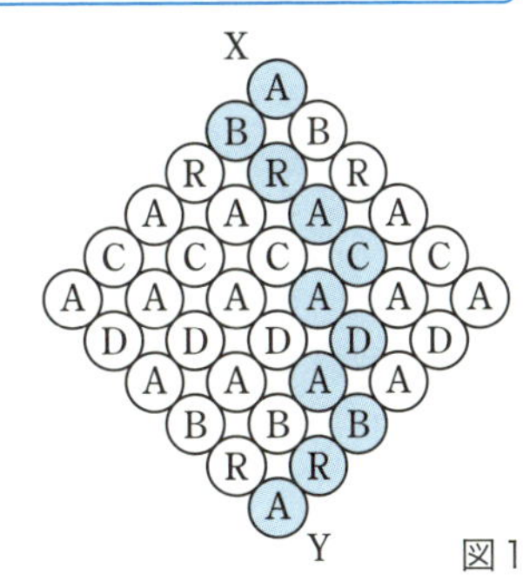

図1

STEP 2 数学的な問題として見通しをたてる

おはじきの中心を点で表し，図2のような経路網を考えると，図2のXからYまでの最短経路の総数を求めればよいことになる。5個の「↙」と5個の「↘」を一列に並べる順列の総数が最短経路の総数となるので，

$${}_{10}C_5\cdot{}_5C_5$$

◀ POINT 48 を使う！

$$=\frac{10!}{5!\cdot5!}=\boxed{アイウ\ 252}\text{（通り）}$$

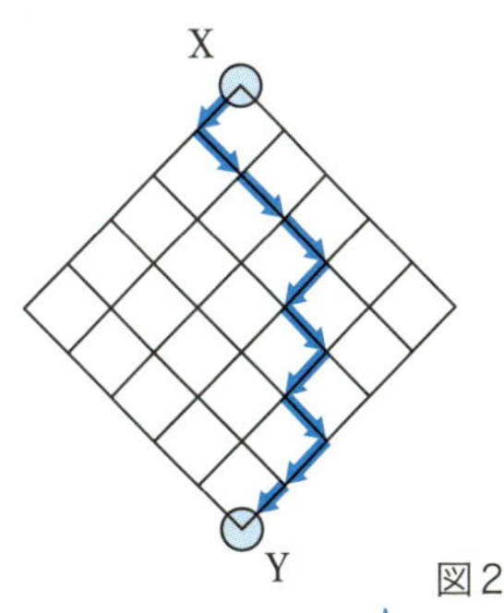

図2

図1の青色の読みとり方，図2の経路の例は

↙	↘	↘	↘	↙	↘	↙	↘	↙	↙

と表現される。

第6章 場合の数，確率

STEP 3 経路の総数を求める

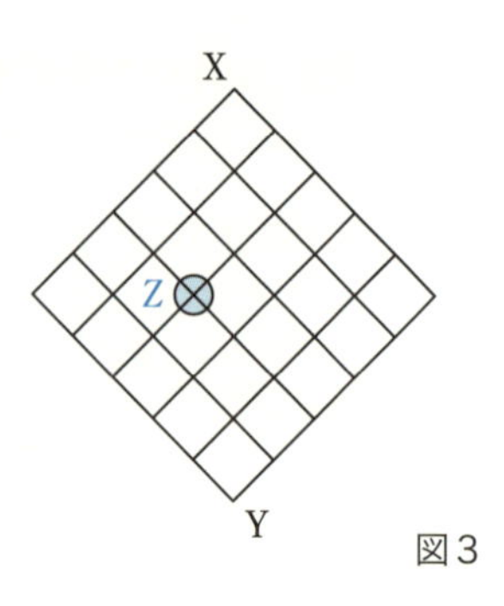

図3

(2) 取り除かれたおはじきは図3の点Zに対応する。点Zを通過する最短経路の数は

$$ {}_5C_3 \cdot {}_5C_2 = \frac{5!}{3!\cdot 2!} \cdot \frac{5!}{2!\cdot 3!} = 100 \text{（通り）} $$

ゆえに，点Zを通らない最短経路の総数として求めると

$252-100=$ エオカ **152**（通り）

実戦問題 第3問

この問題のねらい

・日常生活で見られる事象の確率の計算ができる。

解答 ▶ STEP 1 1回のジャンケンで勝者が決まる確率を求める

(1) 3人でジャンケンを行うとき，1回のジャンケンでの3人の手の出し方は，3^3（通り）ある。

1回のジャンケンで勝者が決まるとき，勝者とならなかった2人は同じ手を出しており，どの人が勝者か，どの手で勝ったのかで 3×3（通り）ある。

よって，求める確率は $\dfrac{3\times3}{3^3}=\dfrac{\text{ア } 1}{\text{イ } 3}$

STEP 2 2回のジャンケンで勝者が決まる場合を把握する

(2) ジャンケンを2回行って，初めて勝者が決まる事象は，次の互いに排反な2つの事象の和事象である。

(i) 1回目がアイコで，2回目に3人のうちから勝者が決まる

(ii) 1回目で1人が負け，2回目に2人のうちから勝者が決まる

STEP 3 確率を計算する

(i)について

1回目のアイコでは，3人の手が同じ場合と，3人の手がすべて異なる場合があり $3+3!$（通り）ある。

2回目は(1)で求めた確率と同じなので，この確率は

$$\frac{3+3!}{3^3}\cdot\frac{1}{3}=\frac{9}{27}\cdot\frac{1}{3}=\frac{1}{9}$$

(ii)について

1回目は，負けた1人が決まるとき，負けなかった2人は同じ手を出しており，どの人が負け，どの手で負けたのかで3×3(通り)ある。

2回目は，2人の手の出し方は，3^2(通り)あり，どちらが勝者か，どの手で勝ったのかで2×3(通り)あるので，この確率は

$$\frac{3\times3}{3^3}\cdot\frac{2\times3}{3^2}=\frac{1}{3}\cdot\frac{2}{3}=\frac{2}{9}$$

(i)，(ii)は排反な事象なので，求める確率は

$$\frac{1}{9}+\frac{2}{9}=\frac{\boxed{ウ\ 1}}{\boxed{エ\ 3}}$$

◀ 

を使う！

STEP 4 3回のジャンケンで勝者が決まる場合を把握する

(3) ジャンケンを3回行って，初めて勝者が決まる事象は，次の互いに排反な3つの事象の和事象である。

(i) 1回目と2回目がアイコで，3回目に3人のうちから勝者が決まる

(ii) 1回目がアイコで，2回目に1人が負け，3回目に2人のうちから勝者が決まる

(iii) 1回目に1人が負け，2回目は2人でアイコ，3回目に2人のうちから勝者が決まる

STEP 5 確率を計算する

(i)について

この確率は $\quad\frac{3+3!}{3^3}\cdot\frac{3+3!}{3^3}\cdot\frac{1}{3}=\frac{1}{3}\cdot\frac{1}{3}\cdot\frac{1}{3}=\frac{1}{27}$

(ii)について

この確率は $\quad\frac{3+3!}{3^3}\cdot\frac{3\times3}{3^3}\cdot\frac{2\times3}{3^2}=\frac{1}{3}\cdot\frac{1}{3}\cdot\frac{2}{3}=\frac{2}{27}$

(iii)について

2回目は，2人のアイコの手の出し方は，3通りある。よって，

この確率は $\quad\frac{3\times3}{3^3}\cdot\frac{3}{3^2}\cdot\frac{2\times3}{3^2}=\frac{1}{3}\cdot\frac{1}{3}\cdot\frac{2}{3}=\frac{2}{27}$

(i)，(ii)，(iii)は排反な事象なので，求める確率は

$$\frac{1}{27}+\frac{2}{27}+\frac{2}{27}=\frac{\text{オ } 5}{\text{カキ } 27}$$

実戦問題 第4問

この問題のねらい

- 条件付き確率を求めることができる。(⇒ POINT 56)
- 確率の乗法定理を活用することができる。(⇒ POINT 57)
- 数学的な表現を用いて課題を扱うことができる。

解答 ▶ STEP 1 記号を用いて確率を表現する

入力された画像がネコの画像である事象を A，

人工知能が「ネコである」と判定する事象を B

とする。このとき，人工知能の性能の条件から

$$P_A(\overline{B})=\frac{1}{100}$$

◀ POINT 56 を使う！

$$P_{\overline{A}}(B)=\frac{2}{100}$$

また，入力の設定から

$$P(A)=\frac{300}{1000}=\frac{3}{10}$$

STEP 2 $P(A\cap B)$ を確率の乗法定理を用いて求める

(1) 入力画像がネコの画像であり，かつ，人工知能が「ネコである」と判定する確率は，$P(A\cap B)$ と表せる。

確率の乗法定理により，

◀ POINT 57 を使う！

$P(A\cap B)=P(A)\cdot P_A(B)$ であるので，$P_A(B)$ を求めておく。

余事象の確率に注目して

$$P_A(B)=1-P_A(\overline{B})=1-\frac{1}{100}=\frac{99}{100}$$

◀ POINT 55 を使う！

よって，$P(A\cap B)=P(A)\cdot P_A(B)=\frac{3}{10}\cdot\frac{99}{100}=\frac{\text{アイウ } 297}{1000}$

STEP 3 数学的な表現を用いて課題を扱う

(2) 人工知能が「ネコである」と判定する事象Bは，次に示す互いに排反な2つの事象の和事象である。

・入力画像がネコの画像であり，かつ，人工知能が「ネコである」と判定する事象　$A \cap B$

・入力画像がネコの画像でなく，かつ，人工知能が「ネコである」と判定する事象　$\overline{A} \cap B$

よって，$P(B)=P(A \cap B)+P(\overline{A} \cap B)$ として求めればよい。

$P(\overline{A})=1-P(A)=1-\dfrac{3}{10}=\dfrac{7}{10}$ であるので

$$P(\overline{A} \cap B)=P(\overline{A})\cdot P_{\overline{A}}(B)=\frac{7}{10}\cdot\frac{2}{100}=\frac{14}{1000}$$

したがって，

$$P(B)=P(A \cap B)+P(\overline{A} \cap B)$$

$$=\frac{297}{1000}+\frac{14}{1000}=\frac{\boxed{\text{エオカ}\ 311}}{1000}$$

STEP 4 条件付き確率を求める

(3) 入力画像を人工知能が「ネコである」と判定したとき，入力した画像が実際はネコの画像でない確率は

$$P_B(\overline{A})=\frac{P(\overline{A} \cap B)}{P(B)}=\frac{\frac{14}{1000}}{\frac{311}{1000}}=\frac{\boxed{\text{キク}\ 14}}{\boxed{\text{ケコサ}\ 311}}$$

◀ POINT 56 を使う！

STEP 5 条件付き確率を求める

(4) 入力画像を人工知能が「ネコでない」と判定したとき，入力した画像が実際はネコの画像である確率は

$$P_{\overline{B}}(A)=\frac{P(A \cap \overline{B})}{P(\overline{B})}=\frac{P(A)\cdot P_A(\overline{B})}{1-P(B)}$$

$$=\frac{\frac{3}{10}\cdot\frac{1}{100}}{1-\frac{311}{1000}}=\frac{\boxed{\text{シ}\ 3}}{\boxed{\text{スセソ}\ 689}}$$

58 約数の個数

要点チェック！

2つの整数 a, b について，$a=bk$ を満たす整数 k が存在するとき，b は a の**約数**であるといい，a は b の**倍数**であるといいます。

約数や倍数について調べるときは，自然数（正の整数）を素数の積の形に表すとわかりやすくなります。これを**素因数分解**といい，例えば600については，右のように小さな**素数**から割り算を実行して $600=2^3\cdot3\cdot5^2$ のようになります。素数は2以上の自然数で，1とそれ自身以外に正の約数がない数です。

$$\begin{array}{r|r} 2 & 600 \\ \hline 2 & 300 \\ \hline 2 & 150 \\ \hline 3 & 75 \\ \hline 5 & 25 \\ \hline & 5 \end{array}$$

自然数を素因数分解すると，約数の個数は次のように表されます。

POINT 58

自然数 N を素因数分解すると $N=p^a\cdot q^b\cdot r^c\cdots$ であるとき，
N の正の約数の個数は $(a+1)(b+1)(c+1)\cdots$（個）

自然数の正の約数の個数を求めるときに利用します。

58-A 解答 ▶ STEP 1 自然数 a の個数を求める

(1) 2^a が1200の約数であればよい。

$1200=2^4\cdot3\cdot5^2$ より，$a=1$, 2, 3, 4 の［ア 4］（個）

STEP 2 正の約数の個数を求める

(2) $1200=2^4\cdot3\cdot5^2$ の正の約数の個数は

$(4+1)(1+1)(2+1)=5\cdot2\cdot3=$［イウ 30］（個）

58-B 解答 ▶ STEP 1 4680を素因数分解する

右の計算により

$4680=2^{［ア 3］}\cdot3^{［イ 2］}\cdot5\cdot$［ウエ 13］

$$\begin{array}{r|r} 2 & 4680 \\ \hline 2 & 2340 \\ \hline 2 & 1170 \\ \hline 3 & 585 \\ \hline 3 & 195 \\ \hline 5 & 65 \\ \hline & 13 \end{array}$$

STEP 2 4680の正の約数の個数を求める

4680の正の約数の個数は

$(3+1)(2+1)(1+1)(1+1)$

$=4\cdot3\cdot2\cdot2=$［オカ 48］（個）

◀ POINT 58 を使う！

STEP 3 468より大きい約数の個数を求める

aを4680の正の約数とすると

$$a \times b = 4680$$

を満たす正の整数bがあって，このbも4680の約数である。

$$\frac{4680}{468} = 10,\quad 468 \times 10 = 4680$$

より，$a > 468$ のとき，$b < 10$ となるので，468より大きい約数の個数は，10より小さい約数の個数と等しい。

10より小さい4680の約数は，1，2，3，4，5，6，8，9であるので，求める個数は キ 8 (個)

59 最大公約数・最小公倍数

要点チェック!

2つの整数a，bにおいて，a，bの**最大公約数**が1であるとき，a，bは**互いに素**であるといいます。

2つの自然数A，Bは，互いに素である整数a，bとA，Bの最大公約数gを用いて

$$\boldsymbol{A = ag,\quad B = bg}$$

と表されます。

また，A，Bの**最小公倍数**をlとすると

$$\boldsymbol{abg = l,\quad AB = gl}$$

が成り立ちます。

最大公約数と最小公倍数を求めるとき，各数を素因数分解して，次の方法で求めます。

POINT 59

最大公約数：共通な素因数で，指数が最小のもののかけ算
最小公倍数：すべての素因数で，指数が最大のもののかけ算

素因数分解された自然数の最大公約数・最小公倍数を求めるときに利用しましょう。

59-A 解答 ▶ STEP 1 2つの自然数を素因数分解する

$1872=2^4\cdot3^2\cdot13$

$600=2^3\cdot3\cdot5^2$

2) 1872
2) 936
2) 468
2) 234
3) 117
3) 39
13

STEP 2 最大公約数と最小公倍数を求める

最大公約数は $2^3\cdot3=$ [アイ 24]

最小公倍数は $2^4\cdot3^2\cdot5^2\cdot13=$ [ウエオカキ 46800]

! $1872=78\cdot24$，$600=25\cdot24$ であり，78 と 25 は互いに素である。
また，$78\times25\times24=46800$ である。

59-B 解答 ▶ STEP 1 a' と b' の最大公約数を求める

$a'G$ と $b'G$ の最大公約数が G のとき，a' と b' は互いに素である。よって，

a' と b' の最大公約数は [ア 1]

STEP 2 600 と 5772 を素因数分解する

$600=2^3\cdot3\cdot5^2$

$5772=2^{[イ\ 2]}\cdot$ [ウ 3] $\cdot13\cdot37$

STEP 3 Gを求める

よって，

$a'G+b'G=(a'+b')G=2^3\cdot3\cdot5^2$ ……①

$a'b'G=2^2\cdot3\cdot13\cdot37$ ……②

a' と b' が互いに素であるとき，$a'+b'$ と $a'b'$ は互いに素である。

Gは①と②の最大公約数となり，

$G=2^2\cdot3=$ [エオ 12] ◀ POINT 59 を使う！

STEP 4 a，b を求める

①，②より

$a'+b'=2\cdot5^2=50$

$a'b'=13\cdot37$ ◀ a'，b' は自然数

$a>b$ より $a'>b'$ であり，

$a'=37$，$b'=13$

したがって，

$a=37\cdot12=$ [カキク 444]，$b=13\cdot12=$ [ケコサ 156]

60 余りによる整数の分類

要点チェック!

整数aを自然数bで割ったときの商をk，余りをrとすると

$$\boldsymbol{a=bk+r} \quad (r=0,\ 1,\ 2,\ \cdots,\ b-1)$$

と表すことができます。

このことから，整数をある自然数で割ったときの余りに注目してグループに分類することができます。

例えば，7で割ったときの余りが2となる整数のグループを，整数kを用いて$7k+2$と表すことができます。

一般に，整数は次のようにグループ分けできます。

POINT 60

整数を自然数pで割ると，余りは0，1，2，…，$p-1$であることから，整数全体を，整数kを用いて

$$\boldsymbol{pk,\ pk+1,\ pk+2,\ \cdots,\ pk+(p-1)}$$

のグループに分けて表すことができる

整数を，ある整数で割ったときの余りに注目して表すときに利用しましょう。

60-A 解答 ▶ STEP 1 余りによる整数の分類を利用する

$$n=4k+3 \quad (k\text{は整数})$$

と表すと

$$\begin{aligned} n^2+5&=(4k+3)^2+5\\ &=16k^2+24k+14\\ &=8\times 2k^2+8\times 3k+8+6\\ &=8(2k^2+3k+1)+6 \end{aligned}$$

◀ $n^2+5=8\times$(整数)$+6$

$2k^2+3k+1$は整数なので，n^2+5を8で割ったときの余りは ア 6

第7章 整数の性質

60-B 解答 ▶ STEP 1 **$a+2b$，ab を7で割ったときの余りを求める**

(1) m，n を整数として

$$a=7m+3,\quad b=7n+4$$

と表すと ◀ POINT 60 を使う！

$$\begin{aligned}a+2b&=7m+3+2(7n+4)\\&=7m+14n+11\\&=7(m+2n+1)+4\end{aligned}$$

$m+2n+1$ は整数なので，$a+2b$ を7で割ったときの余りは ア 4

$$\begin{aligned}ab&=(7m+3)(7n+4)\\&=49mn+28m+21n+12\\&=7(7mn+4m+3n+1)+5\end{aligned}$$

$7mn+4m+3n+1$ は整数なので，ab を7で割ったときの余りは イ 5

STEP 2 **$ab(a+2b)$ を7で割ったときの余りを求める**

(2) (1)の結果より，p，q を整数として

$$a+2b=7p+4,\quad ab=7q+5$$

と表すと ◀ POINT 60 を使う！

$$\begin{aligned}ab(a+2b)&=(7q+5)(7p+4)\\&=49pq+35p+28q+20\\&=7(7pq+5p+4q+2)+6\end{aligned}$$

$7pq+5p+4q+2$ は整数なので，$ab(a+2b)$ を7で割ったときの余りは

ウ 6

61 ユークリッドの互除法

要点チェック！

2つの自然数 a，b について，a を b で割ったときの商を k，余りを r とすると，$a=b\times k+r$ （$a\div b=k \cdots r$）と表すことができます。

$r\neq0$ のとき，**（a と b の最大公約数）＝（b と r の最大公約数）** となります。

$r=0$ のとき，（a と b の最大公約数）$=b$ となります。

次のように，この性質をくり返し用いることで最大公約数を求める方法を，**ユークリッドの互除法**といいます。

POINT 61

2つの自然数 a, b $(a>b)$ について

(i) a を b で割り，余り r を求める。

(ii) $r=0$ ならば(iv)へ，$r\neq 0$ ならば(iii)へ進む。

(iii) $b\to a$, $r\to b$ とおきかえて，(i)に戻る。

(iv) 最大公約数は b として終了する。

2つの自然数の最大公約数を求めるときに利用しましょう。

61-A 解答 ▶ STEP 1 ユークリッドの互除法を利用する

$444\div 156=2\ \cdots\ 132$ ◀ $a=444$, $b=156$, $r=132$

$156\div 132=1\ \cdots\ 24$ ◀ $a=156$, $b=132$, $r=24$

$132\div 24=5\ \cdots\ 12$ ◀ $a=132$, $b=24$, $r=12$

$24\div 12=2\ \cdots\ 0$ ◀ $a=24$, $b=12$, $r=0$

よって，444 と 156 の最大公約数は [アイ 12]

一般に，「2つの整数 a, b が互いに素であるとき，方程式 $ax+by=1$ を満たす整数 x, y の組が必ず存在する」ことがわかっています。ユークリッドの互除法を用いて，この x, y の組を1組求めることができます。

61-B 解答 ▶ STEP 1 ユークリッドの互除法を用いる ◀ POINT 61 を使う！

$37\div 13=2\ \cdots\ 11$ より $37=13\times$ [ア 2] $+$ [イウ 11] ……②

$13\div 11=1\ \cdots\ 2$ より $13=11\times$ [エ 1] $+$ [オ 2] ……③

$11\div 2=5\ \cdots\ 1$ より $11=2\times$ [カ 5] $+1$ ……④

STEP 2 整数 m, n の組を1つ求める

④より $1=11-2\times 5$, ③より $2=13-11\times 1$, ②より $11=37-13\times 2$

となり

$$1=11-(13-11\times 1)\times 5=11\times 6-13\times 5=(37-13\times 2)\times 6-13\times 5$$

$$=37\times 6-13\times 12-13\times 5=37\times \boxed{^{キ}\ 6}+13\times\left(\boxed{^{クケコ}\ -17}\right)$$

よって，$m=6$, $n=-17$ が求まった。

62 1次不定方程式

要点チェック!

a, b を互いに素な (最大公約数が1であるような) 自然数とします。**不定方程式** $ax-by=c$ (c:整数) を満たす整数 x, y の組を求めるときは，この等式を満たす $x=p$, $y=q$ を用いて,

$$\boldsymbol{a(x-p)=b(y-q)} \quad (p,\ q \text{ は整数})$$

と変形します。$x-p$, $y-q$ がそれぞれ b, a の倍数となることから

$$x-p=bk,\ y-q=ak \quad (k:\text{整数})$$

となり, $\begin{cases} x=bk+p \\ y=ak+q \end{cases}$ と表すことができます。

ただし, p, q は自分で見つけた1組の値を用います。

POINT 62

x, y, p, q は整数とする。

例：$5(x-p)=2(y-q)$ のとき, $\begin{cases} x-p=2k \\ y-q=5k \end{cases}$ (k:整数) とおける。

$ax-by=c$ の形の不定方程式のときに利用しましょう。

62-A 解答 ▶ STEP 1 x, y を整数 k を用いて表す

$x=5$, $y=0$ は①を満たしており, $4\cdot5-3\cdot0=20$ ……②

①−② より,

$$4(x-5)=3y$$

($x=8$, $y=4$ を見つけた場合は $4(x-8)=3(y-4)$)

と変形できる。4と3は互いに素より, $x-5$ は3の倍数, y は4の倍数となる。

k を整数として, $x-5=3k$, $y=4k$ から, $\begin{cases} x=3k+5 \\ y=4k \end{cases}$

STEP 2 $0 \leqq x+y \leqq 100$ を満たす組の数を求める

$0 \leqq x+y \leqq 100$ のとき, $0 \leqq 3k+5+4k \leqq 100$ よって, $-\dfrac{5}{7} \leqq k \leqq \dfrac{95}{7}$

これを満たす整数 k は, $k=0$, 1, …, 13 となり，整数 x, y の組は [アイ 14] 組ある。

62-B 解答 ▶ STEP 1 p，q を求める

(1) $\dfrac{p+1}{q+3}=\dfrac{2}{5}$ のとき，$5(p+1)=2(q+3)$ ◀ $0.4=\dfrac{2}{5}$

$p+1$，$q+3$ は自然数であり，5 と 2 は互いに素であるから，$p+1$ は 2 の倍数，$q+3$ は 5 の倍数である。よって，k を自然数として

$p+1=2k$，$q+3=5k$ すなわち $p=2k-1$，$q=5k-3$

と表すことができる。 ◀ POINT 62 を使う！

p，q が 10 以下のとき，

$k=1$ の場合 $p=$ ア 1，$q=$ イ 2

$k=2$ の場合 $p=$ ウ 3，$q=$ エ 7

◀ $\begin{cases}1\leqq 2k-1\leqq 10\\1\leqq 5k-3\leqq 10\end{cases}$ より $k=1$，2 となる

STEP 2 $p+q$ の最大値を求める

(2) $p+q=(2k-1)+(5k-3)=7k-4$

より，k が最大のとき，$p+q$ も最大となる。

$p+q<30$ のとき $7k-4<30$　$k<\dfrac{34}{7}$ より k の最大値は 4

よって，$p+q$ の最大値は $7\cdot 4-4=$ オカ 24 ◀ $k=4$ のとき $p=7$，$q=17$

63 2次不定方程式

要点チェック！

不定方程式 $xy+bx+ay+c=0$（a，b，c は整数）を満たす整数 x，y の組を求めるときは，この等式を

$x(y+b)+ay=-c$

$x(y+b)+ay+ab=-c+ab$

$x(y+b)+a(y+b)=-c+ab$

$(x+a)(y+b)=ab-c$

と変形し，$x+a$，$y+b$ が $ab-c$ の約数となるような組を調べます。

POINT 63

x，y，a，b，N を整数とする。$(N\neq 0)$

$(x+a)(y+b)=N$ のとき，$x+a$，$y+b$ は N の正または負の約数である。

2次式が与えられた整数問題では，(因数分解された式)=(整数) の形に変形して，POINT 63 を利用して式を満たす整数をしぼりこむことがよくあります。

63-A 解答 ▶ STEP 1 (　　)(　　)$=N$ の形に変形する

$x(y+3)+2y=-5$

$x(y+3)+2y+6=-5+6$

$x(y+3)+2(y+3)=1$

$(x+2)(y+3)=1$

STEP 2 整数 x，y の組を求める

$x+2$，$y+3$ は整数であるから， ◀ $x+2$，$y+3$ は「1の約数」

(i) $\begin{cases} x+2=1 \\ y+3=1 \end{cases}$ より $\begin{cases} x=-1 \\ y=-2 \end{cases}$ 　(ii) $\begin{cases} x+2=-1 \\ y+3=-1 \end{cases}$ より $\begin{cases} x=-3 \\ y=-4 \end{cases}$

よって，x，y の組は [ア 2] 組である。

63-B 解答 ▶ STEP 1 (　　)(　　)$=N$ の形に変形する

$ab-8a-8b+15=0$

$ab-8a-8b=-15$

$a(b-8)-8b+64=-15+64$ ◀ 左辺が因数分解できるように両辺に64を加える

$a(b-8)-8(b-8)=49$

$(a-$[ア 8]$)(b-$[イ 8]$)=$[ウエ 49] ……①

STEP 2 整数 a，b の組を求める

a，b が整数のとき $a-8$，$b-8$ も整数であり， ◀  を使う！
これらは49の約数である。

$a\geqq4$，$b\geqq4$ より $a-8\geqq-4$，$b-8\geqq-4$ であるから

$a=b$ のとき，①より

$\begin{cases} a-8=7 \\ b-8=7 \end{cases}$ となり $\begin{cases} a=\text{[オカ 15]} \\ b=15 \end{cases}$ ◀ 49の正の約数は 1，7，49

$a>b$ のとき，①より

$\begin{cases} a-8=49 \\ b-8=1 \end{cases}$ となり $\begin{cases} a=\text{[キク 57]} \\ b=\text{[ケ 9]} \end{cases}$

64 3進法で表された数

要点チェック!

1の位，Nの位，N^2の位，N^3の位，…というように，Nを位取りの基礎として，Nずつのまとまりごとに位が上がる数の表し方を**N進法**といいます。また，N進法で表された数を**N進数**といいます。

例えば，

$$35=1\times3^3+0\times3^2+2\times3+2$$

であるので，35の**3進法**での表し方は$1022_{(3)}$のようになります。

$$\begin{array}{r|ll} 3 & 35 & \text{余り} \\ 3 & 11 & \cdots 2 \\ 3 & 3 & \cdots 2 \\ 3 & 1 & \cdots 0 \\ & 0 & \cdots 1 \end{array}$$

10進法で表されている35を3進法で表すには，右のように，35を次々に3で割っていき，余りを記して，逆の順に並べます。

自然数1から10の3進法での表し方は次のようになります。

自然数N(10進法)	1	2	3	4	5	6	7	8	9	10
Nの3進法での表し方	1	2	10	11	12	20	21	22	100	101

POINT 64

a，b，c，dを0または1または2とする。

3進法で表された数$abcd_{(3)}$を10進法で表すと

$$a\times3^3+b\times3^2+c\times3^1+d$$

3進法の問題で利用します。

N進法では

$$abcd_{(N)}=a\times N^3+b\times N^2+c\times N+d$$

のように扱いましょう。

64-A 解答 ▶ STEP 1 **3進法で表された数を10進法で表す**

$$\begin{aligned}1212_{(3)}&=1\times3^3+2\times3^2+1\times3+2\\&=27+18+3+2\\&=\boxed{^{アイ}\ 50}\end{aligned}$$

第7章 整数の性質

64-B 解答 ▶ STEP 1 **Nの最大値・最小値を求める**

条件を満たす a, b, c, d, e には次の2つの場合がある。

(i) 3つが1で，残りの2つは0

(ii) 1つが2，別の1つが1で，残りの3つは0

Nが最大となるのは，(ii)で $a=2$, $b=1$, $c=0$, $d=0$, $e=0$ のときで

$81\times2+27\times1=$ [アイウ 189]

Nが最小となるのは，(ii)で $e=2$, $d=1$, $a=0$, $b=0$, $c=0$ のときで

$3\times1+2=$ [エ 5]

STEP 2 **Nが27で割り切れるようなNの値の個数を求める**

$$N=81a+27b+9c+3d+e$$
$$=27(3a+b)+9c+3d+e$$

a, b, c, d, e は，Nを3進法で表したときの各位の数であり，$9c+3d+e$ は27より小さい整数を表す。 ◀ POINT 64 を使う！

$27(3a+b)$ は27で割り切れるので，Nが27で割り切れるのは，

$$9c+3d+e=0$$

のときである。

よって，$c=0$, $d=0$, $e=0$ であり，(ii)の場合から，

$$(a,\ b)=(2,\ 1),\ (1,\ 2)$$

の2通りがある。

したがって，Nの値は [オ 2] 個ある。

65 循環小数

要点チェック！

分数$\left(\dfrac{\text{整数}}{0\text{でない整数}}\right)$の形で表される数を**有理数**といいます。有理数は次の3つのうちのいずれかになります。

(i) 「整数」

(ii) 小数で表すと，小数第何位かで終わる「**有限小数**」

(iii) 小数で表すと，ある位から先は同じ数字の並びがくり返される「**循環小数**」

循環小数は，くり返される部分がわかるように数字の上に・をつけて，例えば

$1.333\cdots=1.\dot{3}$，$0.126126\cdots=0.\dot{1}2\dot{6}$

のように表します。

分数が循環小数になるかどうかを判定したいときには，次のことを利用しましょう。

POINT 65

既約分数を小数で表したとき

- 分母の素因数が2または5だけならば，**有限小数**
- 分母に2と5以外の素因数があれば，**循環小数**

また，循環小数を分数で表すときは，循環小数をxとおき，桁をずらして循環する部分を消します。

65-A 解答 ▶ STEP 1 循環小数を分数で表す

$x=0.\dot{1}2\dot{6}$ とおくと，右の計算から

$999x=126$

$$x=\frac{126}{999}=\frac{\boxed{^{アイ}\ 14}}{\boxed{^{ウエオ}\ 111}}$$

$$\begin{array}{rrl} & 1000x= & 126.126126\cdots \\ -) & x= & 0.126126\cdots \\ \hline & 999x= & 126 \end{array}$$

65-B 解答 ▶ STEP 1 循環小数で表す

$\frac{5}{13}$は既約分数であり，分母13は2，5以外の素数であるので$\frac{5}{13}$は循環小数である。

◀ POINT 65 を使う！

右の計算により

$$\frac{5}{13}=0.\dot{3}8461\dot{5}$$

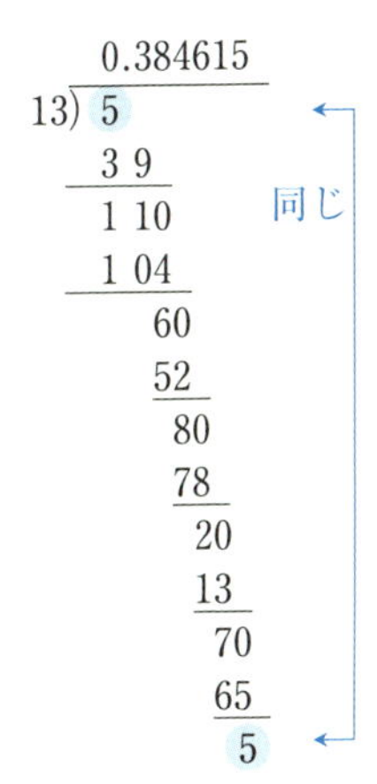

STEP 2 小数第20位の数字を求める

$\frac{5}{13}$を小数で表すと，6桁の数「384615」がくり返し現れるので，$20=6\times3+2$ より，小数第20位は「384615」の2番目の数字の $\boxed{^{ア}\ 8}$ となる。

第7章 整数の性質

実戦問題 第1問

この問題のねらい

・整数の性質を総合して利用できる。

(⇒ POINT 60, POINT 62, POINT 65)

解答 ▶ STEP 1 余りによる整数の分類を利用する

(1) 5で割ると4余り，4で割ると2余る自然数をnとすると，nは整数x，yを用いて次のように表される。

$n=5x+4$，$n=4y+2$ ◀ POINT 60 を使う！

STEP 2 1次不定方程式の整数解を求める

$5x+4=4y+2$

$5x-4y=-2$ ……①

$x=2$，$y=3$ は①を満たしており，

$5\cdot2-4\cdot3=-2$ ……②

①−②から $5(x-2)=4(y-3)$ ◀ POINT 62 を使う！

と変形できる。5と4は互いに素より，kを整数として

$x-2=4k$，$y-3=5k$

と表せ，$x=4k+2$，$y=5k+3$

したがって，$n=5(4k+2)+4=20k+14$

STEP 3 条件を満たす自然数を求める

$20k+14$が最小の自然数となるのは，$k=0$ のときで

$n=20\times0+14=$ [アイ 14]

小さい方から2番目の数は，$k=1$ のときで

$n=20\times1+14=$ [ウエ 34]

小さい方からm番目の数は，$k=m-1$ のときで

$n=20(m-1)+14=$ [オカ 20] $m-$ [キ 6]

STEP 4 n^2をkを用いて表す

(2) $n^2=(20k+14)^2=\{2(10k+7)\}^2=2^2\cdot(10k+7)^2$

$36=2^2\cdot3^2$ であるので，n^2が36で割り切れるのは$10k+7$が3の倍数となるときである。

◀ $10k+7=3p$（p：整数）のとき $n^2=2^2\cdot(3p)^2=36p^2$

求めるnは，$k=2$ のときで

$n=20\cdot2+14=$ [クケ 54]

STEP 5　$n=2l$ と表すときの l を調べる

(3)　$n=2l$ と表すとき

$l=10k+7$

$n\leqq200$ であるようなnをk，lとともに示すと右表のようになる。

k	l	n
0	7	14
1	17	34
2	27	54
3	37	74
4	47	94
5	57	114
6	67	134
7	77	154
8	87	174
9	97	194

このうちlが素数となるのは，

7，17，37，47，67，97

の [コ 6] 個ある。

STEP 6　有限小数か循環小数かを判定する

(4)　$\dfrac{1}{n}=\dfrac{1}{2(10k+7)}$

である。

$10k+7=2(5k+3)+1$，$10k+7=5(2k+1)+2$

より分母を素因数分解すると，kの値によらず2と5以外の素因数がある。

よって，$\dfrac{1}{n}$を小数で表すと，すべてのnについて循環小数である。

([サ ①])

◀ POINT 65 を使う！

実戦問題　第2問

この問題のねらい

・n進法で表された数を扱うことができる。(⇒POINT 64)

解答 ▶ STEP 1　2進法の4桁回文を扱う

(1)　2進法の4桁回文は，$1001_{(2)}$，$1111_{(2)}$の2個である。

これらを10進法で表すと

◀ POINT 64 を使う！

$1001_{(2)}=1\times2^3+0\times2^2+0\times2^1+1\times2^0$

$=8+0+0+1$

$=$ [ア 9]

$$1111_{(2)}=1\times2^3+1\times2^2+1\times2^1+1\times2^0$$
$$=8+4+2+1$$
$$=\boxed{^{イウ}\ 15}$$

STEP 2 3進法の4桁回文を扱う

(2) 3進法の4桁回文 $abba_{(3)}$ は，

a が1，2の2通り，b が0，1，2の3通り

あるので全部で $2\times3=\boxed{^{エ}\ 6}$ 個ある。

これらを10進法で表すと ◀ POINT 64 を使う！

$$1001_{(3)}=1\times3^3+0\times3^2+0\times3^1+1\times3^0=28$$
$$1111_{(3)}=1\times3^3+1\times3^2+1\times3^1+1\times3^0=40$$
$$1221_{(3)}=1\times3^3+2\times3^2+2\times3^1+1\times3^0=52$$
$$2002_{(3)}=2\times3^3+0\times3^2+0\times3^1+2\times3^0=56$$
$$2112_{(3)}=2\times3^3+1\times3^2+1\times3^1+2\times3^0=68$$
$$2222_{(3)}=2\times3^3+2\times3^2+2\times3^1+2\times3^0=80$$

であり，これらの総和は

$$(1+1+1+2+2+2)\times(3^3+3^0)$$
$$+(0+1+2+0+1+2)\times(3^2+3^1)$$
$$=9\times28+6\times12$$
$$=\boxed{^{オカキ}\ 324}$$

$28+40+52+56+68+80$
$=324$ としてもよい

STEP 3 4進法の4桁回文を扱う

(3) 4進法の4桁回文 $abba_{(3)}$ は，

a が1，2，3の3通り，b が0，1，2，3の4通り

あるので全部で $3\times4=\boxed{^{クケ}\ 12}$ 個ある。

$$abba_{(4)}=a\times4^3+b\times4^2+b\times4^1+a\times4^0$$
$$=65a+20b$$
$$=5(13a+4b)$$

◀ POINT 64 を使う！

$13a+4b$ は整数なので $abba_{(4)}$ は10進法で表すと5の倍数である。

STEP 4 $13a+4b$ が 2 の倍数，4 の倍数になる場合を調べる

$5(13a+4b)$ が 10 の倍数になるのは，$13a+4b$ が 2 の倍数になるときである。$4b$ は b によらず 2 の倍数なので，$13a$ が 2 の倍数になるときとなり，$a=2$ のときである。

b が 0，1，2，3 のときがあるので，10 の倍数は コ **4** 個。

$5(13a+4b)$ が 20 の倍数になるのは，$13a+4b$ が 4 の倍数になるときである。$4b$ は b によらず 4 の倍数なので，$13a$ が 4 の倍数になるときとなるが，a が 1，2，3 のうち適する a の値はない。

よって，20 の倍数は サ **0** 個。

STEP 5 $13a+4b$ が 6 の倍数になる場合を調べる

$5(13a+4b)$ が 30 の倍数になるのは，$13a+4b$ が 6 の倍数になるときである。

$13a+4b=12a+(a+4b)$ とすると

$12a$ は a によらず 6 の倍数なので，$a+4b$ が 6 の倍数になるときとなり，$a=2$ かつ $b=1$ のときに限られる。

よって，30 の倍数は シ **1** 個。

(3)は，12 個の 4 進数を 10 進法で具体的に表して調べてもよい。

! n 進法の 4 桁回文 $abba_{(n)}$ は，10 進法で表すと　◀ POINT 64 を使う！

$$
\begin{aligned}
abba_{(n)} &= a\times n^3+b\times n^2+b\times n^1+a\times n^0 \\
&= a(n^3+1)+b(n^2+n) \\
&= a(n+1)(n^2-n+1)+bn(n+1) \\
&= (n+1)\{a(n^2-n+1)+bn\}
\end{aligned}
$$

となる。$a(n^2-n+1)+bn$ は整数なので，10 進法で表すと $n+1$ の倍数になることが分かる。

実戦問題 第3問

この問題のねらい

・整数の性質を扱う問題を，問題文中の生徒の発言を参考にして解決できる。

解答 ▶ STEP 1 生徒の発言の正誤を判定する

(1) 〈(a)について〉

$(x+py-z)(2x+qy-z)=9$ の左辺を展開すると

$$2x^2+pqy^2+z^2+(2p+q)xy-3xz-(p+q)yz=9$$

となり，(*)と xz の項の係数が一致しない。太郎さんのあげた式のように因数分解することはできないので誤り。

〈(b)について〉

(*)は，

$$2(x^2+y^2+xy-xz-yz)+z^2=9$$

と変形できる。

$x^2+y^2+xy-xz-yz$ は整数なので，$2(x^2+y^2+xy-xz-yz)$ は偶数となる。

右辺の9は奇数なので，正の整数の組 $(x,\ y,\ z)$ が(*)を満たすとき，z^2 は奇数となり，z は奇数である。

〈(c)について〉

(*)は，$2(x^2+y^2)+z^2+2xy-2z(x+y)=9$ と表せるので x，y について対称な式（x と y を入れ替えても変わらない式）となっている。よって，正の整数の組 $(i,\ j,\ k)$ が(*)の関係を満たすとき，正の整数の組 $(j,\ i,\ k)$ も(*)の関係を満たす。

以上により，正しいのは(b)と(c)である。（ア ⑤）

STEP 2 平方の形の式を用いて表す

(2) (*)は，

$$x^2+y^2+(x^2+y^2+z^2+2xy-2xz-2yz)=9$$

$$x^2+y^2+(x+y-z)^2=9$$

と変形できる。（イ ①）

別解▶ 左辺を z について整理し，平方完成をしてもよい。

$$z^2-2(x+y)z+2x^2+2y^2+2xy$$
$$=\{z-(x+y)\}^2-(x+y)^2+2x^2+2y^2+2xy$$
$$=(z-x-y)^2+x^2+y^2$$ ◀ $A^2=(-A)^2$
$$=(x+y-z)^2+x^2+y^2$$

となる。

STEP 3 正の整数の組 $(x,\ y,\ z)$ を求める

(3) x, y が正の整数のとき，$x^2\geqq1$, $y^2\geqq1$, $(x+y-z)^2\geqq0$ である。

x^2, y^2 は平方数であり，右辺の 9 よりも小さい値であることから，これらの取り得る値は 1, 4 のいずれかである。

また，$(x+y-z)^2$ の取り得る値は 0, 1, 4 である。

よって，以下のように場合分けできる。

(i) $x^2=1$, $y^2=$ ウ 4 , $(x+y-z)^2=$ エ 4 のとき

(ii) $x^2=4$, $y^2=1$, $(x+y-z)^2=4$ のとき

(iii) $x^2=$ オ 4 , $y^2=$ カ 4 , $(x+y-z)^2=$ キ 1 のとき

(i)のとき

$x=1$, $y=2$, $x+y-z=\pm2$ より

$(x,\ y,\ z)=(1,\ 2,\ 1)$, $(1,\ 2,\ 5)$

$x+y+z$ の値は，順に 4, 8

(ii)のとき

$x=2$, $y=1$, $x+y-z=\pm2$ より

$(x,\ y,\ z)=(2,\ 1,\ 1)$, $(2,\ 1,\ 5)$

$x+y+z$ の値は，順に 4, 8

(iii)のとき

$x=2$, $y=2$, $x+y-z=\pm1$ より

$(x,\ y,\ z)=(2,\ 2,\ 3)$, $(2,\ 2,\ 5)$

$x+y+z$ の値は，順に 7, 9

STEP 4 $x+y+z$ の最大値を求める

(i), (ii), (iii)より

(*) を満たす正の整数の組 $(x,\ y,\ z)$ は ク 6 組あり，$x+y+z$ の最大値は ケ 9 である。

実戦問題 第4問

この問題のねらい

・ユークリッドの互除法を利用できる。(⇒ POINT 61)
・1次不定方程式の整数解を求めることができる。(⇒ POINT 62)

解答 ▶ STEP 1 **ユークリッドの互除法を利用して整数の組を1つ見つける**

(1) $26x+11y=1$ ……① を満たす整数 $(x,\ y)$ の組を1つ求める。

26と11の最大公約数は1で，ユークリッドの互除法を利用する。

$26=11\times$ [ア 2] $+4$ 移項すると $4=26-11\times2$ ◀ POINT 61 を使う！

$11=4\times$ [イ 2] $+3$ 移項すると $3=11-4\times2$

$4=3\times1+1$ 移項すると $1=4-3\times1$

よって，

$1=4-(11-4\times2)\times1$

$=4\times$ [ウ 3] $+11\times(-1)$

$=(26-11\times2)\times3+11\times(-1)$

$=26\times3+11\times(-7)$

となり

$26\times3+11\times(-7)=1$ ……② ([エ ④], [オ ②])

となって，①を満たす整数 $(x,\ y)$ の組の1つは $(3,\ -7)$

STEP 2 **結果を利用して整数の組を1つ見つける**

②の両辺を323倍すると

$26\times969+11\times(-2261)=323$ ([カ ⑥], [キ ⓪])

(＊)を満たす整数 $(x,\ y)$ の組の1つは $(969,\ -2261)$

STEP 3 **1次不定方程式の自然数の解の組をすべて求める**

(2) $323=26\times12+11$ であり，323と26，323と11は互いに素である。

$26x+11y=323$ のとき

$26x+11y=26\times12+11\times1$ となり

$26(x-12)=-11(y-1)$ ◀ POINT 62 を使う！

26と11は互いに素であるから，$x-12$ は11の倍数である。

m を整数として $x-12=11m$ と表すと

$x=11m+12$

このとき，$y-1=-26m$ から

$y=-26m+1$ （ク ①）

(3) x，y が自然数のとき

$11m+12>0$ かつ $-26m+1>0$ より

$-\frac{12}{11}<m<\frac{1}{26}$ （ケ ⓪，コ ②）

これを満たす整数 m は $m=-1$，0

$m=-1$ のとき $x=1$，$y=27$

$m=0$ のとき $x=12$，$y=1$

求める自然数 $(x,\ y)$ の組は，2 組あって

（サ 1，シス 27），（セソ 12，タ 1）

! 太郎さんの構想で（＊）を満たす自然数 $(x,\ y)$ の組をすべて求めると次のようになる。

$26x+11y=323$ ……③ を満たす整数の組の 1 つは $(969,\ -2261)$

$26\times969+11\times(-2261)=323$ ……④ となり

③－④ から

$26(x-969)=-11(y+2261)$

26 と 11 は互いに素であるから，$x-969$ は 11 の倍数である。

k を整数として $x-969=11k$ と表すと

$x=11k+969$

このとき，$y+2261=-26k$ から

$y=-26k-2261$

x，y が自然数のとき

$11k+969>0$ かつ $-26k-2261>0$ より

$-\frac{969}{11}<k<-\frac{2261}{26}$

これを満たす整数 k は $k=-88$，-87

$k=-88$ のとき $x=1$，$y=27$

$k=-87$ のとき $x=12$，$y=1$

〔大学入学共通テスト 数学Ⅰ・A 実戦対策問題集 別冊〕嶋田 香　　S0a124